南京医科大学研究生优质教育资源建设项目——研究生教材

细胞信号转导与疾病

主　编　杨俊伟　何伟春

科　学　出　版　社

北　京

内 容 简 介

本书对细胞信号转导相关的基本知识进行了较为全面的概括，详细描述了细胞处理各类信号的生化机制以及信号转导在多种病理生理过程中的调控作用，包括发育生物学信号、表观遗传学信号、免疫炎症信号、激酶信号、神经科学中的细胞信号及RNA调控与翻译控制中的信号等。本书内容前沿、指导性强，可作为生命科学、医学及相关学科本科生、研究生的教科书，也可作为科研人员的工具书。

图书在版编目(CIP)数据

细胞信号转导与疾病 / 杨俊伟，何伟春主编 . —北京：科学出版社，2023.3

ISBN 978-7-03-074860-7

Ⅰ. ①细… Ⅱ. ①杨… ②何… Ⅲ. ①细胞－信号－转导－研究 ②细胞－信号－转导－应用－中医治疗法 Ⅳ. ① Q735 ② R242

中国国家版本馆 CIP 数据核字（2023）第 025757 号

责任编辑：程晓红 / 责任校对：张 娟
责任印制：霍 兵 / 封面设计：吴朝洪

科学出版社出版
北京东黄城根北街 16 号
邮政编码：100717
http://www.sciencep.com

三河市春园印刷有限公司 印刷

科学出版社发行 各地新华书店经销

*

2023 年 3 月第 一 版 开本：787 × 1092 1/16
2023 年12月第二次印刷 印张：9 3/4
字数：228 000

定价：98.00 元

（如有印装质量问题，我社负责调换）

编著者名单

主　编　杨俊伟　何伟春

编　委　（以姓氏笔画为序）

丁　昊　方　丽　江　蕾　吴冀宁　狄　佳
张　涛　周　阳　闻　萍　骆　静　徐玲玲
曹红娣　熊明霞

感谢南京医科大学的蒋知凡、张语、刘静，苏州大学的耿雯雯、周颀、李辛为编写本书所做的贡献。

前　言

所有的细胞都能够处理信号，细胞信号转导使细胞具有将外源性刺激加以区分进而采取恰当方式做出反应的能力，因而对于生物体的存活至关重要。细胞信号转导异常可引起或加重人类的多种疾病，包括癌症、糖尿病、痴呆、精神病、心血管疾病等，而临床上使用的大多数治疗药物和许多麻醉药物也是通过靶向信号通路发挥作用的。因此，细胞信号转导成为近半个世纪以来生物医学领域中发展最快的学科之一。

本书较为全面地梳理了细胞信号转导领域的相关知识，描述了细胞处理各类信号的生化机制，解析了信号转导在细胞的各种病理生理过程中的调控作用，进而诠释了信号转导异常引发疾病的本质。

一方面，尽管系统生物学已将信号级联汇集成了网络，但目前我们还不可能同时描绘当一个细胞接收到某一个信号时所发生的所有分子之间的相互作用。因此，在本书的每一个章节中，我们从局部出发，清晰地描绘出代表主要信号转导作用机制原理的线性级联。本书的特色之一是将信号转导的概念以统一的模式呈现出来，即首先将细胞信号转导分解为简单的生化转换反应，这些反应主要表现为蛋白与蛋白之间的相互作用，再把这些相互作用的传递过程联系起来。

另一方面，每一条信号的转导可以参与调控细胞内多种不同的病理生理过程，而疾病发生发展中的每一个病理生理过程又可以由多条不同的细胞信号转导协同参与调控。因此，为便于理解细胞信号转导与疾病发生之间的关系，我们并没有从某种疾病或者某种特定细胞的视角来加以描述，而仍从每一个/条信号的转导出发，显示其在细胞病变过程中所发挥的作用。本书的特色之二是展现了信号转导对不同疾病中所发生的共性的细胞病理过程的影响。

本书所介绍的信号转导知识涵盖了细胞的主要生理和病理过程，包括细胞骨架、细胞周期、死亡、代谢、发育、表观遗传学、G蛋白偶联受体、免疫炎症、激酶、神经科学、RNA调控与翻译控制及蛋白质合成、干细胞及谱系标志、泛素和泛素样蛋白体系等的信号转导内容。本书的编写过程也是各章节的编写者以新的视角梳理学科前沿知识并反映学科进展的过程，主要的参考文献均为新近发表在领域内权威期刊的综述类文章。细胞信号转导与疾病是生命科学中最令人兴奋的领域之一，我们希望本书不仅可用于生物学、生物化学和医学等相关学科的研究生课程教学，也可为探索生物医学领域的学生和科研人员提供必要的参考资源。

南京医科大学　何伟春　杨俊伟

2022年9月

目　　录

第一章 细胞骨架、细胞外基质、细胞间黏附

目前已知除病毒之外的所有生物体均是由细胞构成的，细胞被认为是生物体行使生命功能的基本结构和功能单位。但是，生物体的组织构造却并不仅仅是细胞的简单堆积，而是按照特定的方式和架构有序地组装而成。因此，了解细胞组装的基本架构，如细胞骨架、细胞外基质和细胞间黏附的组成成分、调节功能和信号转导通路，对于深入理解细胞的结构功能和组织器官的病理生理特征具有重要的意义。本章将简要介绍细胞骨架、细胞外基质和细胞黏附的信号通路研究。

第一节 细胞骨架、细胞外基质和细胞间黏附相关的信号转导

细胞骨架、细胞外基质和细胞黏附，本质上都是由细胞分泌的各种生物聚合物纤维交联所形成的复杂性三维网络结构，既是组织细胞的支撑性结构框架，也是维持细胞生物学功能的基本微环境。不同类型的细胞有不同类型的细胞骨架，并分泌特定的细胞外基质，共同构成不同的组织如上皮组织、结缔组织、肌肉组织和神经组织等，最终再由各种组织有序地构建成功能各异的器官。在这一过程中，细胞与细胞之间、细胞与细胞外基质之间无时无刻不在发生着动态相互作用。在激活信号通路的同时也给予着细胞力学刺激，对于构建并保持组织器官的结构和功能都是非常重要的。

一、细胞间黏附相关的信号转导

细胞间黏附主要有以下几种方式：黏附连接（细胞-细胞）、紧密连接（不渗透的细胞-细胞连接）及局灶黏附（细胞-基质），不同的结构和功能常伴随着不同的信号转导路径。

1.黏附连接

黏附连接（adherens junction）是由细胞黏附蛋白与邻近细胞相应蛋白所形成的短暂连接，包括形成、强化、分散、降解和再形成等步骤，是一个选择性识别和动态黏附的过程，大量跨膜黏附分子参与了该过程。钙黏蛋白（cadherin）-链蛋白复合体（β-catenin和α-catenin组成）是其中重要的介导复合物之一。近来的学术观点认为，细胞连接与细胞骨架之间的联系可能比既往认为的都更具动态性，可能就是依赖于钙黏蛋白-链蛋白复合体与肌动蛋白细胞骨架间的众多关联，或是依赖于其他膜相关蛋白[如连接蛋白（nectin）、肌动蛋白丝结合蛋白（afadin）]。α-catenin单体在黏附连接处与β-catenin结合，然后释放α-catenin二聚体、促进肌动蛋白束的形成——肌动蛋白支链网络到肌动蛋白束链的转变，与黏附连接的成熟及膜样板状伪足的减少有关。与细胞的大

多数动态系统相似，大量的激酶、磷酸酶和衔接蛋白（adaptor protein）参与调节了其中一些关键效应蛋白的活性和分布：p120 catenin（δ-catenin）能够结合并稳定质膜上的钙黏蛋白；膜结合的和细胞质的酪氨酸激酶可在薄弱或初生连接处磷酸化β-catenin；磷酸酶可在已建成的连接处去除β-catenin和δ-catenin的磷酸盐；RhoA家族GTP酶（GTPase）可以调节catenin和其他重要黏附蛋白的可用性和激活状态。总之，这些结构蛋白、酶和衔接蛋白共同参与了动态的细胞连接过程（图1-1），这对于组织的形态发育及维持发育后复杂组织的结构完整性都是十分必要的。

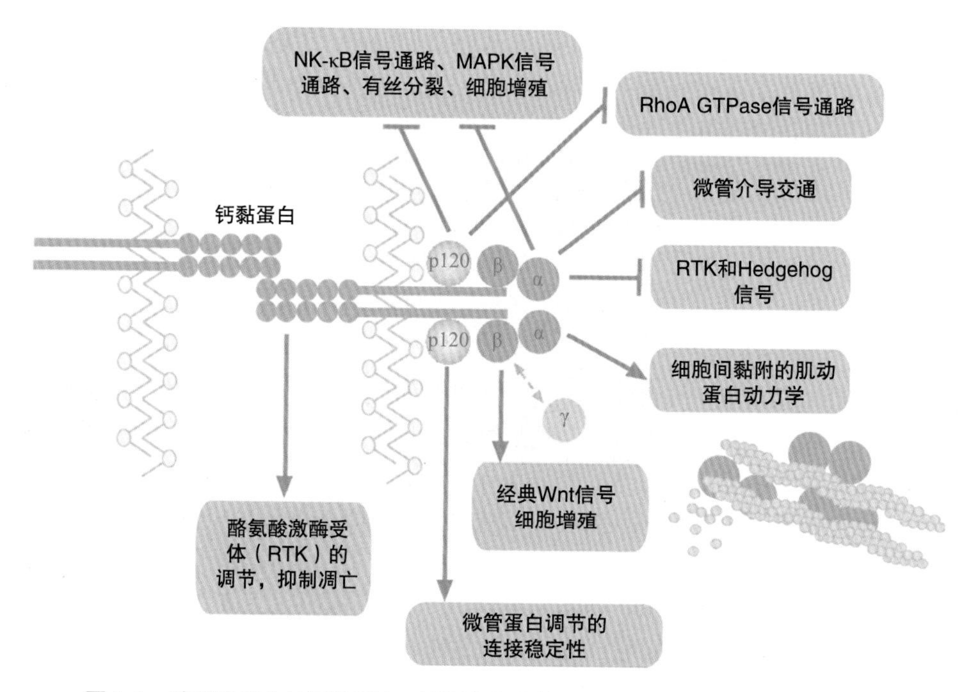

图1-1　黏附连接中的钙黏蛋白-链蛋白复合体及其与细胞内信号通路的联系

引自 Stepniak E，Radice GL，Vasioukhin V V，2009．Adhesive and signaling functions of cadherins and catenins in vertebrate development. Cold Spring Harb Perspect Biol，1（5）：a002949

2. 紧密连接

紧密连接（tight junction）是在上皮细胞和内皮细胞间形成一个不渗透的细胞间连接，是可以阻止液体流动的连续性屏障。紧密连接可调节细胞旁通透性并维持细胞极性，阻止细胞上皮侧和基底侧间的跨膜蛋白移动。紧密连接主要由密封蛋白（claudin）和闭合蛋白（occludin）等跨膜蛋白组成，它们参与了与细胞骨架的连接。闭合蛋白被认为在组装和维持紧密连接中起到了重要作用，不同残基上的磷酸化参与调节了其与其他紧密连接蛋白如ZO-1蛋白的相互作用。

3. 黏着斑

黏着斑（focal adhesion）是细胞与细胞外基质间的连接方式，主要由整合素（integrin）介导。整合素是由α和β两个亚基组成的异源二聚体跨膜蛋白（家族至少包含18个α亚基和8个β亚基），已知可形成24种不同组织分布和重叠配体特异性的整合素，在细胞黏附和迁移中起到了重要作用。整合素的胞内段可与细胞内的大量信号通路转导蛋白如黏着斑激酶（focal adhesion kinase，FAK）等相互作用——整合素簇激活黏着斑激酶，可导致Tyr397位点发生自磷酸化，Tyr397是Src激酶家族磷脂酰肌醇3-激酶（PI3K）和PLCγ的重要结合位点。

二、细胞外基质在上皮-间充质转化过程中的信号转导作用

上皮-间充质转化（epithelial-mesenchymal transition，EMT）是指上皮细胞通过特定程序转化为具有间质表型细胞的生物学过程，其在胚胎发育、慢性炎症、组织重建、癌症转移和多种纤维化疾病中均发挥了重要作用。经过EMT过程，上皮细胞失去细胞极性及与基底膜连接等一系列上皮表型，获得了迁移与侵袭、抗凋亡、降解细胞外基质等相关的间质表型，这一过程常伴随着细胞骨架、细胞外基质及细胞黏附的变化。

EMT的重要特征之一是上皮细胞的完整性丢失，该过程是维持上皮细胞间接触的黏附连接被降解所导致的——基质金属蛋白酶（matrix metalloproteinase，MMP）介导的蛋白水解消化是该降解过程的主要驱动因素之一，受到EMT相关信号通路如TGF-β信号通路的调节。此外，促进EMT的转录因子（如Snail等）会对上皮特异性的蛋白［如上皮钙黏蛋白（E-cadherin）、封闭蛋白（occludin）、桥粒斑蛋白（desmoplakin）等］的基因表达进行转录抑制，进而降解黏附连接。

除了上皮细胞细胞间黏附的降解，EMT过程中，上皮细胞黏附连接的某些组分还会被某些蛋白［如神经钙黏蛋白（*N*-cadherin）等］所取代，它们具有更强大的连接活性，从而使得细胞解离和运动的能力得以增强。此外，肌动蛋白细胞骨架的重构也参与了EMT过程——浸润性乳腺癌的细胞研究发现，ERM（ezrin/radixin/moesin）蛋白的表达变化驱动了肌动蛋白细胞骨架的重构过程，ERM蛋白作为细胞外蛋白聚糖（如透明质酸和多能聚糖）的受体，可与CD44相互作用。CD44蛋白是一种细胞表面糖蛋白，大量表达于某些肿瘤的肿瘤干细胞，与肿瘤细胞的迁移和转移密切相关。

大量研究证实，细胞外基质的变化及相关信号的转导参与了上皮细胞的EMT过程。EMT转录因子Twist能够诱导富含肌动蛋白的膜突起的形成，即侵袭性伪足（invadopodia），其主要是通过募集基质金属蛋白酶MMP-7、MMP-9和MMP-14至前缘并在此处降解细胞外基质和基底膜，从而促进肿瘤的侵袭和转移；其他的EMT相关转录因子（如Slug、Snail和Zeb等）也已被证明可以上调多种细胞外基质蛋白如胶原蛋白Ⅰ（collagen Ⅰ）、玻连蛋白（vitronectin）和纤连蛋白（fibronectin）等的表达。此外，EMT过程中，多种整合素复合体如可与纤连蛋白结合的整合素α5β1，可与胶原蛋白Ⅰ相互作用、介导E-cadherin复合物降解的整合素α1β1和α2β1等，其表达也出现了明显的上调。研究发现，细胞外基质结合蛋白参与调节了细胞与细胞外基质的相互作用，如富含半胱氨酸的酸性分泌蛋白（secreted protien acidic and rich in cysteine，SPARC）是一种能够促进胶原蛋白和α2β1相互作用的糖蛋白，SPARC可通过调节转录因子Slug的表达诱导EMT，在黑色素瘤中已被证明与肿瘤的侵袭性增加相关；纤溶酶原激活物抑制剂-1（plasminogen activator inhibitor 1，SERPINE1或PAI-1）是上皮细胞外基质的另一重要组分，可抑制玻连蛋白与整合素αvβ3的结合；在各种肿瘤中，丝氨酸蛋白酶抑制剂的高表达水平与肿瘤的侵袭性有关，这可能与丝氨酸蛋白酶抑制剂介导了细胞与细

胞外基质连接点的降解有关；此外，还有研究表明，基质金属蛋白酶抑制剂-1（matrix-metallopeptidase inhibitor 1，TIMP1）与CD63结合能够通过增强β1整合素的信号通路活性介导正常细胞的EMT样转化。

三、上皮-间充质转化过程中可溶性细胞因子介导的信号转导

肿瘤中，肿瘤细胞本身或者肿瘤微环境中的基质细胞所分泌的大量生长因子和细胞因子都参与诱导了EMT的转化过程。这些可溶性细胞因子可与相应的受体如酪氨酸激酶受体（tyrosine kinase receptor，RTK）、TGF-β受体等结合、激活细胞内的信号通路，进而上调相关的锌指蛋白（如Snail、Slug、Zeb1、Zeb2）或螺旋-环-螺旋基元（bHLH，如Twist1）转录因子、诱导EMT。本部分将简要介绍几条与EMT密切相关的信号通路转导。

1. TGF-β 信号通路

虽然某些情况下TGF-β信号通路可反常地发挥抑癌作用，但大部分时候，TGF-β信号通路还是被公认为与 EMT 的诱导过程密切相关。经典的TGF-β/BMP信号通路是通过配体（如TGF-β1、TGF-β2、BMP等）与其同源的Ⅰ型和Ⅱ型激酶受体结合而启动，形成一个配体-受体的异四聚体复合物，招募受体调节的Smad（receptor-regulated Smad，R-Smad）并使其磷酸化，磷酸化的R-Smad（BMP 信号通路为 R-Smad1/5/8；TGF-β 信号通路为R-Smad2/3）可结合共同的介导物 co-Smad（Smad4），诱导Smad复合物转运至细胞核内，诱导EMT靶基因如*Snail*、*Slug*等的表达。某些特定蛋白如SARA，可促进信号通路的激活，而其他蛋白则会发挥抑制作用。后者中最重要的抑制性Smads如Smad6/7，可直接抑制R-Smad的磷酸化，进而拮抗EMT 的转化过程；SMURF蛋白（SMURF1/2）可通过招募Smad7至质膜，使其与R-Smads竞争性结合受体而增强这种抑制作用。

非经典TGF-β 信号通路的活化也可激活 EMT过程。例如，致癌RTK 激活的PI3K和 Ras/Raf信号通路，以及非经典TGF-β 信号通路，被认为是癌细胞 EMT 的主要特征：Ras/Raf信号通路可促进EMT关键基因的转录激活；PI3K通路可通过抑制 GSK-3β介导的β-catenin磷酸化来促进β-catenin调控的EMT靶基因转录活化；TGF-β也可激活p38 MAPK，诱导EMT 转录因子FOXC2的激活。

2. Wnt信号通路

如前所述，EMT重要的标志特征之一就是E-cadherin的表达下降——上皮钙黏蛋白是上皮细胞维持完整性和黏附连接的重要组分。EMT 相关的转录因子（如Snail）会抑制上皮钙黏蛋白的表达，同时诱导MMP的表达——MMP可降解上皮钙黏蛋白，进一步加剧上皮细胞完整性和黏附连接的的破坏、启动EMT转化过程。上皮钙黏蛋白的降解还会进一步促使黏附蛋白处释放β-catenin，β-catenin转位至细胞核内可激活致癌的 Wnt靶基因。

Wnt 信号通路异常是多种癌症的显著特征，尤其是结直肠癌，90%的结直肠癌都有Wnt/β-catenin信号通路的过度激活。Wnt 缺失时，胞质中未结合的β-catenin可被迅速磷酸化并被β-catenin破坏复合物泛素化降解。但当Wnt与Frizzled受体结合后，β-catenin破坏复合物的作用被GSK-3β抑制，β-catenin转移至细胞核内、取代Groucho/HDAC抑

制复合物、激活T细胞因子/淋巴样增强因子（TCF/LEF）介导的EMT效应转录因子（如Snail、N-cadherin等）。现已证实，许多癌症（骨肉瘤、胃癌、前列腺癌）中都存在着Wnt/β-catenin信号通路介导的EMT现象。除了激活EMT效应转录因子外，LEF1还参与调节EMT相关microRNA（miRNA）的表达。此外，很多其他因子也参与了Wnt/β-catenin/LEF的活性调节，如SRY-Box 10（Sox 10）可与β-catenin竞争性结合TCF/LEF来抑制EMT效应转录因子的表达。

除了经典的Wnt/β-catenin信号通路外，Wnt5a和Wnt5b结合Frizzled 2（Fzd2）受体还可通过激活非经典的信号转导及转录活化因子（STAT）和MEK/ERK信号通路来诱导EMT过程——现已证实，这两条信号通路在转移性肝、肺、结肠和乳腺癌细胞系及高分级肿瘤细胞中表达增高较为常见。研究还发现，Wnt5a/Frizzled信号转导还可通过其他非典型Wnt信号通路诱导EMT，如胰腺癌细胞中的JNK信号通路和黑色素瘤细胞中的蛋白激酶C（protein kinase C，PKC）通路。这两条通路中，Wnt5a的表达可以增强细胞的运动侵袭能力。与此一致的是，研究还证实，Wnt5a可通过PKC信号通路促进细丝蛋白A的表达和加工，这会反过来诱导肌动蛋白的重构和应力纤维的形成，这些都是黑色素瘤细胞运动和侵袭所必需的。但与经典的Wnt信号通路相反的是，Wnt5a在大多数结肠癌肿瘤和细胞系中的表达是下降的，且与EMT的标志物呈负相关；Wnt5a高表达的结肠癌表现为细胞内钙信号通路和非经典Wnt信号通路的增强，以及EMT、细胞运动和侵袭能力的减弱。在Wnt5a低水平的结肠癌细胞中过表达Wnt5a，可升高钙离子浓度，下调EMT标志物的表达及抑制细胞的运动和增殖能力；同时还可以激活PKC和钙调蛋白依赖性蛋白激酶Ⅱ（CaMKⅡ）活性，阻止β-catenin的核内转位，减弱EMT效应因子（如Twist、Zeb1）的表达。

3. Notch信号通路

Notch信号通路是一个旁分泌性的信号通路，是邻近细胞表面表达的配体（Jagged1/2，DLL1/3/4）激活Notch受体（Notch1～4）的过程。配体-受体的结合可导致ADAM/TACE蛋白酶水解Notch蛋白，随后γ分泌酶裂解并释放Notch蛋白的胞内结构域（Notch intracellular domain，NICD），NICD可转移至细胞核内，调节下游靶基因的转录。在细胞核内，NICD将取代转录因子复合物中的转录抑制因子KDM5A，从而诱导EMT靶基因的表达。尽管Notch信号通路常与T细胞肿瘤（如T-ALL）相关，但在上皮细胞肿瘤如前列腺癌和胰腺癌中也发现有Notch诱导的EMT过程。

第二节　细胞骨架的动力学调控

一、黏附连接的动力学

传统观点认为黏附连接是钙黏蛋白、β-catenin和α-catenin形成的蛋白复合物与肌动蛋白细胞骨架共同构建的稳定结构。但现代观点认为，即便是在无重大结构变化的稳定上皮细胞中，细胞连接组分也需要一定程度的动态更新来维持结构变化，尤其是在细胞分裂和死亡等过程中需要对内外部的机械力学变化做出反应。因此，黏附连接是一种动态结构，黏附连接的组成成分需要不断地更新，任何成分的更新异常都会导致组织器官的稳定性丧失。这也意味着，黏附连接的蛋白复合物可能存在着“保质期”，需要定期的自我更新才能维持黏附连接的稳定性。

生命过程中的细胞形态变化和运动，简要来说可以归结为两个关键特性的调节——细胞黏附和收缩调节。比如，收缩连接处常富集皮质肌球蛋白Ⅱ（myosin Ⅱ）和F-肌动蛋白（F-actin），而非收缩连接处则富集E-cadherin和连接蛋白，这种非对称分布可驱动细胞嵌入。因为要打破组织稳态、驱使细胞运动，就需要将细胞的收缩力定位至特定的连接处，与这个过程密切相关的是极性复合物（polarity complex）和Rho GTP酶——它们不对称的分布有助于重塑肌动蛋白细胞骨架，调节蛋白转运。

除此之外，肌动蛋白细胞骨架的亚细胞定位也是调控细胞形态变化的重要机制。根据组织和发育的阶段需要，细胞的收缩力可局限于细胞顶点的内侧区域、细胞间的连接处抑或细胞的基底侧表面。收缩力也可集中在某一连接点上，允许细胞极化运动的发生。无论是何种情况，都需要肌动蛋白细胞骨架的参与，其定位、结构和调节决定了其对细胞形态的调节效果。现已观察到，嵌入的上皮细胞必须积极抑制收缩，这提示，这些细胞可能拥有多个细胞骨架结构，具有进行多种形状调节的能力。由此可见，上皮细胞内细胞骨架的动态协同调节，是细胞复杂性形态调节和运动的基础。

二、肌动蛋白的动力学调控

肌动蛋白的细胞骨架动力学是细胞内运动、细胞器固定、细胞外型维持、信号转导和细胞分裂的物质基础之一。通过G蛋白偶联受体（G protein-coupled receptor，GPCR）、整合素、酪氨酸激酶受体（RTK）及许多其他特异性受体（如semaphorin 1a受体PlexinA），可将信号转导至细胞骨架，对细胞活动产生各种不同影响，包括细胞形态调整、迁移、增殖和活性的变化。在许多细胞类型中，整合素可与局部黏附复合体的其他成分结合，作为细胞外基质和细胞骨架连接的重要机制。整合素激活后可引发FAK和Src激酶的活化，导致其他局部黏附成分（如桩蛋白和CRK偶联的底物 p130 Cas）的磷酸化和信号转接蛋白的招募。

外部刺激因子对细胞的调节是通过大量信号通路的级联放大反应实现的，这些级联信号包括Rho家族的小GTP酶（Rho、Rac和Cdc42）及其激活剂、鸟苷酸交换因子（guanine nucleotide exchange factor，GEF）及其下游的蛋白激酶因子［包括Rho-激酶/ROCK和p21激活激酶（PAK）］，以及与GTP酶直接结合的几种肌动蛋白调节因子［如皮层肌动蛋白（cortactin）、mDia（mammalian diaphanous）、WAVE和WASP］。这些级联反应可以汇聚、作用于能够直接调节肌动蛋白细胞骨架行为和构造的蛋白上，包括肌动蛋白相互作用调节蛋白如丝切蛋白（cofilin）、Arp2/3复合体、Ena/VASP、Forminins、抑制蛋白（profilin）和凝溶胶蛋白（gelsolin）等。不同的信号通路可形成不同的肌动蛋白依赖结构，其协调性装配/分解对细胞迁移的定向性引导和其他行为都具有重要影响。细胞迁移还受到肌球蛋白的信号调控，肌球蛋白参与引导了边缘肌动蛋白动力学，能够使得细胞后部回缩。原肌球蛋白（tropomyosin）可通过阻止切断因子-动力因子的结合来稳定纤维状肌动蛋白，某些原肌球蛋白还可增强肌动蛋白纤丝的动力学。绝大多数细胞肌动蛋白依赖的过程都需要动态的肌动蛋白，抑制肌动蛋白装配、防止肌动蛋白分解，对绝大部分的细胞行为具有等效的抑制作用。在病理性免疫反应、发育缺陷和癌症中，经常出现细胞骨架的信号转导异常，这可导致细胞外刺激与细胞反应间的脱节。

三、微管动力学调控

微管（microtubule，MT）是α/β-微管蛋白异构体的非平衡聚合物，是建立细胞极性、细胞极性迁移、细胞内囊泡运输和染色体有丝分裂分离所必需的。微管的形成和降解也是动态变化的（图1-2）——绝大多数微管是从组织中心成核的，表现为正端缓慢生长，并伴随快速的解聚（“灾难反应”）及复苏，其组装后常会在β-微管蛋白处发生GTP水解；末端则表现出动态不稳定性，但是因为其速率慢于正端且固定并局限于微管组织中心，因此通常对微管的动力过程并无显著影响。

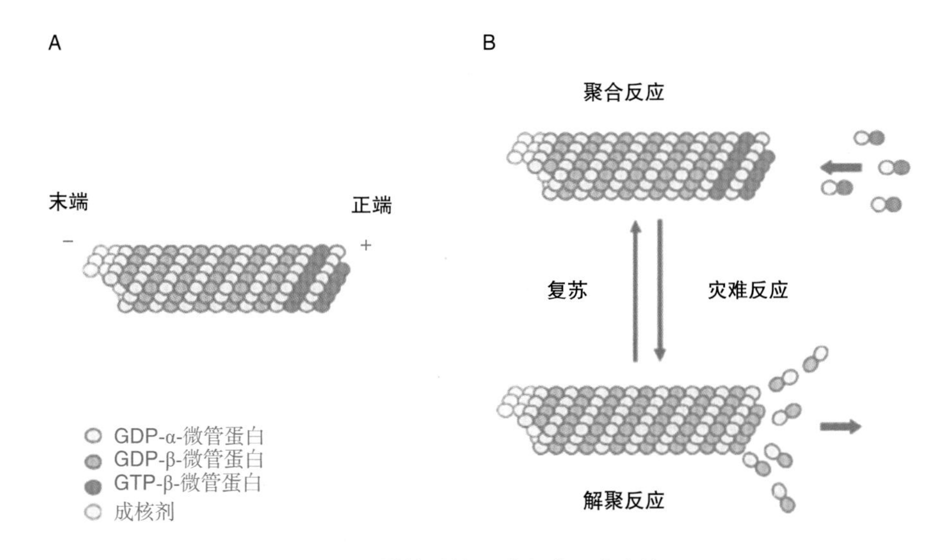

图1-2　微管结构和动力学不稳定性

引自 Bartolini F，Gundersen，2010．Formins and microtubules．Biochim Biophys Acta，1803（2）：164-173

大部分情况下，细胞是通过结合微管蛋白二聚体或组装好的微管蛋白来调节微管的动态平衡：结合微管二聚体的蛋白如抑微管装配蛋白（stathmin），抑微管装配蛋白可装配微管蛋白并通过增加“灾难反应”频率来隔离微管蛋白、增强微管的动力学；结合坍塌反应调节蛋白-2（collapsin response mediator protein2，CRMP2），CRMP2可通过促进微管蛋白二聚体添加到微管阳性端来提高微管的生长速度；其他结合的微管相关蛋白还包括微管的束缚蛋白［如微管相关蛋白1c（microtubule-associated protein 1c，MAP1c）］、微管的稳定蛋白［如微管相关蛋白Tau（microtubule-associated protein Tau，MAPT）］以及维持微管动态状态的蛋白［如微管相关蛋白1b（microtubule-associated protein 1b，MAP1b）］。调节微管动力学的主要信号通路如糖原合成激酶-3β（glycogen synthetase kinase-3β，GSK-3β）信号通路，是在基础生长状态下活跃的激酶，但对激活微管蛋白生长和动力学的信号常呈现出局部失活的反应。

除上述因素外，许多微管动力蛋白甚至是非动力蛋白，也都有助于微管的动力发展：如非洲爪蟾蜍微管相关蛋白215（*Xenopus* microtubule-associated protein 215，

XMAP215），可通过结合到微管蛋白二聚体帮助其并入生长阳性端，从而促进微管的装配。XMAP215还可与某些微管阳端结合蛋白（＋TIPS）竞争，其中末端结合蛋白1（end-binding protein 1，EB1）似乎是主要组织导体；腺瘤样结肠息肉蛋白和阳性端结合蛋白之间的复合体可通过延长微管的延展期来稳定微管；驱动蛋白-13家族的几种非运动性驱动蛋白也参与促进了微管的不稳定性，其中有丝分裂着丝粒相关的驱动蛋白（mitotic centromere-associated kinesin，MCAK）是研究最多的驱动蛋白-13家族的蛋白之一，可在体外与微管的阳性端和阴性端结合，MCAK与微管末端结合被认为可通过减弱原纤维之间的侧方相互作用加速至“灾难反应”的转型。此外，微管蛋白还可经历多种翻译后修饰过程，如乙酰化、谷氨酸残基修饰、糖基化修饰。现已证实，这些修饰过程可改变其与某些微管动力蛋白的联合，从而影响微管的稳定性和动力学。

第三节　细胞骨架、细胞外基质和细胞间黏附的病理生理场景示例

一、肿瘤的血管生成

血管生成（angiogenesis）即从原已存在的血管中生成新血管，在肿瘤的发生发展中扮演重要角色。良性肿瘤细胞存在于休眠状态下，难以获取足够血液供应时就会受到影响。但是，当休眠肿瘤细胞的血管生成被激活时，以及肿瘤细胞分泌的因子诱导内皮细胞向肿瘤块发芽和趋化时，就会出现“血管生成开关”。在肿瘤内部的缺氧环境中，缺氧诱导因子-1（hypoxia inducible factor-1，HIF-1）的二聚体蛋白复合物能够维持稳定，激活多个基因的表达参与血管的生成过程。HIF-1诱导的蛋白包括血管内皮生长因子（vascular endothelial growth factor，VEGF）和碱性成纤维细胞生长因子（basic fibroblast growth factor，bFGF），前者能促进血管渗透性，后者能促进内皮细胞生长。其他分泌的因子，如血小板衍生生长因子（platelet-derived growth factor，PDGF）、血管生成素-1（angiopoietin-1，ANG-1）和血管生成素-2（angiopoietin-2，ANG-2）等也会促进趋化性；肝配蛋白信号通路会通过控制细胞运动和黏附来引导血管新生。其他HIF-1诱导的基因产物，包括基质金属蛋白酶（MMP），可通过降解细胞外基质促进内皮细胞的迁移并释放相关生长因子。某些整合素，如血管生成内皮细胞表面发现的αVβ3可以帮助新生的内皮细胞黏附于暂时的细胞外基质，迁移并生存下去。分泌到肿瘤微环境的因子可激活肿瘤相关巨噬细胞（tumor-associated macrophage，TAM），其随后产生的血管生成因子如VEGF和MMP可进一步促进血管生成。正常生理情况下，周细胞作为支持细胞可包绕于内皮细胞基底侧表面，调节血管收缩和扩张。新形成的血管通常缺乏周细胞，但内皮细胞会募集周细胞来提供结构支持，以进一步促进肿瘤的血管生成。例如，内皮细胞分泌的PDGF可结合周细胞细胞膜表面的PDGF 受体，促使周细胞形成并分泌VEGF，VEGF可通过内皮细胞的VEGF受体传递信号。

除了内皮细胞和肿瘤相关巨噬细胞外，肿瘤微环境中的许多其他类型的细胞也参

与了血管生成。中性粒细胞——浸润性免疫细胞中的很大一部分，可通过多种机制促进肿瘤的血管生成，包括将MMP释放至肿瘤微环境、触发VEGF和其他血管生成因子的释放。同样，其他类型的免疫细胞（如B细胞和T细胞）可通过分泌VEGF-A、bFGF、MMP9、γ干扰素（IFN-γ）和白细胞介素-17（IL-17）等间接影响血管生成。此外，脂肪细胞也可释放大量细胞因子、趋化因子和激素（统称为脂肪因子），它们中的许多都属于促血管生成因子。靶向这些细胞群有助于开发新的抗肿瘤治疗方案，来限制肿瘤细胞扩增和癌症发病机制。

二、纤维化的分子机制

纤维化是慢性炎症刺激下，肌成纤维细胞过度分泌和沉积细胞外基质所导致的组织硬化和瘢痕化。各种有害刺激，包括毒素、传染性病原体、自身免疫反应和机械应激，能够诱导纤维化的细胞反应。纤维化可影响身体的所有组织，如果不加以控制，会导致器官衰竭和死亡。目前对纤维化发生机制的信号通路研究逐步揭示了潜在治疗靶标，以恢复细胞功能并阻止纤维化的进展。

组织损伤时，肌成纤维细胞有多种来源，包括固有成纤维细胞、间充质细胞、循环纤维细胞及其他类型细胞的转分化，可通过重塑细胞外环境来启动伤口愈合反应，并促进实质细胞的替换以恢复组织完整性。通常情况下，随着组织损伤的愈合，促纤维化反应会逐步减弱。但是，持续的损伤和损害会导致这一过程的失调，引起病理性的细胞外基质沉积，并伴随着肌成纤维细胞活性的增强和巨噬细胞、免疫细胞浸润引起的慢性炎症环境。在这种细胞环境中，大量释放的细胞因子和生长因子包括转化生长因子-β（transforming growth factor-beta，TGF-β）家族成员和Wingless/Int-1（Wnt1），它们是纤维化过程的主要刺激因子。TGF-β和Wnt1与其相应的细胞表面受体结合，可启动其下游信号通路，导致Smad2/3和CBP/β-catenin转录调节物的核转位。这会上调靶基因的表达，进一步加强肌成纤维细胞的转分化及细胞外基质蛋白（包括胶原蛋白、层粘连蛋白和纤维连接蛋白）的合成和分泌。

随着细胞外基质的过度蓄积，基质的结构发生变化，变得僵硬。细胞通过细胞表面整合素受体（激活Hippo信号转导通路及其主要下游效应子YAP和TAZ）的机械转导感受细胞外基质的张力。在另一个前馈回路中，被激活的YAP和TAZ可转移到细胞核，促进致纤维化基因［包括结缔组织生长因子（connective tissue growth factor，CTGF）和PDGF］的上调，进而通过PI3K/AKT/mTOR信号通路促进肌成纤维细胞的增殖和活化。

尽管细胞损伤和组织情况各异，但以上概述的这些机制仍然是多种疾病纤维化过程中的重要特征和标志。与病理性纤维化相关的疾病包括非酒精性脂肪性肝病（non-alcoholic fatty liver disease，NAFLD）及其进展阶段非酒精性脂肪性肝炎（non-alcoholic steatohepatitis，NASH），这两种疾病均可导致肝衰竭。其他例子还包括特发性肺纤维化（idiopathic pulmonary fibrosis，IPF）、酒精性肝病（alcoholic liver disease，ALD）和肾纤维化。除器官损伤外，纤维化还与癌症进展有关，因为纤维化细胞外基质可刺激细胞增殖并改变细胞极性，从而促进肿瘤的发生发展。

靶向纤维化、治疗疾病仍是一个具有挑战性的研究领域，因为炎症反应下的细胞外基质沉积和瘢痕化也有益于修复反应。因此，我们还需要进一步阐明纤维化的细胞和分子机制，以研发能够分离不同转归的治疗策略并最终转化为对患者具有积极临床结果的治疗方法。

（方　丽）

主要参考文献

Baum B，Georgiou M，2011. Dynamics of adherens junctions in epithelial establishment，maintenance，and remodeling. J Cell Biol，192（6）：907-917.

de Forges H，Bouissou A，Perez F，2012. Interplay between microtubule dynamics and intracellular organization. Int J Biochem Cell Biol，44（2）：266-274.

Etienne-Manneville S，2010. From signaling pathways to microtubule dynamics：the key players. Curr Opin Cell Biol，22（1）：104-111.

Gates J，Peifer M，2005. Can 1000 reviews be wrong? Actin，alpha-Catenin，and adherens junctions. Cell，123（5）：769-772.

Henderson NC，Rieder F，Wynn TA，2020. Fibrosis：from mechanisms to medicines. Nature，587（7835）：555-566.

Lamouille S，Xu J，Derynck R，2014. Molecular mechanisms of epithelial-mesenchymal transition. Nat Rev Mol Cell Biol，15（3）：178-196.

Rottner K，Stradal TE，2011. Actin dynamics and turnover in cell motility. Curr Opin Cell Biol，23（5）：569-578.

Senger DR，Davis GE，2011. Angiogenesis. Cold Spring Harb Perspect Biol，3（8）：a005090.

Stepniak E，Radice GL，Vasioukhin V，2009. Adhesive and signaling functions of cadherins and catenins in vertebrate development. Cold Spring Harb Perspect Biol，1（5）：a002949.

Wynn TA，Ramalingam TR，2012. Mechanisms of fibrosis：therapeutic translation for fibrotic disease. Nat Med，18（7）：1028-1040.

第二章

细胞周期的调控信号

第一节 细胞周期调节

17世纪英国科学家胡克通过自制的光学显微镜观察软木结构发现其蜂窝状小室，并将其命名为“细胞”。随后，在18世纪30年代，德国植物学家施莱登和动物学家施旺提出了“细胞学说”，推动了生物学的发展。随着认识的深入，人们发现细胞是有机体的基本结构单位和功能单位。20世纪20年代，Wilson提出细胞周期的概念，认为细胞周期处于所有生物体生长、发育和遗传的核心位置，是保证细胞进行生命活动的基本过程。20世纪中叶，随着DNA双螺旋结构和遗传信息中心法则的发现和确立，以核酸和蛋白质为主要研究对象的分子生物学取得了突破性的进展，其中细胞周期及其调控蛋白仍是当今的研究热点。

20世纪60年代，美国西雅图弗瑞德·哈钦森癌症研究中心的Leland H. Hartwell以芽殖酵母为实验材料，利用阻断在不同细胞周期阶段的温度敏感突变株，分离出了几十个细胞分裂周期基因（cell division cycle gene，CDC）。他还通过研究酵母菌细胞对放射线的感受性，提出了checkpoint（细胞周期检查点）的概念。20世纪70年代，英国伦敦皇家癌症研究基金会的Paul M. Nurse等以裂殖酵母为实验材料，进一步研究发现*cdc2*和*cdc28*都编码一个34kDa的蛋白激酶，促进细胞周期的进行。1982年英国伦敦皇家癌症研究基金会的R. Timothy Hunt首次发现海胆卵受精后，在其卵裂过程中有一类蛋白质的表达量随细胞周期剧烈波动，故将该蛋白命名为周期蛋白（cyclin），这种现象在青蛙、爪蟾、海胆、果蝇和酵母中均得到验证。因此，2001年度诺贝尔生理学或医学奖授予他们三人，以表彰其在细胞周期研究中的卓越成就。

细胞周期又称细胞分裂周期，是指细胞从一次分裂结束到下一次分裂结束所经历的全过程，细胞要经历生长、DNA复制、分裂形成两个细胞并将染色体平均分配到两个子细胞的全过程。这个过程不仅仅是单纯物质积累的过程，还是细胞装配、修饰从而形成具有功能状态的结构的过程。为了确保细胞周期有条不紊地进行，该过程受一系列细胞内外复杂且精确的调控，这对所有真核细胞生物而言至关重要。细胞周期分为G_1期、S期、G_2期和M期。其中，细胞生长和DNA合成准备时期是从有丝分裂完成到DNA复制前的间歇时期，称为G_1期。当细胞进入G_1期后，细胞开始合成生长所需的各种物质如RNA、蛋白质、糖类、脂质等，此期间细胞体积逐渐增大。S期则是DNA复制的时期，DNA的含量在此期增加一倍。而从DNA复制完成到有丝分裂开始的这段间歇称为G_2期，此期间细胞合成大量蛋白质，为有丝分裂做准备。M期则为细胞分裂期，细胞在此期分裂为两个子细胞，完成增殖。一组监测细胞生长且相互协调的蛋白质组成能够确保细胞适时活动，被称为“细胞周期检查点”分子通路，可以控制真核细胞从一个细胞周期阶段到下一个细胞周期阶段，即正常有序的生长与分裂。不受控制的细胞分裂会导致基因组不稳定性及肿瘤的发生。

第二节 DNA损伤应答

DNA以染色质的形式包裹围绕在组蛋白上，其在细胞核中高度折叠且有序。为了能够保证正确的基因表达及基因组结构的完整性，染色质纤维具有不同程度的压缩和不同类型的化学修饰。DNA作为遗传物质的载体决定了不同生物体的生物性状，基因组稳定性是细胞维持自稳平衡，精确调控增殖、分化、死亡程序的遗传学基础。染色质DNA的完整性很容易受到内源性和外源性因素的影响。最常见的细胞内源性损伤因素包括由于细胞呼吸作用增加而产生的过量氧自由基、由细胞分裂异常导致的DNA复制叉错误、DNA 甲基化修饰等。外源性或环境的损伤因素可能来自太阳光中的紫外线（ultravidet ray，UV），电离辐射（IR，如宇宙辐射和医疗用X射线或放射治疗），以及遗传毒性致癌物质，包括拓扑异构酶抑制剂喜树碱（CPT，拓扑异构酶 I 抑制剂）和依托泊苷（etoposide，拓扑异构酶Ⅱ抑制剂）等。

DNA 损伤产生后将会激活细胞的DNA损伤应答（DNA damage response，DDR）机制，这是细胞内一种非常保守且复杂而精细的抵御外界及内在因素诱导的 DNA损伤的机制，由多条信号转导通路构成的网络来监测和传递损伤信号，并形成一个适当的应答机制，募集相关 DNA 损伤修复蛋白至损伤位点，激活多条细胞存活/死亡途径来拯救受损细胞或清除严重失调的细胞。如果DNA 损伤未被正确修复，则可能导致遗传信息丢失、重排或扩增，往往导致细胞恶性转化。同时，DNA 损伤累积与持续的 DNA 损伤应答激活可引起细胞周期阻滞，诱导细胞凋亡或衰老，从而进一步分泌大量炎症因子，诱发基因组不稳定与细胞恶性增殖。因此，研究DNA损伤应答维持基因组稳定性的机制对于理解与防治恶性肿瘤等疾病及抗衰老至关重要。

DNA损伤类型中最严重的是DNA双链断裂（DNA double-strand breakage，DSB）（图2-1），如果该损伤修复不及时，就容易造成细胞死亡或引起染色体转位及遗传信息丢失。DSB发生后，上述DDR机制通过快速募集大量的蛋白质来感应、放大以及转导DNA损伤信号。这些募集的蛋白质在DSB处形成非常复杂的簇集点，参与形成簇集点的蛋白质可通过泛素化、磷酸化和甲基化等多种方式形成信号传递网络从而调节多个DNA修复过程，最终起到维持染色体稳定的作用。作为对DSB的感应器，应能够在DNA发生损伤时及时到达损伤位点与其发生物理接触并即刻发生化学修饰反应，不但能启动细胞周期阻滞反应，而且启动的生化反应与细胞凋亡和DNA修复的调控途径有重叠之处。目前普遍观点认为毛细血管扩张性共济失调突变基因（ataxia telangiectasia-mutated gene，ATM gene）编码DSB损伤修复的关键蛋白，可作为 DNA 损伤检查点被MRN复合物（MRE11 / RAD50 / NBS1 complex）募集到损伤部位，启动损伤修复途径。此外，由于毛细血管扩张性共济失调相关基因（ataxia telangiectasia and Rad3-related gene，ATR gene）能特定识别单链DNA区域，因此能够被很多不同形式的DNA损伤所激活，包括核苷酸损伤、复制叉停滞、双链断裂等。ATR招募到单链DNA上可能需要通过与包被在单链DNA上的单链结合蛋白RPA相互作用或者通过9-1-1复合物募集启动DDR。应对DSB损伤做出反应的重要信号通路包括ATM/ATR-Chk2/Chkl-p53-p21、ATM/ATR-Chk2/Chkl-Cdc25C、ATM-PLK3-Cdc25C等，此外，胞外信号调节激酶、自噬、微RNA（microRNA）等也都在DDR中发挥关键的作用。

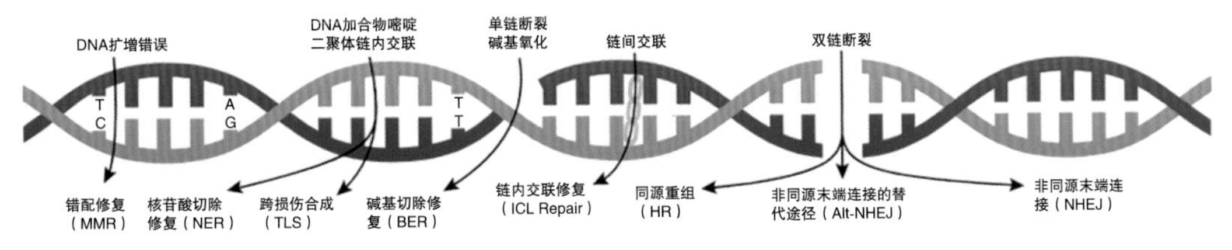

图2-1　DNA损伤修复

目前已有数百个与DNA损伤修复相关的基因被发现，它们主要参与了5个不同的，但功能上又相互关联的途径，包括碱基切除修复（base excision repair，BER），核苷酸切除修复（nucleotide excision repair，NER），错配修复（mismatch repair，MMR），非同源末端连接（non-homologous end joining，NHEJ）及同源重组（homologous recombination，HR）。化学修饰产生的单个碱基损伤会影响碱基形成氢键的能力，导致碱基配对错误。这些突变可能由活性氧、电离辐射、紫外线辐射、拓扑异构酶Ⅰ或一些抗代谢药物所诱导产生，并且主要通过BER途径修复。BER途径的关键成分是糖基化酶、核酸内切酶、DNA聚合酶和DNA连接酶，它们与聚腺苷二磷酸核糖聚合酶-1（PARP-1）一起完成修复过程。PARP-1含有3个主要结构域：锌指结构的基序组成的氨基末端DNA结合结构域、包含BRCT结构域的中央自修饰结构域和高度保守的羧基末端催化结构域，它们共同介导PARP-1对不同DNA损伤类型的反应。损伤的碱基首先被糖基化酶和核酸内切酶去除从而形成无碱基位点，产生一个“缺口”或一个断裂的单链，继而通过BER修复（单个核苷酸替换或2～10个新的核苷酸合成）。

NER是去除DNA上的螺旋结构扭曲产物的一种重要且复杂的DNA损伤修复系统，这些产物可能是紫外线辐射、吸烟、化学试剂或者活性氧引起的。真核生物的NER可分为两个子途径：修复速度较慢的全基因组修复途径NER（GG-NER）和修复速度较快的转录偶联修复途径NER（TC-NER）。后者负责修复转录活跃DNA链的损伤，而前者负责修复基因组其余部分的损伤，包括非转录链的损伤及沉默染色质区域的损伤。对于每条子通路来说，由两组不同的蛋白质参与识别DNA损伤。两条子通路的后续步骤是相同的，都是由转录因子Ⅱ H（TFⅡH）造成双切口，之后通过DNA聚合酶和DNA连接酶1，Flap核酸内切酶1（FEN1）或LIGⅢ-XRCC1复合物封闭“缺口”从而完成核苷酸切除修复。错配修复（MMR）是一种识别和修复子链中特定复制错误的系统，如错误的核苷酸掺入（错配），核苷酸的插入或缺失。这些错配碱基能够被MSH2-MSH6异二聚体识别并结合后开启修复途径。错配修复缺陷显著增加突变率，可以导致微卫星不稳定性（microsatellite instability，MSI）和肿瘤发生。在哺乳动物细胞中DSB修复的两条主要途径是NHEJ和HR。NHEJ 发生在细胞周期的各个阶段，主要在细胞周期的G_0

期和G_1期发挥作用，它能快速修复高达85%的DSB损伤，是一种极其容易出错的修复方式，它通过末端处理加工将断裂的DNA结合在一起，但此过程会造成一部分DNA片段的缺失。HR则使用未受干扰的正确的模板DNA来恢复原来的DNA序列，同源模板一般由姐妹染色单体提供。虽然HR通常仅在细胞周期的S期和G_2期发挥作用，并且只修复部分DSB损伤，但因其高保真性却可能是最重要的修复方式。

总体而言，DNA损伤处不恰当的修复不仅破坏了基因组完整性，还对DNA复制和基因转录等DNA其他活动有着严重影响，最终会导致基因突变和染色体畸形。机体在长期进化过程中发展出了一整套DSB防御系统，细胞通过时间和空间上调控DDR，以维持基因组完整性和细胞内稳态。感应器分子ATM、ATR能迅速识别损伤，Chk1、Chk2介导级联反应，启动下游多种效应分子如Cdc25A、Cdc25C等，激活细胞周期检查点，引发周期阻滞以充分修复损伤，若损伤不能修复或不能正确修复，则启动凋亡和非凋亡性死亡程序，清除有损伤或病变倾向细胞，最大程度地减低可遗传的突变危险并清除隐患。

第三节　G_2/M检查点

如上所述，G_0/G_1、S、G_2和M期这4个具有特定特征的不同阶段组成了细胞周期。其中，G_2期是细胞有丝分裂（M 期）前细胞快速生长和蛋白质合成的阶段。M期中细胞生长停止且有序地进展至细胞分裂。细胞周期的进展受周期蛋白（cyclin）、周期蛋白依赖性激酶（cyclin-dependent kinase，CDK）及其抑制剂（如p15、$p16^{INK4a}$、p21和p27等）精确调控。CDK与cyclin形成复合物并激活，下游靶点的丝氨酸/苏氨酸进一步磷酸化，从而促进细胞周期的进展。为了确保细胞周期过程的准确性，在细胞分裂期间存在许多称为检查点的质量控制步骤，其中G_2/M检查点是细胞有丝分裂过程中一个重要的检查点，其阻止受损细胞进入有丝分裂，可防止细胞携带着受损的DNA和未复制的 DNA进入有丝分裂。

ATM/ATR-Chkl/Chk2-Cdc25A/B/C通路成员在DNA发生损伤后相继被激活或失活，最终，由CDK-cyclin复合物感受信号决定了细胞周期的进程。在哺乳动物细胞中，存在着不同的CDK以及不同的cyclin，在不同的细胞周期阶段发挥调控作用，在细胞周期不同阶段起作用的CDK-cyclin复合物亦不相同。cyclin B1-Cdc2复合物又称有丝分裂促进因子（MPF），是G_2/M检查点的关键调控因子，当DNA损伤发生在细胞G_2期，G_2/M DNA损伤检查点将抑制cyclin B1-Cdc2复合物活性而阻止细胞进入有丝分裂从而使细胞有充足的时间修复损伤的DNA，以维持基因组完整性。

Cdc2表达异常易造成细胞周期进程紊乱，影响其正常生长与分化。Cdc2过表达往往导致细胞周期进程紊乱，造成细胞恶性增殖，最终形成肿瘤。Cyclin B1在癌细胞中过表达，可能进一步与激酶Cdc2形成复合物，越过细胞周期检查点，启动有丝分裂，从而导致细胞增殖失控。在结直肠癌、宫颈癌、乳腺癌、肺癌、淋巴瘤、白血病等肿瘤细胞系中都能够检测到cyclin B1在基因及蛋白质水平的过表达且大多定位于细胞质，但其mRNA水平的差异不如蛋白质水平明显，提示cyclin B1的失调更大程度上可能发生于转录后水平。

cyclin B1启动子直接受c-myc与p53调节，二者作用相反。p53能够通过直接抑制cyclin B1基因的转录和核定位以调节G_2检查点，而cyclin B1的过表达和相关Cdc2激酶的活化，可越过p53介导的G_2/M阻滞。如果c-myc过表达及p53缺失则会上调cyclin B1表达，进而引起纺锤体检查点的改变。有研究还表明癌基因*H-Ras*能诱导SW480细胞和HeLa细胞中cyclin B1启动子活性，上调cyclin B1的mRNA和蛋白表达水平，进一步提高cyclin B1-Cdc2复合物表达水平及酶活性，这是一种p53非依赖性调控G_2/M检查点的方式。此外，还有报道表明Aurora A和h-CPEB过表达时会共同刺激cyclin B1和CDK1 mRNA发生多聚腺苷酸化，进而上调cyclin B1和cyclin C过表达，有助于越过G_2或纺锤体检查点，最终发生染色体异常，易导致遗传不稳定性的积累，促使肿瘤发生。

Cdc2的激活依赖分裂期cyclin B1的累积，cyclin B1合成起始于S期，在向G_2-M期过渡中表达逐渐增加并达到高峰，并在此时与Cdc2结合成MPF复合物（pre-MPF1）。在M期的早期，Cdc2的Tyr15和Thr14位点被Weel和Myt1激酶磷酸化，因此cyclin B-Cdc2（CDK1）复合物呈失活状态，其活化需要Cdc25磷酸酶家族将这些位点去磷酸化，同时需要CDK激酶（CDK activating kinase，CAK）使Cdc2的Thr161位点磷酸化。Cdc25家族是调节CDK复合物的磷酸酯酶，通过使CDK的抑制性磷酸化位点发生去磷酸化而达到调控细胞周期进程的目的。在人类细胞中，Cdc25家族的成员主要有Cdc25A、Cdc25B和Cdc25C，3种Cdc25同工物与其他因子一起，共同调节细胞周期进程和细胞周期检查点应答。Cdc25蛋白在细胞周期不同阶段中表达量的变化取决于蛋白合成和降解之间的平衡。当Wee1的活性下降及Cdc2去磷酸化后，Cdc2活化的障碍得到去除，激活的Cdc2还能够抑制其抑制因子Wee1的活性，形成一个反馈环。由此看出，一旦G_2期细胞发生DNA损伤或者DNA复制受阻，G_2/M检查点可以通过减少cyclin B1表达来降低Cdc2活性或使CDK1-cyclin B1复合物及时失去活性，使细胞周期暂时停滞在G_2/M期，因此细胞有时间对受损的DNA或者复制错误进行修复和校正，避免发生遗传不稳定。此外，Cdc2的活性还受CDK的抑制蛋白（cyclin-dependent kinase inhibitor，CKI）负向调节。近年来研究发现CKI参与细胞周期调控，是一种具有抑制CDK功能的新蛋白质，能在细胞周期的特定时刻负向调控CDK活性而控制细胞周期进程。

此外还存在其他转录因子调控细胞周期，其中核因子κB（nuclear factor-κB，NF-κB）作为一种重要的核转录因子，在大多数细胞中一方面通过上调促细胞存活基因和凋亡抑制基因的表达，另一方面能够抑制促细胞凋亡因子，活化持续正性生长信号，以多种机制保护细胞免于凋亡。有研究表明，NF-κB信号转导通路也能上调P21蛋白的表达，参与细胞G_2/M期阻滞。还有研究发现E2F家族转录因子调控细胞周期相关基因的表达，通过抑制目的基因的表达加强G_2期的阻滞，E2F家族成员被认为参与调节第二次持久的G_2/M期阻滞。有研究者还发现Rb家族成员对DNA损伤引起的细胞周期检查点应答反应也有着重要作用，其可以与E2F共同调节相关基因的转录，能够诱导细胞停滞，为DNA损伤修复赢得时间，Rb家族还能够抑制DNA双链断裂的产生。研究发现，Rb2/p130和p107通过调节G_2/M相关基因，如Cdc2和cyclin B基因、染色体凝聚基因SMC4L1、纺锤体形成基因Stathmin等的表达，在G_2/M期阻滞中起着重要调节作用。

综上所述，多种因素可引起DNA损伤而最终导致基因发生错义突变、缺失或错误重组，从而引发DNA修复、细胞周期延迟或阻滞、细胞凋亡等多种细胞反应。其中，细胞周期延迟或阻滞是通过DNA损伤检查点完成的。DNA 损伤检查点主要包括 G_1/S检查点、S检查点和 G_2/M检查点。G_2/M DNA损伤检查点的作用是阻止带有DNA损伤的细胞进入有丝分裂期的最后一道关卡；根据损伤的形式不同，分别激活ATM-Chk2-Cdc25和ATR-Chk1-Cdc25两条通路，抑制 Cdc2（CDK1）-cyclin B的活性，阻止细胞进入M期。Cdc2（CDK1）-cyclin B复合物是G_2/M检查点调节的关键因子，很多相关基因蛋白则通过直接或间接影响cyclinB1-Cdc2活性或定位参与G_2/M检查点调控作用。检查点机制的异常会导致周期调控的异常进而可导致细胞的持续性增殖，最终造成肿瘤发生。

第四节 G_1/S检查点

G_1/S 检查点可控制细胞通过限制点（R）进入 DNA 合成 S 期的进程。细胞周期起始检查点的监控机制上，大部分细胞基因表达受E2F蛋白复合物家族成员的调控。E2F复合物是异源二聚体，内含一个来源于E2F家族的亚单位和一个来源于DP家族的亚单位。其调控G_1/S和S期细胞周期蛋白的表达，同时也调控那些编码 DNA 合成起始所需的各种酶和其他蛋白的基因表达。视网膜母细胞瘤蛋白（pRB）家族蛋白是G_1期基因表达的抑制蛋白，当E2F复合物与 pRB 家族成员蛋白结合时，其促进功能被抑制。通常E2F-DP复合物作为 G_1/S基因表达的直接激活因子，促进G_1/S蛋白表达，而当pRB蛋白与E2F-DP复合物结合形成新的复合物后，其通过抑制E2F-DP复合物的活性从而抑制G_1/S基因表达，降低G_1/S细胞周期蛋白含量，最终使细胞不能通过G_1/S检查点，细胞周期则停滞在G_1期。此外，当pRB蛋白被周期蛋白D-CDK4复合物磷酸化后，由于磷酸化可促使pRB蛋白从pRB-E2F-DP复合物分离，则E2F-DP复合物再次具有活性，同样能够促进G_1/S基因表达，最终细胞跨过G_1/S检查点，进入S期。因此目前认为G_1/S检查点基因调控的关键点之一是pRB蛋白的磷酸化。

当G_1/S-CDKs受到某些外界因子作用时，G_1/S-CDKs还可以通过启动特殊机制降解G_1/S-CDKs复合物中的G_1/S细胞周期蛋白，最终自身灭活及降解。目前普遍认为这种降解机制是通过调控G_1/S-CDKs蛋白复合物的泛素化靶向降解来实现的，泛素化是经过一系列的反应来完成的，包括泛素激活、泛素偶联和泛素-蛋白连接作用，相应的一系列酶即为E1、E2、E3等。G_1/S-CDKs蛋白复合物首先附着多拷贝的小分子蛋白质泛素，进一步泛素化的蛋白被蛋白酶复合体识别并靶向降解。其中，起关键作用催化泛素-蛋白连接的酶是SCF酶，其命名来源于3个中心成分即Skp1、Cullin及F盒。与此同时，G_1/S细胞周期蛋白的基因表达也被进一步降低，从而G_1/S-CDKs复合物含量降低，细胞不能通过G_1/S检查点，退出G_1期，细胞周期停滞在G_0期。

细胞周期蛋白中的CDKs抑制蛋白分为Cip/Kip家族和INK4家族两大类，它们对CDKs的抑制机制各不相同。Cip/Kip家族成员包括Dacapo和P27，它们通过抑制 G_1/S和S-CDKs 来阻断细胞周期进程而发挥抑制作用，同时，由于G_1/S 周期蛋白和CDK4或CDK6的密切结合，需要P21和P27的参与，Cip/Kip家族蛋白能够通过与上述亚单位作用而增强它们之间的结合从而促进细胞周期的进入。与Cip/Kip家族蛋白比较而言，INK4家族仅是CDK4和CDK6的抑制因子，其优先结合于CDKs单体上。同时，通过阻止Cip/Kip蛋白与G_1/S-CDKs复合物的接近，以及通过阻断帮助CDK4或CDK6正常折叠所需的分子伴侣蛋白的相互作用，INK4家族蛋白在体内也可阻断CDK4或CDK6与G_1/S周期蛋白的结合。二者既可单独也可以联合抑制细胞通过G_1/S检查点，细胞中INK4蛋白水平增加后可导致G_1/S周期蛋白-CDKs复合物去装配，从而诱导Cip/Kip家族蛋白释放，间接增加抑制因子水平，从而进一步阻滞细胞通过G_1/S检查点，使细胞退出G_1期最终停滞在G_0期。

第五节　衰老信号

衰老是一种不可逆转的客观规律而并非疾病，是组织和器官功能随年龄增长而产生进行性衰退的结果，是由多个生理和病理压力因子诱导的适应性反应，表现为机体生理完整性逐步丧失，进一步机体功能受损并更容易死亡。衰老细胞尽管不再增殖，但仍具有代谢活性并出现多种特征性改变如形态扁平且扩大，出现多种标志物如端粒功能异常诱导的聚集（telomere dysfunction-induced foci，TIF）、衰老相关的异染色质聚集（senescence-associated hetero chromatin foci，SAHF）、DNA瘢痕、脂褐素颗粒，以及出现基因表达改变等。

此外，衰老细胞常显示出分泌表型的变化，这种现象被称作衰老相关的分泌型表型（SASP）。SASP上调和释放多种促炎细胞因子（如IL-6 / IL-1β）、蛋白酶［如基质金属蛋白酶3（MMP3）］及生长因子，从而对周围组织微环境发挥一系列自分泌、旁分泌作用。有研究表明，SASP可以通过去除受损细胞进一步募集免疫细胞以启动组织修复，但也可能与血管生成和ECM重塑相关，导致肿瘤进展。从细胞周期角度来说，细胞衰老即细胞被不可逆地阻滞于某一生长周期中，同时出现细胞形态、代谢、基因和表观遗传调控的变化。同时，衰老也是机体的一种防御机制，通过隔离和去除受损细胞从而维持组织稳态并限制肿瘤形成。但衰老细胞持续性的积累目前已被认为是与年龄相关的病理学和炎性疾病的主要原因（图2-2）。

细胞周期的正常运转、细胞分裂、增殖均依赖于其调控系统精确高效的控制，其生长期调节的关键在于对G_1/S与G_2/M交界处的调控。如前所述，根据分子构成不同，细胞周期蛋白依赖激酶抑制蛋白（cyclin-dependent inhibitor，CDI）通常被划分为两大家族，其中Ink4家族是一类主要抑制细胞周期蛋白依赖激酶（CDK）中CDK4/CDK6激酶活性的蛋白，包括p15与p16等，另一个为KIP家族，p21、p27等都属于该家族，CDI通过对细胞周期的调节来影响细胞的衰老速度。磷酸化的pRb蛋白可使细胞从G_1期进入S期，cyclin D-CDK复合物是Rb蛋白的磷酸激酶，主要调节pRb的磷酸化过程，而细胞停滞在G_1期与Rb蛋白的低磷酸化水平密切相关。研究表明相对年轻的细胞G_1期中可检测到磷酸化的pRb蛋白，而在衰老的细胞中pRb蛋白表达水平较低，这有可能是导致衰老细胞停滞在G_1期的关键原因。

p16是CDK4及CDK6的抑制因子，是调节细胞衰老的主要因子之一，在遗传调控中发挥了关键的作用。研究发现，p16和CDK4、CDK6竞争性结合后可造成cyclin D-CDK

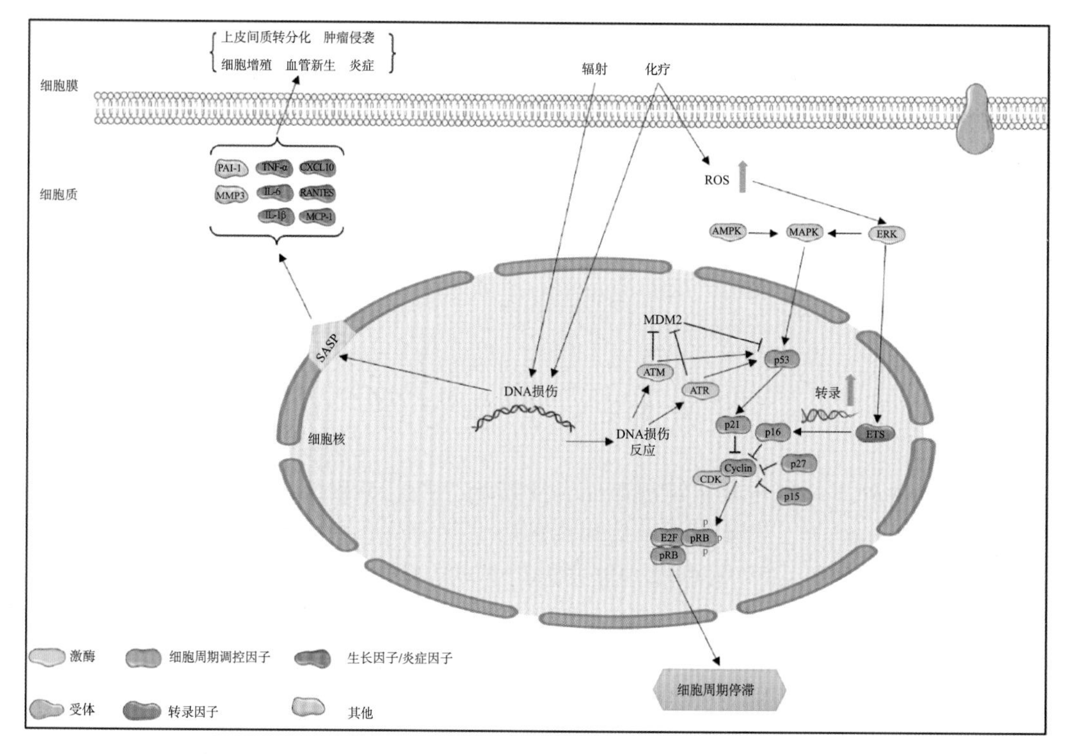

图2-2 衰老信号

复合物无法合成，p16-CDK4、p21-CDK4结合物无法促进Rb磷酸化，因此可阻滞细胞周期的正常进行，细胞停滞在G_1期进而影响细胞增殖。随着细胞进一步衰老，p16含量随之增多而CDK4活性进一步下降。在相对年轻的细胞中p16表达相对较低，而在衰老的细胞中p16表达显著上调，这与Ras-Raf-MEK信号转导的下降，Et2、Id1蛋白的表达减低，以及Etal聚集等因素相关。

由p53活化转录所致的p21表达增加能够导致细胞衰老，因此p21是衰老标志物且是促使细胞衰老的重要信号分子之一。p21较p16更为普遍，其可抑制多种蛋白酶的活性，即特异性抑制cyclin D1-CDK4/CDK6、cyclin E-CDK2、cyclin A-CDK2复合物形成，导致G_1、G_2期停滞，是调控细胞衰老进程的关键环节之一。p21是p53下游效应物，鼠双微因子（mouse double minute 2，MDM2）负向调控p53，其往返于细胞核-细胞质的功能则可被p19抑制。研究发现，细胞核中有p19表达和少量的MDM2表达，MDM2表达于胞质中但是其可短暂进入核仁抑制p53，p19则阻止MDM2进入核仁进而使得p53恢复转录而表达增加，最终进一步诱导p21转录增加。通常p53含量较低，在生长刺激等情况下其表达可迅速增加。细胞生长周期中，正常Rb途径中p21被p53诱导后可将细胞周期阻滞于G_1期的检查点处，在Rb途径缺失时，细胞则绕过G_1期检查点从而引起由p53介导的凋亡。p21通过减低cyclin-CDK对Rb蛋白的磷酸化作用，使Rb磷酸化受阻，因此Rb不能与E2F组成复合物，进一步阻碍了E2F转录，对细胞周期有负性调节作用，最终使细胞无法分化、增殖。p21在抑制细胞进入S期方面有双重作用，其与CDK结合后与增殖细胞核抗原（proliferating cell nuclear antigen，PCNA）形成p21-cyclin-CDK-

PCNA复合物，该复合物进一步可阻断CDK和PCNA与其他分子相结合，从而使CDK和PCNA失去活性。p21和PCNA结合可阻断复合物延展，复合物进一步从模板上脱离后抑制依赖 PCNA 的 DNA 合成。野生型p53可激活p21转录而突变型p53则无此作用，p21和p53在由 DNA 损伤所导致的细胞周期阻滞中发挥关键作用。

近年来还有研究表明p27也是CDKI家族中的重要成员之一，其对细胞生长周期也起到负性调节的作用。p27在细胞周期内表达水平及分布受多种机制调控，其与p21及CD-CDK复合物结合可导致自身无法和CE-CDK2结合，最终抑制CE-CDK2复合物的活性。此外，当细胞周期被p16诱导阻滞后，p27和CE-CDK2 结合抑制了CE-CDK2的活性，从而抑制细胞周期进程。有研究发现，p27/PTEN蛋白可调节鼠听觉祖细胞的分裂和增殖。PTEN对细胞周期有负调控作用，可加速分化阻滞细胞增殖。研究发现在许多衰老细胞中PTEN被激活后，磷酸化AKT信号通路下调而p27表达上调，最终细胞周期被阻滞在G_0/G_1期。细胞的密度过高或者缺少生长因子均可造成细胞增殖受阻，p27集聚则是造成细胞周期阻滞的主要原因之一。转化生长因子-β（transforming growth factor-β，TGF-β）的靶分子是p27，其可显著减弱cyclin D-CDK的作用，过表达的p27将使细胞周期停滞于G_1期。在多种外源性刺激下，p27水平的升高及降低均导致细胞周期的变化。

此外，还有一些额外因素可通过调控细胞周期影响细胞衰老进程。例如，TGF-β可以从三方面调控细胞周期，从而影响细胞衰老。一是TGF-β1可阻断CDK4翻译，使其含量减少，还能通过负性调节作用下调某些细胞中CDK4表达；二是TGF-β可抑制CDK2-cyclin E可逆地诱导靶细胞，使其阻滞于G_1期；三是TGF-β可通过p15、p16和p27等抑制蛋白来影响细胞周期。有研究发现，肾组织在各种急慢性损伤后TGF-β过表达并通过p21的调节，使细胞周期阻滞于G_2/M期，因此造成肾组织纤维化不断加速。一些研究还发现神经酰胺处理细胞后可诱导出现衰老细胞特有的特征改变。进一步研究表明神经酰胺酶可通过激活p21及其相关的磷酸化酶等，导致CDK2活性减低，Rb去磷酸化，最终细胞周期阻滞于G_1期而发生衰老。综上所述，在众多调控蛋白参与下，通过对细胞周期的调节，正常的细胞增殖受到抑制，衰老进程加速。如何能更合理地利用这些调控蛋白作为治疗靶点值得进一步研究。总之，细胞周期调控细胞分化与增殖，同时也调控细胞功能下降及细胞衰老。在其正常运转中，细胞周期蛋白（cyclin）等调控分子在相关的分子信号通路中发挥着正性或负性作用，是生命活动的基础。任何一个调节细胞正常周期运转机制被破坏都将导致细胞衰老。因此，深入研究细胞周期如何调控衰老将为我们在进行有效的药物干预、减缓衰老进程、促进组织重构再生及肿瘤治疗等方面提供更多的依据。

炎症反应在调控衰老机制方面同样起着重要作用。衰老过程中天然免疫激活并产生大量促炎介质，如白细胞介素和肿瘤坏死因子等，并伴随炎症稳态失衡，且二者相互作用，即炎症进一步也导致衰老进程。NF-κB作为一种核转录因子，大量研究表明其激活后参与氧化应激、免疫、炎症、细胞增殖、凋亡、衰老等多种病理生理性的基因转录调控过程，是多种促炎基因转录的必需因子。当细胞受到内外界各种衰老相关刺激后，NF-κB信号通路被激活，活化的NF-κB进入细胞核内并与DNA结合，参与细胞内的免疫反应，因此NF-κB信号通路在炎性衰老的发生发展中具有重要作用。研究发现，衰老动物模型细胞核内NF-κB成分显著增加，且多种老年退行性疾病的发生均与NF-κB调控的衰老信号通路密切相关，如年龄相关的肌肉分化过程、阿尔茨海默病等。哺乳动物雷帕霉素靶蛋白（mammalian target of rapamycin，mTOR）是细胞生长和增殖的重要调节因子。大量研究显示mTOR信号途径调控异常与细胞增殖密切相关。mTOR是一种高度保守的丝氨酸/苏氨酸蛋白激酶，参与调控细胞生长、分化、增殖、迁移和存活，在胚胎发育期参与细胞生长，在成熟期参与细胞能量代谢，而在老年期，mTOR信号通路往往会过度激活而导致多种与衰老相关疾病的发生，如肿瘤和神经退行性疾病。研究发现，在生物体中下调mTOR信号通路能够延长其寿命，而异常活化的mTOR信号通路可导致造血干细胞加速向各系分化，最终导致造血干细胞功能障碍、衰老及肿瘤形成。衰老过程中的有害影响与SASP密切相关，mTOR在促进衰老细胞的分泌表型方面起着重要作用，其抑制作用被证明可以显著阻止干细胞衰老。

细胞生长与分化是细胞生命活动的基本特征。哺乳动物细胞通过细胞周期的调控以实现个体的发育及自我更新。细胞周期调控是一个庞大且非常复杂的网络，各调控因子在这个复杂的网络中既独立，又有协同作用，需要cyclin、CDK、CKI等在时间和空间上相互协调。迄今为止，国内外学者对于细胞周期及其调控的研究已经取得了一定的进展，尤其在恶性肿瘤和冠心病等方面发现了多种调控因子在细胞周期进程中发挥的巨大作用，阻滞细胞周期的正常运行成为药物作用的新靶点，但仍存在许多问题需进一步研究。相信随着对细胞周期的认知进一步提升，新的调控因子及治疗靶点必将逐一被发现并转化至临床使用。

（丁　昊）

主要参考文献

Abbas T, Dutta A, 2009. P21 in cancer: intricate networks and multiple activities. Nat Rev Cancer, 9（6）: 400-414.

Al-Ejeh F, Kumar R, Wiegmans A, et al, 2010. Harnessing the complexity of DNA-damage response pathways to improve cancer treatment outcomes. Oncogene, 29（46）: 6085-6098.

Besson A, Dowdy SF, Roberts JM, 2008. CDK inhibitors: cell cycle regulators and beyond. Dev Cell, 14（2）: 159-169.

Boutros R, Lobjois V, Ducommun B, 2007. CDC25 phosphatases in cancer cells: key players? Good targets? Nat Rev Cancer, 7（7）: 495-507.

Campisi J, 2013. Aging, cellular senescence, and cancer. Annu Rev Physiol, 75: 685-705.

Chatterjee N, Walker GC, 2017. Mechanisms of DNA damage, repair, and mutagenesis. Environ Mol Mutagen, 58（5）: 235-263.

Childs BG, Gluscevic M, Baker DJ, et al, 2017. Senescent cells: an emerging target for diseases of ageing. Nat Rev Drug Discov, 16（10）: 718-735.

Ciccia A, Elledge SJ, 2010. The DNA damage response: making it safe to play with knives. Mol Cell, 40（2）: 179-204.

Gil J, Peters G, 2006. Regulation of the INK4b-ARF-INK4a tumour suppressor locus: all for one or one for all. Nat Rev Mol Cell Biol, 7（9）: 667-677.

Hanahan D, Weinberg RA, 2011. Hallmarks of cancer: the next generation. Cell, 144（5）: 646-674.

He S, Sharpless NE, 2017. Senescence in Health and Disease. Cell, 169（6）: 1000-1011.

Malumbres M，Barbacid M，2009．Cell cycle，CDKs and cancer：a changing paradigm．Nat Rev Cancer，9（3）：153-166．

Muñoz-Espín D，Serrano M，2014．Cellular senescence：from physiology to pathology．Nat Rev Mol Cell Biol，15（7）：482-496．

Musgrove EA，Caldon CE，Barraclough J，et al，2011．Cyclin D as a therapeutic target in cancer．Nat Rev Cancer，11（8）：558-572．

Reuvers TGA，Kanaar R，Nonnekens J，2020．DNA damage-inducing anticancer therapies：from global to precision damage．Cancers（Basel），12（8）：2098．

urgeon MO，Perry NJS，Poulogiannis G，2018．DNA damage，repair，and cancer metabolism．Front Oncol，8：15．

第三章

细胞死亡

第一节　细胞死亡概述

在细胞的生命周期中，死亡是一个无法避免且极其重要的环节。如同细胞分裂、增殖一样，死亡在机体的生长、发育中也具有不可替代的作用。细胞的存活和死亡处于动态平衡，从而维持机体组织器官中细胞数量稳定和功能正常。细胞死亡通常是细胞受到一定程度损伤而出现结构破坏、功能丧失等一系列不可逆变化的现象。传统上，细胞死亡分为坏死（由剧烈损伤导致的细胞被动死亡）及凋亡（可调控的程序性细胞死亡）。然而越来越多的研究表明，细胞的死亡方式远不止这两类，坏死也可以作为一种程序性死亡途径，近年来自噬（autophagy）、铁死亡（ferroptosis）、焦亡（pyroptosis）及坏死性凋亡（necroptosis）等多种细胞死亡方式被不断发现以及进一步认识。

第二节　细胞凋亡的调控

凋亡是指细胞为维持内环境稳定，在一定的生理或病理条件下，严格遵循的一种受控、有序的程序化死亡模式。它并非单纯病理条件下的自体损伤，该过程涉及一系列基因的激活、表达及调控等，是细胞为更好地适应生存环境而主动争取的一种死亡过程。细胞的凋亡以核固缩、细胞皱缩、细胞膜起泡和DNA片段化为特征，最终形成凋亡小体并被其他细胞所吞噬。

凋亡通常由蛋白酶Caspase家族介导，Caspase家族属于半胱氨酸蛋白酶。作为启动者的Caspase（包括Caspase-2、Caspase-8、Caspase-9、Caspase-10、Caspase-11和Caspase-12）与促凋亡信号紧密相连。一旦被激活，这些酶会剪切并激活下游的执行Caspase家族（包括Caspase-3、Caspase-6和Caspase-7），随之执行Caspase通过特定的天冬氨酸（Asp）残基剪切细胞的蛋白质，从而执行凋亡指令。凋亡相关因子（factor related apoptosis，Fas）和肿瘤坏死因子（tumor necrosis factor，TNF）受体可分别被Fas配体（Fas ligand，FasL）和TNF激活，导致Caspase-8和Caspase-10的激活。

DNA损伤可诱导具有死亡结构域的p53诱导的蛋白质（p53-induced protein with a death domain，PIDD）表达，PIDD与具有死亡结构域的RIP相关的ICH1/CED3同源蛋白（RIP-associated ICH1/CED3-homologous protein with a death domain，RAIDD）以及Caspase-2结合后激活Caspase-2。

线粒体释放多种促凋亡分子，如第二个线粒体来源的Caspase激活因子（the second mitochondrial derived activator of Caspase，Smac）/低等电位点的凋亡抑制蛋白直接结合蛋白（direct IAP binding protein with low pI，Diablo）、凋亡诱导因子（apoptosis-inducing factor，AIF）、丝氨酸蛋白酶OMI/高温需求蛋白因子A2（high temperature requirement factor A2，HtrA2）和线粒体核酸内切酶G（endonuclease G，Endo G）以及细胞色素c。线粒体外膜通透化（mitochondrial outer membrane permeabilization，MOMP）导致Smac及OMI等蛋白的释放，通过结合X连锁凋亡抑制蛋白（X-linked inhibitor of apoptosis protein，XIAP）并抑制其活性，阻止XIAP发挥抑制Caspase-3、Caspase-7和Caspase-9的作用。此外，Caspase-11受到促炎症和促凋亡刺激后表达上调并被激活，从而导致了Caspase-1的活化，随后直接作用于Caspase-3来促进炎症反应和细胞凋亡。而Caspase-12和Caspase-7在内质网应激条件下激活。抗凋亡配体，包括生长因子和细胞因子，可激活蛋白激酶B（protein kinase B，Akt）和p90核糖体S6蛋白激酶（p90 ribosomal S6 kinases，p90RSK）。Akt通过直接磷酸化抑制Bad（Bcl-2 associated agonist of cell death，Bad）Bcl 2相关死亡激动剂蛋白，并通过磷酸化以及抑制Forkhead家族的转录因子叉头框蛋白（Forkhead box O，FoxO）来阻止Bim（Bcl-2 interacting mediator of cell death，Bim）Bcl-相互作用的细胞死亡介质蛋白的表达。FoxO通过上调促凋亡分子（如FasL和Bim）的表达来促进凋亡。

凋亡信号通路主要分为两种：外源性凋亡途径（或死亡受体信号途径）和内源性凋亡途径（或线粒体途径）。而由Caspase-8介导的BH3-only蛋白Bid的裂解和激活，生成被剪切的Bid（truncated Bid，tBid）连接了外源性凋亡途径和内源性凋亡途径。而这两种途径最终都汇集至Caspase-3及Caspase-7（图3-1）。

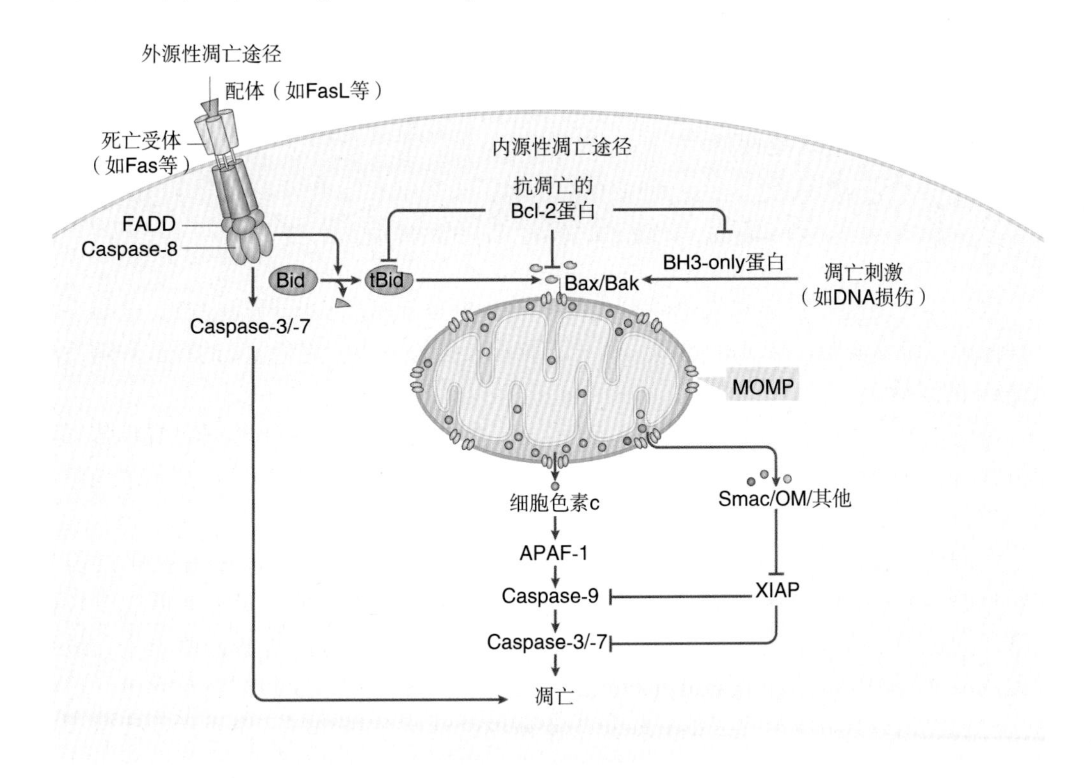

图3-1　凋亡信号通路

FADD. Fas 相关死亡结构域蛋白；Bcl-2. B 细胞淋巴瘤 -2；MOMP. 线粒体外膜通透化；APAF-1. 凋亡蛋白酶活化因子 -1

第三节　死亡受体信号

Fas、TNF-αR、死亡受体（death receptor，DR）3、DR4和DR5等被各自的配体激活后，可诱发凋亡。与DR配体结合的跨膜受体寡聚化，启动信号转导，从而导致特异的接头蛋白的募集并激活Caspase的级联反应。FasL的结合诱导了Fas三聚体化，通过接头蛋白Fas相关死亡结构域蛋白（Fas-associated death domain protein，FADD）招募启动型Caspase-8，Caspase-8随后通过自催化进行寡聚化并被激活。活化的Caspase-8可通过两条并行级联反应诱发凋亡：①直接剪切并激活Caspase-3前体及Caspase-7前体，导致底物蛋白裂解及细胞死亡；②剪切促凋亡的Bid蛋白前体，而tBid转位到线粒体中，触发Bak和Bax同源寡聚，诱导细胞色素c的释放，最终激活Caspase-9和Caspase-3。TNF-α和DR-3L同样可传递促凋亡或抗凋亡信号。TNF-αR和DR3通过接头蛋白TNF受体相关死亡结构域蛋白（TNF receptor-1-associated death domain protein，TRADD）/FADD以及激活Caspase-8，促进细胞凋亡。TNF-α与TNF-αR相互作用，可通过核因子-κB诱导激酶和抑制性-κB激酶（nuclear factor-κB-inducing kinase/inhibitory-κB kinase，NIK/IKK）激活NF-κB通路，而活化的NF-κB诱导促存活基因的表达，包括B细胞淋巴瘤-2（B cell leukemia-2，Bcl-2）基因和FLICE抑制蛋白（FADD-like IL-1β converting enzyme inhibitory protein，FLIP），后者可直接抑制Caspase-8的活化。此外，FasL和TNF-α也可通过凋亡信号调节激酶1/MAPK激酶7（apoptosis signal-regulating kinase 1/MAPK kinase 7，ASK1/MKK7）激活JNK，激活后的JNK可通过磷酸化抑制Bcl-2。在缺乏活化Caspase的情况下，通过形成复合物Ⅱb刺激DR，导致另一种程序性细胞死亡通路被激活，这种通路称作坏死性凋亡。

第四节　线粒体控制的细胞凋亡

线粒体是细胞呼吸链和氧化磷酸化的中心，也是细胞凋亡的调控中心，这似乎是一种悖论。研究表明，MOMP的凋亡信号下游涉及线粒体中细胞色素c的释放和随后的Caspase的激活。

该途径中，在损伤或应激条件下，BH3-only蛋白家族作为各种刺激的特异性传感器而被激活。抗凋亡的Bcl-2蛋白（如Bcl-2和Bcl-xL）驻留在线粒体外膜，抑制了细胞色素c的释放。

促凋亡的Bcl-2蛋白Bad、Bid、Bax和Bim等定位于细胞质中，在接收死亡信号后转位到线粒体内。Bax、Bak等受到激活并结合到线粒体外膜，在膜上形成线粒体内部通向胞质的孔道，允许线粒体内部蛋白（如细胞色素c等）外排到胞质中，最终导致线粒体外膜通透化。而Bad可易位到线粒体，与Bcl-xL形成凋亡前复合体，这种易位可被能诱导Bad磷酸化、促其聚集于胞质的存活因子所抑制。而死亡受体信号途径中Caspase-8接收Fas信号后，剪切胞质Bid，其活性片段tBid转位到线粒体中，也可有力地诱导MOMP。Bax和Bim响应死亡刺激，转位到线粒体中，存活因子也会离开。DNA损伤后，激活的p53诱导Bax、Noxa和Puma转录。细胞色素c从线粒体中释放出来后，在脱氧腺苷三磷酸（dATP）的作用下与凋亡蛋白酶活化因子-1（apoptotic protease activating factor-1，Apaf-1）结合，使Apaf-1激活。活化的Apaf-1继而活化Caspase-9，形成由细胞色素c、Apaf-1、Caspase-9组成的凋亡小体。该凋亡小体能够进一步裂解并激活其他的Caspase（如Caspase-3及Caspase-7），最终诱导细胞凋亡。虽然凋亡过程中调节线粒体膜通透性改变以及细胞色素c释放的机制尚未完全清楚，但目前普遍认为细胞色素c是通过线粒体PT孔（permeability transition pore，PT pore）或Bcl-2家族成员形成的线粒体跨膜通道释放至胞质中。已知Bcl-xL、Bcl-2和Bax可通过影响电压依赖性阴离子通道（voltage dependent anion channel，VDAC）调节细胞色素c的释放。Bcl-2家族蛋白对于PT孔的开放和关闭起关键的调节作用。促凋亡蛋白Bax等可以通过与腺苷转位因子（adenine nucleotide translocator，ANT）或VDAC的结合介导PT孔的开放，而抗凋亡类蛋白如Bcl-2、Bcl-xL等则可通过与Bax竞争结合ANT，或直接阻止Bax与ANT、VDAC的结合来发挥其抗凋亡效应。此外，Mule/ARF-BP1是因DNA损伤而被激活的针对p53的E3泛素连接酶，Mcl-1则是 Bcl-2 家族中的抗凋亡成员。

第五节　细胞凋亡的抑制信号

细胞存活同样也需要主动的凋亡抑制，该过程通过抑制促凋亡因子表达和（或）促进抗凋亡因子的表达来实现。许多存活因子可激活PI3K通路、导致Akt的激活，而Akt在调控细胞存活的信号转导中发挥重要作用。同源性磷酸酶-张力蛋白（phosphatase and ten homolog，PTEN）对PI3K/Akt通路有负向调节作用。激活的Akt可以磷酸化并抑制促凋亡的Bcl-2家族成员Bad、Bax、Caspase-9和FoxO1等。许多生长因子和细胞因子可以诱导抗凋亡Bcl-2家族蛋白的表达。Jaks和Src可磷酸化并激活转录活化因子3（signal transducer and activator of transcription 3，Stat3），后者反之诱导Bcl-xL和Bcl-2的表达。细胞外调节蛋白激酶1/2（Erk1/2）和PKC可激活p90RSK，后者再通过激活环磷腺苷反应元件连接蛋白（cAMP response element binding protein，CREB）诱导Bcl-xL和Bcl-2的表达。这些Bcl-2家族成员能保护线粒体的完整性，防止细胞色素c的释放及后续的Caspase-9的激活。TNF-α既可以通过激活Caspase-8和-Caspase10发挥促凋亡作用，也可通过NF-κB抑制凋亡，而后者能够诱导抗凋亡基因如*Bcl-2*的表达。E3泛素化连接酶——细胞凋亡抑制蛋白1/2（cellular inhibitor of apoptosis proteins 1 and 2，cIAP1/2）通过结合TNF受体相关因子2（TNF receptor associated factor 2，TRAF2）抑制TNF-α信号转导，FLIP可抑制Caspase-8的激活。

第六节　坏死性细胞死亡

坏死曾经被定义为非程序性的细胞死亡方式，可由剧烈的化学或物理损伤引起，其典型终点包括坏死细胞的肿胀和破裂。这也使得细胞内容物泄漏到胞外，最终导致被称为损伤相关分子模式（damage-associated molecular pattern，DAMP）的生物分子的释放，这些分子可以被免疫细胞识别并触发炎症反应。

虽然曾经认为坏死是被动和非程序性的，但最近的研究证实了独立于Caspase的、类似坏死的过程，这种程序性的坏死形式被称为坏死性凋亡，可被细胞外信号（死亡受体–配体结合）或细胞内诱因（微生物的核酸）所诱导，并且受到Caspase活性的抑制。此外，另一种类型的程序性坏死称为焦亡，这种细胞死亡形式在天然免疫应答中发挥重要作用，并由炎症Caspase蛋白介导。而铁死亡是一种非凋亡、铁依赖的可调节性细胞死亡形式，当细胞内脂质活性氧（lipid reactive oxygen species，L-ROS）水平超过谷胱甘肽依赖性过氧化物酶4（glutathione peroxidase4，GPX4）的抗氧化活性，从而导致细胞氧化还原稳态被破坏。

一、坏死性凋亡

坏死性凋亡的特征包括细胞可在早期丢失质膜完整性，细胞内容物泄漏，以及细胞器肿胀。而在该信号通路中，受体相互作用蛋白激酶1（receptor interacting protein kinase 1，RIPK1）、RIPK3和混合谱系激酶结构域样假激酶（mixed-lineage kinase domain-like pseudokinase，MLKL）是关键参与分子。RIPK1通过多种磷酸化和泛素化事件来发挥复杂的调控作用，其激酶活性对多种复合体都至关重要，最终通过形成不同的复合物发挥调节炎症（复合物Ⅰ）、凋亡（复合物Ⅱa）和坏死性凋亡（复合物Ⅱb）等作用（图3-2）。

坏死性凋亡与凋亡有一些共同的上游信号元件，其中研究最深入的是TNFR1，TNF-α与质膜上的TNFR1结合，使得TRADD向RIPK1发出信号。

凋亡抑制蛋白（inhibitor of apoptosis protein，IAP）诱导的RIPK1泛素化导致NF-κB的激活及后续的炎症级联反应，以及RIPK1 Ser320位点的磷酸化。

在坏死性凋亡过程中，RIPK3 Ser227位点的磷酸化是激活MLKL的必需条件，MLKL是RIPK1和RIPK3下游的效应蛋白。RIPK3磷酸化导致MLKL的募集和随后的磷酸化，MLKL的磷酸化诱导MLKL寡聚化并向质膜转位，进一步通过与磷脂酰肌醇的相互作用诱导膜通透性增加，导致Ca^{2+}或Na^{+}内流并直接形成孔道，并释放DAMP，如线粒体DNA（mtDNA）、高迁移率族蛋白B1（high mobility group protein B1，HMGB1）、白细胞介素-33（interleukin-33，IL-33）、IL-1α和腺苷三磷酸（ATP），从而引发免疫应答。而这些效应似乎与ROS的产生无关。DAMP将信号发送到循环系统，将免疫细胞招募到受损的组织。巨噬细胞中的组分巨胞饮小体通过胞饮作用清除坏死性凋亡细胞。

去泛素化酶如头帕肿瘤综合征蛋白（cylindromatosis，CYLD）和A20，能够抑制复合体Ⅰ，进而促进RIPK1与Caspase-8的相互作用及死亡诱导的复合体Ⅱa通路。而与RIPK3的相互作用是复合体Ⅱb信号转导和坏死性凋亡所必需。Caspase-8是坏死性凋亡的关键抑制剂，因其能裂解和促使RIPK1和RIPK3失活。活化的Caspase-8可与RIPK1和FADD形成复合物，引发细胞凋亡；但如果Caspase-8被抑制，那么RIPK1和RIPK3的RIP同型结构域可发生相互作用，引发坏死性凋亡。FLIP是能够插入复合物Ⅱ的无催化活性的Caspase-8同源物，FLIP通过抑制Caspase-8的活性而防止RIPK1被剪切并驱动坏死性凋亡；Necrostatin-1（Nec-1）是一种可抑制RIPK1活性的小分子，既往研究观察到坏死性凋亡在Nec-1存在的条件下受到抑制；此外，Nec1也能够抑制RIPK1的多位点

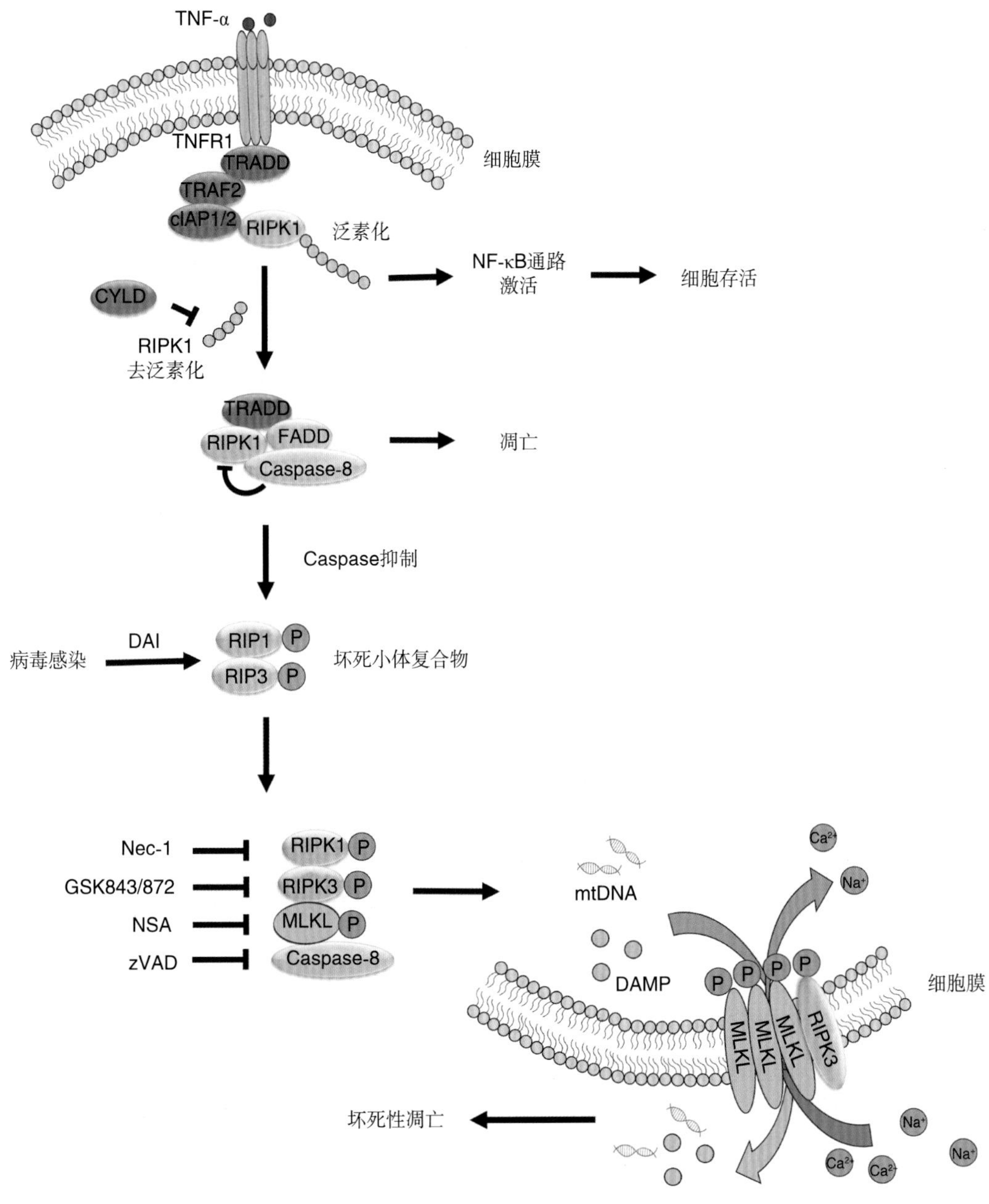

图3-2　坏死性凋亡的信号通路

MLKL. 混合谱系激酶结构域样假激酶；TRADD. TNF受体相关死亡结构域蛋白；RIPK. 受体相互作用蛋白激酶；FADD. Fas相关死亡结构域蛋白；CYLD. 头帕肿瘤综合征蛋白；DAMP. 危险相关分子模式；cIAP1/2. 凋亡抑制蛋白；DAI. DNA依赖的干扰素调节因子激活物；TRAF2. TNF受体相关因子2；NSA. 坏死磺酰胺；zVAD. 苄氧羰基-1-缬氨基－丙氨酸－天冬氨酸－氟甲基酮

（包括Ser166、Ser161和Ser14/15）自磷酸化。

另外，RIPK3也可能独立于RIPK1激活。一些DNA病毒（如鼠巨细胞病毒）激活DNA依赖的干扰素调节因子激活物（DNA-dependent activator of interferon regulatory factor，DAI），磷酸化RIPK3。在缺乏MLKL时，寡聚化的RIPK3也能诱导凋亡。此外，在缺乏功能性RIPK1-MLKL相互作用的情况下，坏死小体的稳定存在也能够募集Caspase-8并触发凋亡（RIPK1依赖的凋亡）。重要的是，RIPK1和RIPK3之间的相互作用并非线性，RIPK1既能抑制Caspase-8依赖的凋亡途径，也能抑制RIPK3驱动的坏死性凋亡途径，在某些情况下RIPK1还能激活RIPK3。

Toll样受体（Toll-like receptor，TLR）通过TRIF与坏死小体的相互作用激活坏死性凋亡。RIPK3也可不依赖RIPK1而与TRIF或干扰素信号转导直接衔接，通过DAI/ZBP1激活来诱导坏死性凋亡，这是病毒感染的感受器。此外，在没有感染时，可通过DAMP激活坏死性凋亡来诱导不依赖RIPK的炎症反应。

当前研究提示，坏死性凋亡在癌症及神经退行性疾病等病理过程中发挥重要作用。坏死性凋亡被认为参与肿瘤转移，因此抑制坏死性凋亡通路能够限制肿瘤生长。此外，据报道在阿尔茨海默病和帕金森病中，Nec-1能够提高细胞活力。综上所述，研究坏死性凋亡及其他细胞死亡通路的机制可为各种疾病的新型治疗方式开发提供具有治疗价值的见解。

二、焦亡

焦亡期间的事件顺序包括结合致病分子、质膜孔道形成和破裂、炎性物质从胞质释放到细胞外。细胞焦亡的发生分为经典通路和非经典通路。

经典的信号通路通常被分为2个主要过程，细胞受到病理性刺激后，表达于巨噬细胞、单核细胞、树突状细胞、中性粒细胞、上皮细胞以及适应性免疫系统一些细胞中的模式识别受体（pattern-recognition receptor，PRR）发挥重要作用。首先，细胞膜上的PRR（即Toll样受体）识别病原体相关分子模式（pathogen-associated molecular pattern，PAMP）或DAMP，这一过程会促进促炎因子如pro-IL-1β、NLRP3和Caspase-11等的转录生成。接着，细胞质中的PRR［NOD样受体和（或）AIM2样受体］能够直接或通过接头蛋白凋亡相关斑点样蛋白（apoptosis-associated speck-like protein contain a CARD，ASC）募集pro-Caspase-1，pro-Caspase-1被蛋白水解而激活并将细胞因子pro-IL-1β和pro-IL-18剪切为成熟的促炎症形式IL-1β和IL-18，此外Caspase-1还切割关键蛋白胃泌素D（gasdermin D，GSDMD）的氨基末端片段，羧基末端结构域能够通过激活氨基末端而促使氨基末端和细胞膜上的磷脂蛋白结合并形成孔洞，将IL-1等炎症因子释放到胞外，最终诱导焦亡发生。

在非经典信号通路中，以细菌脂多糖（lipopolysaccharide，LPS）为例，LPS不通过受体而直接进入细胞质内，导致Caspase-4、Caspase-5和（或）Caspase-11被剪切及活化，活化的Caspase随后切割并活化GSDMD，最终诱导了焦亡发生。可见，GSDMD的剪切在典型和非典型焦亡激活中都发挥重要作用，并成为焦亡过程中的关键分子介导物，监测 GSDMD 的切割和易位是识别焦亡的重要部分。

靶向焦亡的研究提示其可能应用于癌症、自身免疫性疾病和神经退行性疾病以及其他病理状态的治疗。有研究证明，ω-3脂肪酸在三阴性乳腺癌细胞中能激活焦亡，表明焦亡具有介导癌症的潜力，然而其机制仍有待阐明。在炎性肠病中，炎症小体的激活和Caspase的诱导表明存在焦亡，这可能是开发新型治疗药物的研究方向。

三、铁死亡

铁死亡被定义为由大量脂质过氧化介导的膜损伤引起的铁依赖性调节性坏死，是一种区别于凋亡、细胞坏死及自噬的新型细胞程序性死亡方式。铁死亡的细胞其特征表现主要有线粒体体积缩小、线粒体外膜破裂、线粒体嵴减少或消失等。

作为ROS依赖性的细胞死亡形式，铁死亡与铁积累和脂质过氧化这两个主要生化特征密切相关。铁死亡主要可通过以下两种途径发生：①外源性（转运蛋白依赖性）途径，是通过抑制细胞膜转运蛋白如胱氨酸/谷氨酸反向转运体（System xc-）或激活铁转运蛋白、血清转铁蛋白（transferrin，Tf）和乳转铁蛋白启动的；②内源性（酶调节）途径，则是通过阻断细胞内抗氧化酶（如GPX4）激活的。

GPX4的失活造成膜脂上ROS积累，这一过程需要铁离子的参与，多种物质和外界条件可引发铁死亡。小分子erastin是经典的铁死亡诱导性物质，可通过抑制质膜上的System xc-降低细胞对胱氨酸的摄取，使得GPX4的底物，如谷胱甘肽（glutathione，GSH）合成受阻，进而引发膜脂ROS的积累和铁死亡。此外，另一种小分子RAS选择性致死小分子3（RAS-selective lethal 3，RSL3），它可以直接抑制GPX4并诱导ROS的积累，ROS的积累引起脂质过氧化，破坏细胞膜结构，最终导致细胞死亡。

当Tf与铁离子（无论是Fe^{2+}还是Fe^{3+}）结合时，可被转铁蛋白受体1（transferrin receptor 1，TfR1）识别，一旦Tf-铁离子复合物与TfR1结合，铁就被还原为亚铁。在二价金属转运蛋白1（divalent metal transporter 1，DMT1）的介导下，亚铁进入细胞。细胞内的大部分铁可储存于铁蛋白或血红素中，血红素与血红素加氧酶-1（heme oxygenase 1，HO-1）反应后释放铁。生理状态下，不稳定铁池（labile iron pool，LIP）水平非常低，而由于大多数细胞没有有效的铁输出机制，当铁量超过存储容量时，LIP水平就会增加。基质中的亚铁可以与过氧化氢（H_2O_2）、不同等级的磷脂过氧化氢（PLOOH）、胆固醇过氧化氢（ChOOH）、胆固醇酯过氧化氢（CEOOH）、脂类（脂肪酸）过氧化氢（LOOH）和小型合成过氧化氢（ROOH）产生ROS。

除细胞内的铁浓度外，铁坏死的另一个重要因素是抗氧化能力的下降。GSH是GPX4降低ROS的关键底物，其他底物如二硫苏糖醇（dithiotreitol，DTT）、β-巯基乙醇（β-mercaptoethanol，β-ME）和半胱氨酸（cysteine，Cys）也可以与GPX4发生反应，但并非主要底物。谷胱甘肽的合成需要3种不同的材料：①谷氨酰胺（glutamine，GLN），它可以与谷氨酰胺酶1/2（glutaminase 1/2，GLS1/2）反应生成谷氨酸（glutamic acid，Glu），并通过丙氨酸、丝氨酸、半胱氨酸优选转运蛋白2（alanine，serine，cysteine-preferring transporter-2，ASCT-2）进入细胞；②甘氨酸（glycine，Gly），它通过甘氨酸转运体（glycine transporter，GlyT）通过膜并进入细胞；③Cys，Cys需要System xc-进入细胞（图3-3）。

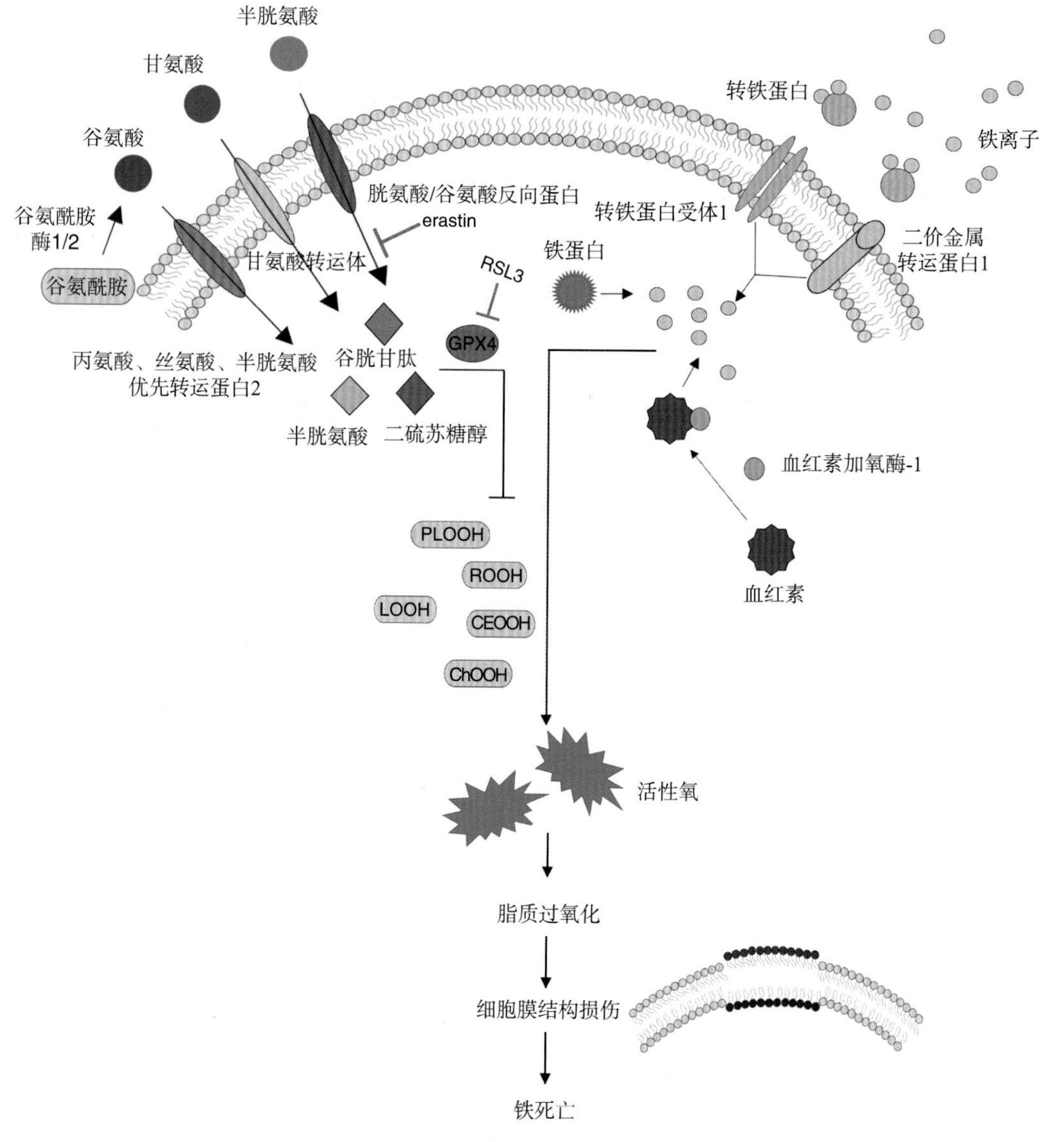

图3-3 铁死亡信号通路

PLOOH. 脂过氧化氢；ChOOH. 胆固醇过氧化氢；CEOOH. 胆固醇酯过氧化氢；LOOH. 脂类（脂肪酸）过氧化氢；ROOH. 小型合成过氧化氢；RSL. RAS选择性致死小分子

第七节 自噬信号

自噬，通常指巨自噬，是细胞内重要的分解代谢过程，大量细胞质成分、异常聚集的蛋白，以及损伤的细胞器通过形成自噬-溶酶体被降解。自噬通常在营养剥夺的情况下激活，同时与发育、分化、神经退行性疾病、应激、感染和癌症等生理及病理过程有关。mTOR是调节自噬的关键激酶，活化的mTOR（Akt和MAPK信号）可抑制自噬，而抑制mTOR（AMPK和p53信号）可促进自噬。UNC-51样自噬激活激酶1（UNC-51 like autophagy activating kinase 1，ULK1）、ULK2、UKL3位于mTOR复合物的下游，发挥与酵母自噬相关基因1（autophagy-related gene 1，Atg1）相似的作用。ULK1、ULK2与自噬相关基因产物的哺乳动物同源物——mAtg13，以及酵母Atg17同源物——支架蛋白200kDa的黏着斑激酶家族互作蛋白（focal adhesion kinase family interacting protein of 200kDa，FIP200）形成一个大的复合物。Ⅲ类PI3K复合物在诱导自噬中不可或缺，包括hVps34，酵母Atg6哺乳动物同源物Beclin-1，酵母Vps15哺乳动物同源物p150，以及Atg14样蛋白（Atg14L或Barkor）或紫外线照射抗性相关基因（UV radiation resistance associated gene，UVRAG）。Atg基因通过Atg12-Atg5与微管相关蛋白1轻链3（light chain 3，LC3）-Ⅱ（Atg8-Ⅱ）复合物控制自噬小体的形成。泛素样反应中，Atg12与Atg5的结合依赖于Atg7和Atg10，两者分别是E1和E2样酶。Atg12-Atg5共轭物随后与Atg16非共价结合，形成一个大的复合物。LC3/Atg8在其羧基末端被Atg4蛋白酶水解，产生胞质型LC3-Ⅰ。LC3-Ⅰ与磷脂酰乙醇胺（phosphatidyl ethanolamine，PE）在泛素样反应中的结合，同样需要Atg7和Atg3，后者也是E2样酶。脂化的LC3，又称为LC3-Ⅱ，附着在自噬体膜上（图3-4）。

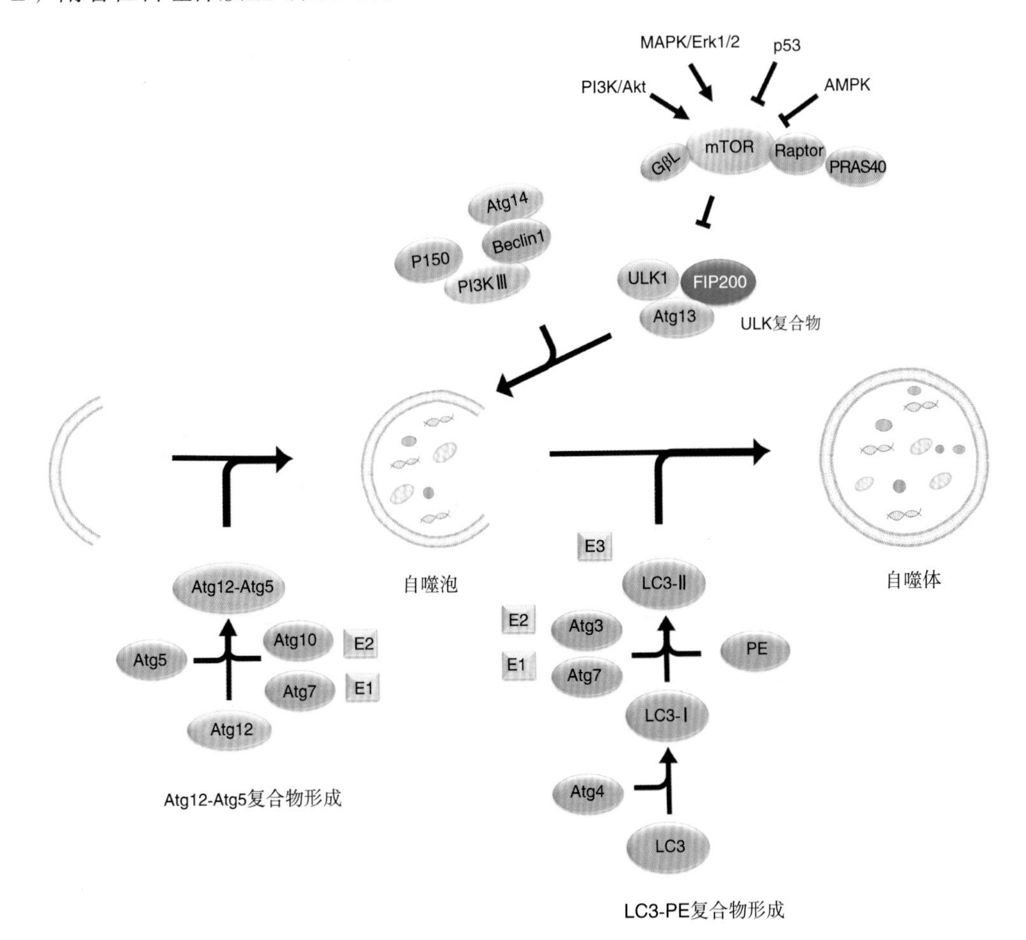

图3-4 自噬的信号转导

Atg. 自噬相关基因；LC3. 微管相关蛋白1轻链3；PE. 磷脂酰乙醇胺；PI3K. 磷脂酰肌醇-3-激酶；ULK. UNC-51样激酶；mTOR. 哺乳动物雷帕霉素靶蛋白；AMPK. AMP活化蛋白激酶；MAPK. 丝裂原活化蛋白激酶；Akt. 蛋白激酶B；E1～E3. 泛素结合酶1～3；Erk. 细胞外调节蛋白激酶；FIP200. 200kD的黏着斑激酶家族互作蛋白；PRAS40. 40kDa的富含脯氨酸的Akt底物

自噬和细胞凋亡之间存在复杂的相互作用，两者可以是正相关或负相关。尽管自噬是营养匮乏状态下的一种存活机制，但自噬过度可能导致细胞死亡，该过程在形态学上不同于细胞凋亡。诸如肿瘤坏死因子（tumor necrosis factor，TNF）、肿瘤坏死因子相关凋亡诱导配体（TNF-related apoptosis-inducing ligand，TRAIL）、FADD等促凋亡信号也可诱导自噬。此外，Bcl-2可抑制Beclin-1依赖的自噬，因而既可作为促生存因子，也可作为抗自噬调节因子。

线粒体自噬是一种选择性的自噬过程，特异性清除细胞中受损或过剩的线粒体。健康状态下，PTEN诱导激酶（PTEN-induced kinase，PINK）在早老素相关菱形蛋白（presenilin associated rhomboid like，PARL）的作用下被降解；但当线粒体受损时，上述降解过程被阻断，稳定存在的PINK进而招募E3连接酶Parkin启动线粒体吞噬。Parkin介导线粒体膜蛋白的多泛素化，促使招募自噬衔接蛋白sequestosome 1（SQSTM1）/p62、自噬体受体（autophagy cargo receptor，NBR1）及自噬/苄氯素1调节因子1（autophagy and beclin 1 regulator 1，Ambra1），通过LC3相互作用区（LC3 interaction region，LIR）与LC3结合。此外，Bcl-2相互作用蛋白3（Bcl-2 interacting protein 3，BNIP3）和BNIP3样（BNIP3-like，BNIP3L）/NIX蛋白也含有LIR，能够直接招募自噬体系，通过泛素非依赖机制诱导形成自噬小体。

（徐玲玲）

主要参考文献

Bock FJ，Tait SWG，2020. Mitochondria as multifaceted regulators of cell death. Nat Rev Mol Cell Biol，21（2）：85-100.

Codogno P，Mehrpour M，Proikas-Cezanne T，2011. Canonical and non-canonical autophagy：variations on a common theme of self-eating? Nat Rev Mol Cell Biol，13（1）：7-12.

Ding WX，Yin XM，2012. Mitophagy：mechanisms，pathophysiological roles，and analysis. Biol Chem，393（7）：547-564.

Fulda S，Vucic D，2012. Targeting IAP proteins for therapeutic intervention in cancer. Nat Rev Drug Discov，11（2）：109-124.

Muñoz-Espín D，Serrano M，2014. Cellular senescence：from physiology to pathology. Nat Rev Mol Cell Biol，15（7）：482-496.

Stockwell BR，Friedmann Angeli JP，Bayir H，et al，2017. Ferroptosis：A regulated cell death nexus linking metabolism，redox biology，and disease. Cell，171（2）：273-285.

Vande Walle L，Lamkanfi M，2016. Pyroptosis. Curr Biol，26（13）：R568-R572.

第四章 细胞代谢信号通路与疾病

第一节 线粒体与细胞代谢信号通路

一、细胞的能量代谢通路及线粒体的代谢底物

细胞消耗糖类、氨基酸和脂肪酸等代谢底物，以三磷酸腺苷（adenosine triphosphate，ATP）和三磷酸鸟苷（guanosine triphosphate，GTP）的形式产生能量。底物经过代谢后进入三羧酸（tricarboxylic acid，TCA）循环和多次氧化反应，产生的电子储存在具有还原性的还原型烟酰胺腺嘌呤二核苷酸（reduced nicotinamide adenine dinucleotide，NADH，还原型辅酶Ⅰ）和还原型黄素腺嘌呤二核苷酸（reduced flavine adenine dinucleotide，$FADH_2$）中，运输到线粒体内膜（inner mitochondrial membrane，IMM）的电子传递链（electron transport chain，ETC），并利用电子流将质子泵入线粒体膜间区。质子顺着电化学梯度通过F_1F_0-ATP合酶生成ATP。虽然氧化磷酸化是细胞ATP的最大来源，但ETC产生的势能也可用于生物合成。已经发现多种疾病与ETC异常有关。线粒体能够利用糖类、氨基酸和脂肪酸三大类代谢底物为细胞供应能量。

1. 丙酮酸

丙酮酸主要来源于葡萄糖的分解代谢，乳酸也是其来源之一，与营养状况和组织类型有关。丙酮酸在细胞质和线粒体中有截然不同的代谢方式，体现了不同部位在调节代谢产能中的重要性。正常组织中，丙酮酸代谢取决于氧的水平和线粒体的呼吸能力。在常氧状态下，糖酵解生成的丙酮酸通过线粒体丙酮酸载体（mitochondrial pyruvate carrier，MPC）转运到IMM，在基质中经过TCA循环分解。在缺氧状态下，线粒体呼吸受到抑制，细胞为适应低氧水平，将电子承载于丙酮酸中，并由乳酸脱氢酶（lactate dehydrogenase，LDH）催化，在细胞质中产生乳酸。丙酮酸在胞质中产生乳酸的代谢通路常见于运动中的肌肉、肠道和肾髓质。然而，Otto Warburg发现，即使在常氧环境下，肿瘤细胞中仍存在葡萄糖代谢生成乳酸的现象，称为Warburg效应。肺癌的代谢示踪研究表明，乳酸也可以作为TCA循环中间代谢物的主要来源。

人们在MPC的研究中关注到丙酮酸在不同部位产能和代谢存在差异的现象。药物抑制MPC阻止线粒体摄取丙酮酸后，ATP的产生依赖于糖酵解。这种产能方式的转变在肿瘤细胞中十分明显，抑制MPC能促进Warburg效应。在糖尿病小鼠的肌细胞中，抑制MPC造成葡萄糖的消耗增加。抑制MPC还能加速肠道干细胞的增殖，表明MPC的作用与环境有关，对于线粒体呼吸能力和（或）营养状态的改变十分敏感。

线粒体内的丙酮酸可由两种不同的酶催化进入TCA循环：由丙酮酸脱氢酶复合

物（pyruvate dehydrogenase complex，PDC）催化生成乙酰辅酶A，或由丙酮酸羧化酶（pyruvate carboxylase，PC）催化生成草酰乙酸。尽管PDC和PC都能催化丙酮酸进入TCA循环，但两者的酶活性可以通过稳定同位素示踪来区分，且彼此的代谢作用不可互换。尽管PC介导的TCA循环回补反应（补充TCA循环中间产物的过程）具有潜在的代偿作用，但仅仅PDC的缺失就足以导致能量代谢转向有氧糖酵解。尽管人们对丙酮酸流向PC或PDC的选择性知之甚少，但大多数肿瘤倾向于PC介导的回补反应。上述酶在TCA循环之外还具备多种重要的生物产能功能。

2. 谷氨酰胺和支链氨基酸

谷氨酰胺是细胞中含量最丰富的氨基酸之一，其分解代谢通常始于线粒体。源于谷氨酰胺的碳原子和氮原子分布在整个细胞中形成大分子，包括TCA循环中间产物、氨基酸、核苷酸、谷胱甘肽和脂质。

谷氨酰胺在线粒体中由谷氨酰胺酶（glutaminase，GLS）催化生成谷氨酸和氨。谷氨酸转氨酶或谷氨酸脱氢酶（glutamate dehydrogenase，GDH）将谷氨酸转化为α-酮戊二酸。在葡萄糖供应不足及MPC受到抑制的情况下，谷氨酰胺的回补反应能够维持TCA循环中间产物，表明代谢具备潜在的可塑性。在诸如T细胞从静息的初始T细胞向效应T细胞的转变过程中，以及在肿瘤中，尤其在MYC基因表达升高的情况下，谷氨酰胺的回补反应对于满足增殖细胞的能量需求至关重要。抑制GLS能够压制增殖，因而GLS抑制剂可能用于肿瘤治疗。但GLS对抑制剂的敏感性在体外和体内存在较大差异，并依赖于细胞外的胱氨酸水平。微环境对代谢的影响仍存在诸多问题尚未阐明。人们对线粒体谷氨酰胺转运蛋白的认识程度远不及细胞膜的谷氨酰胺转运蛋白，可能存在多种机制参与其中。

支链氨基酸（branched-chain amino acid，BCAA）亮氨酸、异亮氨酸和缬氨酸是细胞中主要的能量来源，代谢产生乙酰辅酶A和琥珀酰辅酶A。原生组织决定了生理及肿瘤状态下是否依赖BCAA的分解代谢产能。在正常生理状态下，肌细胞和脂肪细胞激活线粒体BCAA分解代谢酶，分别在运动或禁食及分化过程中产生ATP。在枫糖浆尿症患者中，由于支链α-酮酸脱氢酶（branched-chain α-ketoacid dehydrogenase，BCKDH）突变引起BCAA分解代谢受到抑制，导致免疫细胞、骨骼肌和中枢神经系统功能障碍。

3. 脂肪酸氧化

棕榈酸酯是一种16碳脂肪酸（fatty acid，FA），每克脂肪酸产生39kJ能量，而相同质量的葡萄糖仅产生16kJ能量。因此，FA是细胞能量的主要来源，尤其在营养匮乏的状态下。FA进入线粒体是脂肪酸氧化（fatty acid oxidation，FAO）的限速步骤，同样体现了为适应细胞状态而出现的不同部位代谢方式不同的特点。由于长链FA不能穿过线粒体膜，因此，线粒体进化出一套复杂的反应及转运方式，以便脂肪能进入线粒体进行β氧化。线粒体外膜（outer mitochondrial membrane，OMM）的肉碱棕榈酰基转移酶1（carnitine palmitoyltransferase 1，CPT1）将脂酰基辅酶A生成酰基肉碱。酰基肉碱通过IMM中的肉碱-酰基肉碱转位酶（SLC25A20）进入线粒体。CPT2将FA与肉碱分离，随后启动FAO。FAO产生的乙酰辅酶A可进而用于TCA循环，以及天冬氨酸和核苷酸的合成。

CPT1的活性由代谢产物形成的网络严格调控，并与细胞营养状态密切相关。丙二酰辅酶A由乙酰辅酶A羧化酶（acetyl-CoA carboxylase，ACC）产生，通过抑制CPT1控制酰基肉碱进入线粒体。丙二酰辅酶A是脂肪酸合成（fatty acid synthesis，FAS）的起始代谢物，其水平反映细胞内脂肪合成或氧化的平衡。在能量不足的情况下，AMP活化蛋白激酶（adenosine 5′-monophosphate-activated protein kinase，AMPK）磷酸化并抑制ACC，降低丙二酰辅酶A，增加CPT1活性。ACC2可被双加氧酶脯氨酰羟化酶3（prolyl hydroxylase 3，PHD3）羟化。营养丰富时羟化促进ACC2发挥活性。在某些癌症和疾病中，这些酶的变化可调控脂肪利用。PHD3在急性髓细胞白血病（acute myelocytic leukemia，AML）、前列腺癌等依赖于FAO的肿瘤中受到抑制，而在乳腺癌和非小细胞肺癌等依赖于FAS的癌症中升高。AMPK也与肿瘤等疾病中的脂肪利用有关。

FAO的动态调控是细胞维持其正常生理活动的关键。与依赖糖酵解和谷氨酰胺分解获得能量的效应细胞不同，FAO是记忆性$CD8^+$ T细胞存活并发挥功能的基础。类似的，胰岛素抵抗时，葡萄糖摄取受到抑制，激活FAO，使得游离脂肪酸能够作为代偿底物供能。

二、线粒体的氧化还原代谢通路

线粒体和细胞质对烟酰胺腺嘌呤二核苷酸（nicotinamide adenine dinucleotide，NAD^+）的需求截然不同，氧化还原物质在不同部位的分布特征对于维持环境应激下的细胞稳态和存活至关重要。胞质环境的氧化性较强，NAD^+/NADH值在60～700。然而，线粒体中还原性代谢反应较多，NAD^+/NADH值在7～8。酵母可以通过线粒体NAD^+转运体（mitochondrial NAD^+ transporter，NDT1）促进NAD^+的转运，但哺乳动物中尚未发现NAD^+或NADH的转运体，因而可能采用某种间接方式维持NAD^+在线粒体和胞质中的不均衡分布。线粒体和细胞质通过苹果酸-天冬氨酸穿梭、柠檬酸-苹果酸穿梭、α-甘油磷酸穿梭和叶酸穿梭（一碳代谢）维持彼此的氧化还原平衡（图4-1）。

1. 苹果酸-天冬氨酸穿梭

苹果酸-天冬氨酸穿梭参与了胞质NAD^+和线粒体NADH生成的各个环节，涉及苹果酸脱氢酶（malate dehydrogenase，胞质的MDH1，线粒体的MDH2）催化的氧化还原反应，谷草转氨酶（glutamic-oxaloacetic transaminase，胞质的GOT1，线粒体的GOT2）催化的转氨作用，以及位于IMM的两个逆向转运体谷氨酸-天冬氨酸逆向转运体（aspartate-glutamate antiporter，AGC）和苹果酸-α-酮戊二酸逆向转运体（malate α-ketoglutarate antiporter，MαA）。通过苹果酸-天冬氨酸穿梭将还原性物质限制在不同部位是细胞在应激状态下得以存活的关键，比如在运动中，需要胞质NAD^+促使葡萄糖分解代谢及线粒体NADH合成以产生ATP。此外，存在原癌基因kirsten大鼠肉瘤病毒癌基因（Kirsten rat sarcoma viral oncogene，KRAS）的胰腺导管腺癌（pancreatic ductal adenocarcinoma，PDAC）中，谷氨酰胺通过苹果酸-天冬氨酸穿梭流动，以提高还原型烟酰胺腺嘌呤二核苷酸磷酸（reduced nicotinamide adenine dinucleotide phosphate，NADPH；还原型辅酶Ⅱ）/$NADP^+$的值促进合成谷胱甘肽。当氧化磷酸化被抑制时，细胞利用GOT1的反向流动生成天冬氨酸。除了调节氧化还原的平衡外，苹果酸-天冬氨酸穿梭也可能调节氨基酸在细胞中的定位。

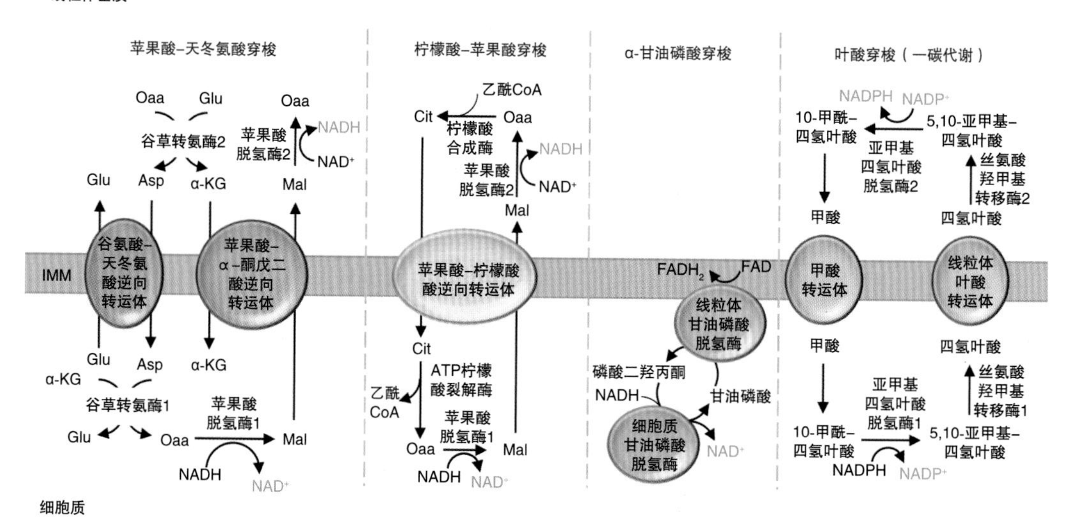

图4-1 线粒体与细胞质中氧化还原物质的平衡

α-KG. α-酮戊二酸；Asp. 天冬氨酸；Cit. 柠檬酸；FAD. 黄素腺嘌呤二核苷酸；$FADH_2$. 还原黄素腺嘌呤二核苷酸；Glu. 谷氨酸；IMM. 线粒体内膜；Mal. 苹果酸；NAD^+. 烟酰胺腺嘌呤二核苷酸；NADH. 还原型辅酶Ⅰ；Oaa. 草酰乙酸

2. 柠檬酸-苹果酸穿梭

柠檬酸-苹果酸穿梭调节还原物质的作用与苹果酸-天冬氨酸穿梭相当，但人们对其在疾病中的作用还知之甚少。柠檬酸-苹果酸穿梭也需要两种亚型的MDH参与，MDH的活性与柠檬酸合成酶（citrate synthase，CS）、ATP柠檬酸裂解酶（ATP citrate lyase，ACLY）和苹果酸-柠檬酸逆向转运体（malate-citrate antiporter，CIC）有关。胞质柠檬酸水平在柠檬酸-苹果酸穿梭作用下增加，但胞质天冬氨酸水平并不增高。通过柠檬酸-苹果酸穿梭改变柠檬酸的定位能促进FAS。尽管苹果酸-天冬氨酸和柠檬酸-苹果酸穿梭均通过MDH平衡还原性物质，但两者彼此不可互换。柠檬酸-苹果酸穿梭造成胞质中柠檬酸累积的效应可能远不止于FAS，如柠檬酸-苹果酸穿梭通过ACLY和乙酰辅酶A能够影响表观遗传学。

3. α-甘油磷酸穿梭

α-甘油磷酸穿梭是一种特殊的氧化还原平衡途径，与线粒体存在交叉，但并不直接影响线粒体NAD^+/NADH。α-甘油磷酸穿梭由胞质和线粒体α-甘油磷酸脱氢酶（α-glycerophosphate dehydrogenase，cGPDH和mGPDH）组成，cGPDH利用NADH将磷酸二羟丙酮（dihydroxyacetone phosphate，DHAP）还原为甘油磷酸（glycerophosphate，GAP），并产生胞质NAD^+。随后GAP被核黄素依赖的mGPDH氧化形成DHAP，直接将电子提供给ETC。α-甘油磷酸穿梭与糖酵解关系密切，在棕色脂肪组织（brown adipose tissue，BAT）中具有高度活性，可再生胞质NAD^+，同时向ETC供应电子进而产热。该穿梭途径很可能在以糖酵解为主要代谢方式的肿瘤细胞中发挥重要作用。

4. 叶酸穿梭（一碳代谢）

亚甲基四氢叶酸脱氢酶（methylenetetrahydrofolate dehydrogenase，MTHFD）、戊

糖磷酸途径和苹果酸酶（malic enzyme，ME）并称为细胞NADPH的三大贡献者。MTHFD同工酶是双向的，但NADPH的稳定同位素示踪表明，线粒体MTHFD倾向于生成NADPH，而细胞质中的异构体则倾向于生成$NADP^+$。一碳代谢途径是一种氧化应激的适应机制。当ETC受到抑制时，线粒体一碳代谢通路被激活，以维持$NADPH/NADP^+$的平衡。NADPH为谷胱甘肽还原清除ROS所必需。在肿瘤细胞中，线粒体一碳代谢通路产生的胞质NADPH用于FAS。

第二节　细胞代谢相关的信号转导与疾病

一、胰岛素受体信号

胰岛素是控制糖脂代谢等关键产能功能的主要激素之一。胰岛素激活的胰岛素受体（insulin receptor，IR）酪氨酸激酶能够磷酸化并募集多种底物衔接蛋白，如胰岛素受体底物（insulin receptor substrate，IRS）蛋白家族。酪氨酸磷酸化的IRS暴露出多个信号伴侣的结合位点。其中，磷脂酰肌醇3-激酶（phosphoinositide 3-kinase，PI3K）通过激活下游的蛋白激酶B（protein kinase B，Akt/PKB）和蛋白激酶Cζ（protein kinase Cζ，PKCζ）级联在胰岛素发挥功能中起主要作用。活化的Akt通过抑制糖原合成酶激酶-3（glycogen synthase kinase 3，GSK-3）诱导糖原合成；通过哺乳动物雷帕霉素靶蛋白（mTOR）及下游元件合成蛋白质；通过抑制多种促凋亡因子，如B淋巴细胞瘤-2基因相关启动子（Bcl-xL/Bcl-2 associated death promoter，Bad）、叉头框蛋白O（forkhead box O，FoxO）、GSK-3和巨噬细胞刺激1（macrophage stimulating 1，MST1），促使细胞存活。Akt磷酸化并直接抑制转录因子FoxO，进而调控代谢和自噬。反之，AMPK可以直接调节FoxO3激活转录活性。胰岛素信号还具备促进生长和有丝分裂的作用，主要通过激活Akt级联以及Ras/丝裂原活化蛋白激酶（mitogen-activated protein kinase，MAPK）通路介导。胰岛素信号通过UNC-51样自噬激活激酶1（UNC-51 like autophagy activating kinase 1，ULK1）抑制自噬，该激酶被Akt和mTORC1抑制，被AMPK激活。胰岛素以调节葡萄糖转运体4（glucose transporter4，GLUT4）小泡转位到质膜的方式刺激肌肉和脂肪细胞摄取葡萄糖。GLUT4的易位过程涉及PI3K/Akt通路和IR介导的CAP磷酸化，以及形成CAP：CBL：CRK Ⅱ复合体。此外，胰岛素信号通过破坏CREB/CBP/mTORC2结合，抑制肝脏中的糖异生。胰岛素信号通过调控转录因子固醇调节元件结合蛋白（sterol regulatory element-binding protein，SREBP）诱导合成脂肪酸和胆固醇。胰岛素信号激活的上游转录因子1（upstream transcription factor 1，USF1）和肝X受体（liver X receptor，LXR）也能促进脂肪酸合成。

胰岛素受体信号的负反馈调节由Akt/PKB、PKCζ、p70核糖体蛋白S6激酶（p70 ribosomal protein S6 kinase，p70S6K）及MAPK级联介导，引起丝氨酸磷酸化和IRS信号的失活。

二、自噬信号

参见第三章第七节。

三、有氧糖酵解

肿瘤细胞依赖多种能源物质维持其高代谢状态，对特定营养物质的偏好取决于肿瘤细胞的遗传和环境因素的双重影响。

大多数哺乳动物细胞以葡萄糖作为能源物质，通过糖酵解的多步骤酶促反应产生丙酮酸。细胞在正常的氧水平下，大部分丙酮酸进入线粒体，经过三羧酸循环氧化产生ATP，满足细胞的能量需求。然而，在肿瘤细胞或其他增殖旺盛的细胞中，糖酵解产生的大部分丙酮酸并不进入线粒体，而是由乳酸脱氢酶（lactate dehydrogenase，LDH）催化产生乳酸——这一过程通常只在低氧状态下才会发生。有氧条件下乳酸的产生称为“有氧糖酵解”或Warburg效应。

谷氨酰胺是除葡萄糖之外，肿瘤细胞常用的另一种能量来源，谷氨酰胺进入线粒体，可补充三羧酸循环中间产物，或由苹果酸酶催化产生更多的丙酮酸。增殖活跃的细胞需要产生更多的脂质、核苷酸和氨基酸作为新生的物质基础。富余的葡萄糖通过磷酸戊糖穿梭（pentose phosphate shunt，PPS）和丝氨酸/甘氨酸生物合成途径产生核苷酸。脂肪酸对膜结构的生成至关重要，它来源于胞质中的柠檬酸在ATP柠檬酸裂解酶（ATP-citrate lyase，ACL）作用下生成的乙酰辅酶A。醋酸酯也可以作为碳源用于生成乙酰辅酶A。脂质的从头合成需要NADPH还原物，这些还原物可以通过苹果酸酶、异柠檬酸脱氢酶1（isocitrate dehydrogenase 1，IDH1）的作用产生，也可以由PPS途径和丝氨酸/甘氨酸代谢中的多个步骤产生。活性氧是肿瘤细胞的特征之一，还原性物质的增多构成抵御活性氧水平增高的部分机制。也有证据表明，某些肿瘤细胞能够清除细胞外蛋白质、氨基酸和脂质。胞外物质被细胞大量摄取进而传递到溶酶体的过程称为巨胞饮作用，是细胞分解胞外物质并为细胞代谢提供营养物质的一种方式。这些营养物质可以产生ATP、NADPH，或直接作为物质基础。

Warburg效应和肿瘤细胞的其他代谢表型均受到各种信号通路的调节。生长因子刺激通过受体酪氨酸激酶（receptor tyrosine kinase，RTK）信号通路激活PI3K/Akt和Ras。Akt通过激活多种糖酵解酶，包括己糖激酶和磷酸果糖激酶（phosphofructokinase，PFK），促进葡萄糖转运蛋白的活性并激活糖酵解。Akt磷酸化凋亡蛋白，如B淋巴细胞瘤-2相关X蛋白（B-cell hymphoma-2 associated X，Bax），使癌细胞抵抗凋亡，并通过促进线粒体己糖激酶（mitochondrial hexokinase，mtHK）附着于电压依赖性阴离子通道（voltage-dependent anion channel，VDAC）复合物，帮助稳定线粒体外膜（outer mitochondrial membrane，OMM）。RTK信号转导至c-Myc导致众多参与糖酵解和乳酸生成基因的转录激活。*p53*原癌基因能反式激活TP53诱导的糖酵解和凋亡调节因子（TP53-induced glycolysis and apoptosis regulator，TIGAR），并导致PPS产生更多的NADPH。影响缺氧诱导因子（hypoxia inducible factor，HIF）水平的信号可以增加LDH等酶的表达，促进乳酸产生，增加丙酮酸脱氢酶激酶的表达，抑制丙酮酸脱氢酶，限制丙酮酸进入三羧酸循环。越来越多的证据表明，代谢底物的利用可以通过影响组蛋白和DNA的表观遗传标记来影响基因表达。

四、低氧信号

低氧（低O_2水平）是由细胞耗氧量与血管灌注不平衡而引发的病理生理状态。缺氧是实质性肿瘤常见的特征，与放化疗耐药性增加和患者预后不良相关。后生动物进化出一套由HIF介导的适应缺氧机制，HIF是一个具备碱性螺旋-环-螺旋二聚体结构的转录因子家族，由一个O_2调节的HIF-α亚基（HIF-1α、HIF-2α和HIF-3α）与一个结构性表达的HIF-1β亚基组成。在氧充足的细胞中，HIF-α亚基的脯氨酸残基被氧依赖的脯氨酰羟化酶（prolyl hydroxylase，PHD）羟化后，与E3泛素连接酶von Hippel-Lindau蛋白（pVHL）结合，引起靶向HIF-α的蛋白酶体降解。然而，在无氧条件下，HIF-1抑制因子（factor-inhibiting HIF-1，FIH-1）介导HIF-α的天冬酰胺羟基化，从而阻止HIF-α与共激活因子p300/cAMP反应元件结合蛋白（cyclic AMP response element-binding protein，CBP）结合。缺氧条件下，PHD和FIH-1的活性均受到限制，导致HIF-α的快速蓄积，核移位，并与HIF-1β形成二聚体。HIF-1与靶基因启动子内的DNA共有序列结合启动反式激活，该序列称为缺氧反应元件（hypoxia response element，HRE）。HIF-1调节数以百计的基因表达，涉及细胞自主和非自主的缺氧适应性反应。mTOR可上调HIF-α的蛋白表达，Stat3和NF-κB信号通路能上调其mRNA水平。HIF-1在肿瘤细胞和基质细胞中的作用是多方面的。例如，HIF-α依赖性表达的血管内皮生长因子A（vascular endothelial growth factor-A，VEGF-A）和血小板衍生生长因子B（platelet-derived growth factor-B，PDGF-B）通过促进周细胞、内皮细胞和血管平滑肌细胞的增殖和迁移来诱导血管生成。在癌症相关成纤维细胞（cancer-associated fibroblast，CAF）中，HIF-α介导细胞外基质（extracellular matrix，ECM）重塑和代谢重编程促进细胞存活。此外，HIF-α还参与免疫抑制环境的形成，即通过刺激骨髓源性抑制细胞（myeloid-derived suppressor cell，MDSC）、调节性T细胞（regulatory T cell，Treg细胞）和肿瘤相关巨噬细胞（tumor-associated macrophage，TAM）的招募和活化，促进细胞因子的表达，以抑制适应性免疫系统。

五、谷氨酰胺代谢

谷氨酰胺是一种重要的代谢底物，能够满足快速增殖细胞对ATP、生物合成的前体及还原性物质的需求。谷氨酰胺通过丙氨酸、丝氨酸、半胱氨酸转运体/溶质载体家族1成员S（alanine serine cysteine transporter 2/solute carrier family 1 member 5，ASCT-2/SLC1A5）进入细胞，在谷氨酰胺酶（glutaminase，GLS）催化下发生脱氨反应，在线粒体中转化为谷氨酸。谷氨酸由谷氨酸脱氢酶（GDH）或谷氨酸/天冬氨酸转氨酶（transaminase，Tas）催化生成TCA循环中间产物α-酮戊二酸（α-ketoglutaric acid，α-KG），以及相应的氨基酸。α-KG是一种在ATP的产生及补充TCA循环中间产物中发挥关键作用的代谢物，这一过程被称为回补反应（anaplerotic reaction）。低氧或线粒体功能障碍时，α-KG由IDH2催化的还原羧化反应转化为柠檬酸。新生的柠檬酸离开线粒体后，被用于合成脂肪酸和氨基酸，并产生还原性物质NADPH（衰竭）。在胞质中，谷氨酰胺为合成核苷酸和己糖胺提供γ（酰胺）氮，同时产生谷氨酸。胞质中的谷氨酸是维持氧化还原稳态，以及通过产生谷胱甘肽（glutathione，GSH）保护细胞免受氧化应激的关键物质。许多肿瘤细胞对谷氨酰胺具有原癌基因依赖的嗜好，谷氨酰胺本身可以增进增殖信号。例如，谷氨酰胺通过SLC1A5的内流与通过SLC7A5/L型氨基酸转运体1（L-type amino acid transporter1，LAT1）转运蛋白的外排相偶联，促使亮氨酸进入细胞并触发mTORC1介导的细胞生长。此外，信号分子Akt、Ras及AMPK激活糖酵解酶并诱导乳酸生成（Warburg效应），导致肿瘤细胞急需谷氨酰胺代谢来满足其增高的能量需求。原癌基因*c-Myc*通过转录激活GLS和SLC1A5基因促进谷氨酰胺分解。谷氨酰胺介导的蛋白质糖基化，如生长因子受体的糖基化，可以将蛋白质靶向到细胞表面，诱导其激活。

六、mTOR信号

mTOR的靶点是一种非典型丝氨酸/苏氨酸激酶，存在于两个不同的复合物中。

其一，mTOR复合物1（mTORC1），由mTOR、Raptor、GβL和DEPTOR组成，能够被雷帕霉素抑制。mTORC1是主要的生长调节剂之一，感受和整合各种营养和环境改变，包括生长因子、能量水平、细胞应激和氨基酸。将这些信号与促进细胞生长的磷酸化底物相结合，促进合成代谢过程，如mRNA翻译和脂质合成，或限制诸如自噬的分解代谢过程。小GTP酶Rheb，在其GTP-结合状态下，是mTORC1激酶活性必需且强有力的刺激，Rheb又受到其GTP酶活化蛋白（GTPase activating protein，GAP）——结节性硬化症异源二聚体TSC1/2的负性调控。大多数上游信号通过Akt和TSC1/2传入，调节Rheb的核苷酸加载状态。相反，氨基酸独立于PI3K/Akt轴向mTORC1传递信号，促进mTORC1易位到溶酶体表面，与Rheb接触后可被激活。这一过程由多种复合物的协同作用介导，特别是液泡ATP酶（vacuolar ATPase，v-ATP酶）、Ragulator、Rag GTP酶和GATOR1/2。

其二，mTOR复合物2（mTORC2），由mTOR、Rictor、GβL、Sin1、PRR5/Protor-1和DEPTOR组成。mTORC2通过激活Akt促进细胞存活，通过激活PKCα调节细胞骨架动力学，通过血清/糖皮质激素调节激酶1（serum/glucocorticoid regulated kinase 1，SGK1）磷酸化控制离子运输和生长。

mTOR信号异常与癌症、心血管疾病和糖尿病等多种疾病有关。

七、AMPK信号

AMP活化蛋白激酶（AMPK）作为主要的调节因子，在维持细胞能量稳态中发挥关键作用。AMPK在细胞ATP供应减少，如低糖、缺氧、缺血和热休克时被激活。它是一个由催化性α亚基和调节性β及γ亚基组成的异源三聚体复合物。AMP结合到γ亚基变构激活复合物，使其α亚基激活环中Thr172磷酸化位点暴露，更容易被上游的AMPK激酶肝脏激酶B1（liver kinase B1，LKB1）磷酸化。脂联素、瘦素等代谢激素刺激后，细胞内钙离子发生变化，AMPK的Thr172可以被钙/钙调蛋白依赖性蛋白激酶激酶2（calcium/calmodulin dependent protein kinase kinase 2，CAMKK2）直接磷酸化。

AMPK作为细胞能量感受器，在低ATP水平时被激活，以调节补充细胞ATP供应的各种信号通路，包括脂肪酸氧化和自噬。AMPK抑制多种消耗ATP的生物合成过程，如糖异生、脂质和蛋白质合成。AMPK直接磷酸化一系列参与上述过程的酶，或磷酸化转录因子、共激活因子及共抑制因子，进而调节代谢以发挥其功能。

作为脂质和糖代谢的中心调节因子，AMPK被认为是治疗2型糖尿病、肥胖和癌症的潜在靶点。AMPK还通过与mTOR和sirtuins的相互作用，成为调节衰老的关键因子。

八、衰老信号概述

细胞衰老是一种由多种生理和病理应激源诱导的适应性反应，导致细胞周期的永久停滞状态。然而，持续衰老细胞的累积成为年龄相关的病理和炎症性疾病的主要原因。约半个世纪前，Leonard Hayflick和Paul Moorhead报道过一项重要发现，人类细胞存在增殖衰老的现象，即由染色体末端端粒区逐渐缩短而引起体外增殖能力逐渐受限，引发DNA损伤反应（DNA damage response，DDR）并导致细胞周期停滞。类似地，细胞衰老可见于辐照或化疗造成的DNA损伤后，以及肿瘤抑制因子丢失、活性氧升高和线粒体功能障碍。这些刺激通过许多细胞内通路，如DDR中的共济失调毛细血管扩张突变基因（ataxia telangiectasia-mutated gene，ATM）、ATM-and Rad3-Related（ATR）及p53，共同调节细胞周期蛋白依赖性激酶抑制剂（cyclin-dependent kinases inhibitor，CDKI），包括p16、p21及p27的激活，导致视网膜母细胞瘤蛋白（retinoblastoma protein，RB）的过度磷酸化，并最终退出细胞周期。

尽管衰老细胞不再增殖，但它们仍保持代谢活性，并表现出与之相关的形态和生理变化特征。也就是说，由于核纤层蛋白B1表达下降，衰老细胞在体外表现出增大、扁平的形状，核膜完整性也被破坏。溶酶体活性改变造成β-半乳糖苷酶的累积是细胞衰老的标志性变化。染色质重组，特别是衰老相关的异染色质灶（senescence-associated heterochromatin foci，SAHF）是原癌基因诱导衰老的细胞中十分常见的生物标志物，可通过免疫学方法检测macroH_2A、组蛋白第三亚基九号赖氨酸的2/3甲基化（dimethylalion/trimethylation of lysine 9 on histone H3 protein subunit，H3K9Me2/3）及异染色质蛋白1（heterochromatin protein 1，HP1）。DNA损伤指标，包括组蛋白变异体H2AX（γH2AX）的Ser139残基的磷酸化，也可以与其他生物标志物共同反映衰老。

衰老细胞的分泌组（secretome）常发生戏剧性的变化，称为衰老相关的分泌表型（senescence-associated secretory phenotype，SASP）。SASP引起多种促炎细胞因子（如IL-6/IL-1β）、基质金属蛋白酶3（matrix metalloproteinase 3，MMP3）和生长因子的表达增加和释放，对周围组织微环境产生一系列自分泌/旁分泌作用。有关于SASP的利弊均有报道，目前认为主要取决于受其影响的细胞及环境。例如，SASP可以招募免疫细胞，通过清除受损细胞启动组织修复，但SASP也与血管生成和ECM重塑有关，促进肿瘤进展。

揭示细胞衰老的机制及其在人类疾病中的作用，将帮助人们在年龄相关疾病、促进组织重塑再生，以及癌症治疗等领域取得巨大突破。衰老信号的具体内容请参考第二章第五节。

（周　阳）

主要参考文献

Carling D，Mayer FV，Sanders MJ，et al，2011. AMP-activated protein kinase：nature's energy sensor. Nat Chem Biol，7（8）：512-518.

Codogno P，Mehrpour M，Proikas-Cezanne T，2011. Canonical and non-canonical autophagy：variations on a common theme of self-eating? Nat Rev Mol Cell Biol，13（1）：7-12.

He S，Sharpless NE，2017. Senescence in Health and Disease. Cell，169（6）：1000-1011.

Hensley CT，Wasti AT，DeBerardinis RJ，2013. Glutamine and cancer：cell biology，physiology，and clinical opportunities. J Clin Invest，123（9）：3678-3684.

LaGory EL，Giaccia AJ，2016. The ever-expanding role of HIF in tumour and stromal biology. Nat Cell Biol，18（4）：356-365.

Laplante M，Sabatini DM，2012. mTOR signaling in growth control and disease. Cell，149（2）：274-293.

Siddle K，2011. Signalling by insulin and IGF receptors：supporting acts and new players. J Mol Endocrinol，47（1）：R1-R10.

Spinelli JB，Haigis MC，2018. The multifaceted contributions of mitochondria to cellular metabolism. Nat Cell Biol，20（7）：745-754.

Vander Heiden MG，Cantley LC，Thompson CB，2009. Understanding the Warburg effect：the metabolic requirements of cell proliferation. Science，324（5930）：1029-1033.

Wynn TA，Ramalingam TR，2012. Mechanisms of fibrosis：therapeutic translation for fibrotic disease. Nat Med，18（7）：1028-1040.

第五章 发育生物学信号

第一节　发育生物学信号概述

发育生物学（developmental biology）是一门研究生物体从精子和卵子的发生、受精、发育、生长至衰老、死亡等生命过程中的变化机制及其规律的科学。

受精后，受精卵（合子）会启动一种高度调控的增殖和定向分化程序，也称为胚胎形成。胚胎形成过程中的发育活动是由复杂的遗传和表观遗传信号级联调控的，是最终产生一个新生、完整的多细胞生物这一高度复杂过程的第一阶段。

胚胎干细胞（embryonic stem cell，ESC）是从卵裂期胚胎（囊胚）的内细胞群（inner cell mass，又称内细胞团）中分离出来的一种特定的细胞群。胚胎干细胞的决定性特征是其固有的多能特性，这使得它们能够分化为机体的任何细胞谱系，并具有无限自我更新潜能。这些特征受到一系列复杂的细胞信号网络的严密调控，使ESC成为发育生物学研究的强大工具，在个性化再生医学方面具有巨大的应用前景。

机体中负责维持ESC的多能性与自我更新的主要是 BMP/TGF-β信号转导通路与成纤维细胞生长因子（fibroblast growth factor，FGF）信号转导通路。前者通过Smad蛋白进行信号转导，后者能够激活MAPK和Akt通路。Wnt信号转导通路也能够维持多能性，但这一作用可能通过转录激活因子T细胞因子（T cell factor，TCF）1和抑制因子TCF3之间的平衡机制来实现。这些信号促成三种关键转录因子的表达与活化——Oct-4、Sox2和Nanog，成为反映其多能性的主要标志物的同时，一方面诱导表达ESC的特异性基因，另一方面对自身的表达起反馈调节作用。其他用于识别人类ESC的标志物还包括细胞表面糖脂阶段特异性胚胎抗原3/4（stage-specific embryonic antigens 3/4，SSEA3/4）以及糖蛋白TRA-1-60和TRA-1-81。

诱导多能干细胞（induced pluripotent stem cell，iPSC）具备多能分化特性。在分化细胞中过表达多种“重编程”因子，如众所周知的Oct-4、Sox2、KLF4和c-Myc，使之成为ESC样细胞。在成功重编程后，iPSC表现出与ESC相似的基因表达特征，并表现出多能性与自我更新能力。iPSC在研究界获得广泛关注，因为将iPSC应用于研究中能够避免因使用从人类囊胚中取得ESC而产生的许多伦理和技术问题。iPSC与ESC一样，成为研究的焦点，因其在再生医学及个体化医疗、药物筛选等方面具有巨大的应用前景，同时有助于我们深入了解调控胚胎发育的细胞信号转导网络。

ESC和iPSC都可以被诱导发育成不同的细胞类型，分别代表原肠胚形成过程中产生的3个初级胚层：外胚层、中胚层和内胚层。外胚层是神经干细胞的前身，能够分化成构成大脑、脊髓和周围神经的细胞。外胚层起源的细胞还包括表皮及消化道的远端部分。中胚层分化成间充质干细胞，以及脂肪、肌肉和骨骼的前体细胞和造血干细胞，能够产生血液系统和免疫系统的所有细胞谱系。内胚层分化成内胚层前体细胞（肝细胞和胰腺细胞的前体），同时也是构成消化道、呼吸道和泌尿道的前体细胞。

各谱系的发育受多个信号转导通路调节，包括骨形态发生蛋白/转化生长因子-β（bone morphogenetic protein / transforming growth factor-β，BMP/TGF-β）、Notch、Wnt/β-catenin、Hedgehog和Hippo通路，它们控制着细胞分裂、生长和分化。这些通路各自受一系列复杂的遗传因子、表观遗传因子（如组蛋白修饰）和外源信号转导因子调节，在细胞发育和分化期间调控细胞的命运和行为。

第二节 Wnt/β-catenin信号

在多细胞生物体中，组织和器官的发育受多个信号通路相互作用控制，其中Wnt信号通路可以调控细胞增殖、分化、器官发育、组织再生和癌症的发生。Wnt信号至少通过三条不同的细胞内通路进行传递：Wnt/β-catenin信号通路、Wnt/Ca^{2+}信号通路和Wnt/pcp（planar cell polarity）信号通路。其中，Wnt/β-catenin信号通路研究最为广泛，该通路也被称为经典Wnt通路或β-catenin依赖通路。Wnt/β-catenin信号通路调控细胞增殖、迁移、分化、存活、黏附和干细胞的再生，促进胚胎发育，维持机体内环境稳态。

静息状态下，结肠腺瘤样息肉（adenomatous polyposis coli，APC）蛋白、轴蛋白抑制剂（axis inhibitor，Axin）、酪蛋白激酶-1α（casein kinase-1α，CK-1α）和糖原合成酶激酶-3β（glycogen synthetase kinase-3β，GSK-3β）形成的“降解复合物”识别β-catenin，CK-1α和GSK-3β磷酸化β-catenin的氨基末端区域，导致β-catenin被E3泛素连接酶亚基（E3 ligase）识别并泛素化修饰，通过蛋白酶体（proteasome）降解，因而不能进入细胞核发挥转录激活作用。

Wnt/β-catenin信号的激活起始于Wnt蛋白的棕榈酰化，由跨膜*O*-酰基转移酶超家族（membrane-bound *O*-acyltransferase family，MBOAT）中porcupine蛋白介导，随后细胞内的Wnt蛋白被分泌到细胞膜外侧，与细胞膜表面的卷曲蛋白（Frizzled，Fzd）和低密度脂蛋白受体相关蛋白5/6（low density lipoprotein receptor-related protein 5/6，LRP5/6）相连，激活细胞内的蓬乱蛋白（dishcvclled，Dvl），磷酸化LRP5/6，进一步招募的Axin被端锚聚合酶（tankyrase）降解，因而APC/Axin/GSK-3β“降解复合物”无法磷酸化β-catenin，增强的Wnt信号引起β-catenin在细胞质内聚集，进而转移至细胞核内与T细胞因子/淋巴样增强因子（TCF/LEF）结合，招募B细胞淋巴瘤因子9（B cell lymphoma 9，BCL9）、CREB结合蛋白（CREB-binding protein，CBP）等活化因子，最终启动Wnt靶基因的表达，如c-myc、cyclin D1、Bcl-w和survivin，调控细胞增殖、存活、凋亡、分化、迁移、侵袭，以及对化疗药物的耐药性。

由于Wnt/β-catenin信号通路在正常和异常激活状态发挥不同作用，因此维持Wnt/β-catenin信号通路两种状态的平衡至关重要。异常激活的Wnt/β-catenin信号参与了包括神经退行性疾病、纤维化和代谢性疾病等多种疾病的发生。在结肠癌等大多数癌症中也发现了Wnt/β-catenin通路的异常激活。大多数癌症中都存在APC基因突变，肝癌中存在Axin突变，结肠癌、肝癌、甲状腺癌和卵巢癌等癌症中存在β-catenin突变。肝脏、肾脏和肺的纤维化中均发现Wnt/β-catenin信号通路的异常激活，肺纤维化的患者中还存在β-catenin和TCF的功能失调。Wnt/β-catenin信号异常激活还会导致代谢性疾病的发生，如*TCF4*是2型糖尿病的易感基因，*LRP5*的自发突变可能导致肥胖。

第三节　TGF-β信号

TGF-β信号在细胞和组织生长、发育、分化、凋亡的调控中发挥重要作用，该信号转导异常可能引发胚胎发育异常、肿瘤、组织纤维化、心血管疾病和免疫性疾病等。

TGF-β家族由TGF-β超家族、TGF-β受体、Smad蛋白家族及其核内转录调节因子组成。TGF-β是一种多功能的多肽类细胞因子，能够抑制各类细胞增殖，尤其是上皮细胞；同时刺激多种组织中间质细胞的增殖，产生细胞外基质，诱导纤维变性。

TGF-β受体的类型多种多样，其信号转导依赖的Ⅰ型和Ⅱ型受体，均为具备丝/苏氨酸激酶活性的跨膜受体。

根据功能将哺乳动物的Smad分为三类：受体相关型Smad（R-Smad），通用调节型Smad（Co-Smad）和抑制型Smad（I-Smad），Smad1～3、Smad5、Smad8属于R-Smad，Smad4为Co-Smad，Smad6和Smad7为I-Smad。未激活状态下，R-Smad主要位于细胞质中，Co-Smad在细胞质和细胞核之间不停来回穿梭，均等地分布在细胞质和细胞核，而绝大多数I-Smad分布在细胞核内。R-Smad的活化源于其羧基末端SXS基序（X指代甲硫氨酸［M］或缬氨酸［V］）中的丝氨酸（S）直接被Ⅰ型受体磷酸化，其中Smad2/3被TGF-β/激活素/nodal亚家族的Ⅰ型受体激活素受体样激酶（activin receptor-like kinase，ALK）4/5/7磷酸化，而Smad1/5/8则主要被BMP/生长分化因子（growth differentiation factor，GDF）/抗苗勒管激素（Anti-Mullerian hormone，AMH）亚家族的ALK2/3/6和ALK1磷酸化。磷酸化的R-Smad与Co-Smad/Smad4聚合延续信号转导。Ⅰ-Smad，如Smad6和Smad7可拮抗R-Smad的激活。

TGF-β信号转导起始于配体诱导的丝氨酸/苏氨酸受体激酶寡聚化和胞内信号分子的磷酸化，TGF-β/激活素通路的胞内分子是Smad2和Smad3，BMP通路的胞内分子是Smad1/5/9，活化受体进而磷酸化Smad的羧基端，使之与Smad4结合，并进入细胞核。激活的Smad通过与转录因子结合，特异性调节其转录活性，发挥多种生物学效应。抑制性Smad6和Smad7的表达由TGF-β/激活素和BMP信号共同诱导，作为负反馈环路的一部分。与其他Smad类似，I-Smad也具备一个MH1结构域和一个MH2结构域。一旦TGF-β信号被激活，储存在细胞核中的I-Smad随即进入细胞质，Smad7与R-Smad竞争性地同Ⅰ型受体结合，抑制其磷酸化；而Smad6与Smad4结合，阻碍其他R-Smad与Co-Smad的结合。

TGF-β信号通路参与众多细胞过程，其调控复杂多变，涉及配体、受体、Smad及核内转录调控；调控方式亦多种多样，包括蛋白-蛋白相互作用，蛋白翻译后修饰、降解、运输及细胞内定位，以及Smad-DNA结合等。TGF-β家族受体和（或）Smad的稳定性由Smad泛素化调节因子（Smad ubiquitination regulatory factor，Smurf）E3泛素连接酶和USP4/11/15去泛素化酶共同调节。MAPK信号在多个层面上调节TGF-β/激活素和BMP通路。此外，在某些特定情况下，TGF-β信号转导还能够通过Smad非依赖方式，调节包括Erk、JNK/SAPK（c-Jun kinase/stress activated protein kinase）、p38 MAPK等信号。三磷酸鸟苷结合蛋白［Rho GTPase（RhoA）］激活下游靶蛋白mDia和ROCK等，促进细胞伸展相关的细胞骨架成分重构，调节细胞生长和分裂。TGF-β激活后，Cdc42/Rac通过下游效应激酶蛋白激酶A（protein kinase A，PKA）、蛋白激酶C（protein kinase C，PKC）及c-Abl调节细胞黏附。

第四节 Hedgehog信号

Hedgehog（Hh）通路对胚胎发育至关重要，同时在成熟组织的维护、更新和再生中发挥关键作用。分泌性的Hh蛋白以浓度和时间依赖的方式启动一系列细胞反应，涵盖从细胞存活、增殖到决定细胞命运及分化的各个方面。

Hh信号通路（图5-1）主要由分泌型Hh糖蛋白配体、跨膜蛋白受体Ptched（PTCH）、跨膜蛋白Smoothened（SMO）、核转录因子GLI蛋白及下游靶基因组成。适度活化的Hh信号依赖于对Hh配体产生、加工、分泌和运输的调控，哺乳动物的Hh配体有Sonic（Shh）、Indian（Ihh）和Desert（Dhh）。

所有Hh配体都以前体蛋白的形式合成，羧基端自我催化裂解的同时被胆固醇修饰，氨基端被棕榈酰化修饰，从而产生分泌型的双脂化蛋白质。Hh配体通过SCUBE2和SCUBE2的联合作用从细胞表面释放，随后通过与细胞表面蛋白低密度脂蛋白受体相关

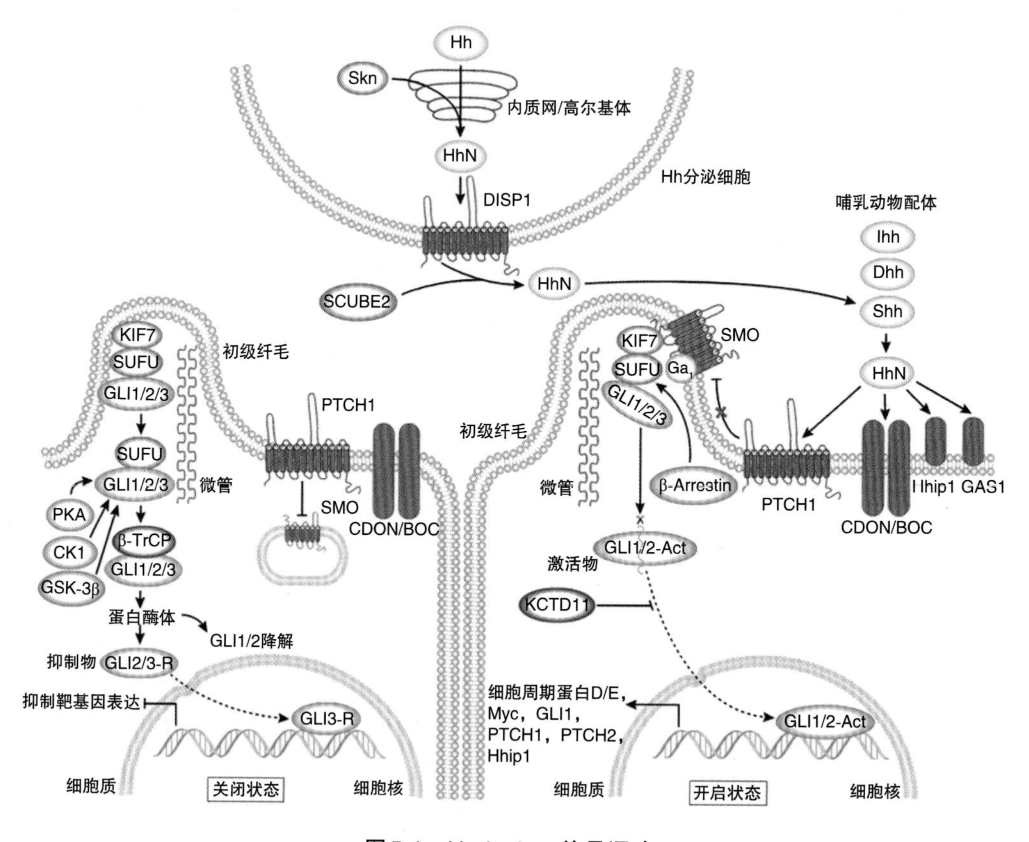

图5-1 Hedgehog信号通路

Hh. Hedgehog；Ihh. Indian hedgehog；Dhh. Desert hedgehog；KIF7. 驱动蛋白家族成员7（kinesin family member 7）；SUFU. FU抑制剂（suppressor of fused homolog）；KCTD11. 钾通道四聚体结构域蛋白11（potassium channel tetramer domain protein 11）；Hhip1. Hh相互作用蛋白1（Hh interacting protein 1）；β-TrCP. β-转导重复相容蛋白（β-transducin repeat-containing protein）；GSK-3β. 糖原合成酶激酶-3β（glycogen synthetase kinase-3β）；CK1. 酪蛋白激酶-1（casein kinase-1）

蛋白2（low density lipoprotein receptor related protein 2，LRP2）和alypican家族硫酸乙酰肝素蛋白聚糖（GPC1-6）的相互作用在细胞间运输。

Hh蛋白通过与经典受体Patched（PTCH1）及共受体生长抑制特异性蛋白1（growth arrest specific 1，GAS1）、细胞黏附相关调控基因（cell adhesion associated oncogene regulated，CDON）、BOC的结合启动信号转导。Hh结合PTCH1抑制SMO的表达，导致SMO积累在纤毛中并磷酸化其胞内段。SMO介导的下游信号转导促使Hh信号转录效应分子（glioma-associated oncogene homolog 1，GLI 1）蛋白与驱动蛋白家族成员7（kinesin family member 7，KIF7）及细胞内Hh信号关键调节因子Fu抑制剂（suppressor of fused homolog，SUFU）分离。

在缺乏Hh信号的情况下，GLI蛋白通过纤毛运输，被SUFU和KIF7分隔开，使GLI被PKA、GSK-3β及casein kinase 1（CK1）磷酸化，进而通过切割羧基末端生成转录抑制因子或被E3泛素连接酶β-转导重复相容蛋白（β-transducin repeat-containing protein，β-TrCP）靶向降解。Hh信号激活后，GLI蛋白不同位点的磷酸化使之成为转录激活子，诱导Hh靶基因的表达，包括该通路中众多的组成蛋白（如PTCH1和GLI1）。反馈机制包括诱导Hh信号拮抗剂，如PTCH1、PTCH2、Hh相互作用蛋白1（Hh interacting protein 1，Hhip1），以干扰Hh配体功能，以及E3泛素连接酶衔接蛋白斑点型POZ蛋白（speckle-type POZ protein，SPOP）介导GLI蛋白的降解。

除了在正常胚胎发育和成人组织内环境稳态中发挥重要作用外，越来越多的证据表明肿瘤的发生与异常的Hh信号有关，如基底细胞癌、髓母细胞瘤和横纹肌肉瘤。胰腺癌、肺癌、前列腺癌、卵巢癌和乳腺癌也与过度活跃的Hh信号有关，可见了解Hh信号通路的活化机制将有助于开发治疗Hh相关疾病的全新方法。

第五节　Notch信号

Notch 信号在多细胞生物的进化过程中仍保持着高度的保守性，调控发育过程中细胞命运的决定因素并维持成年后的组织稳态。Notch 通路介导近分泌（juxtacrine）细胞信号转导，其中信号的发送和接收均受到配体-受体交互作用的影响，进而在神经元、心脏、免疫和内分泌发育中调节一系列细胞命运的决定过程。

Notch信号包含Notch受体、Notch配体、CSL（CBF-1/suppressor of hairless/Lag）DNA结合蛋白、其他效应物及调控分子。Notch受体是一种单次跨膜蛋白，由功能性Notch胞外结构域（Notch extracellular domain，NECD）、跨膜结构域（transmembrane domain，TMD）和Notch胞内结构域（Notch intracellular domain，NICD）组成。Notch配体包括Delta-like DLL 1、DLL 3、DLL 4，Jagged1和Jagged2，又称为Delta/Serrate/Lag2（DSL）蛋白，是一组分子结构保守的跨膜蛋白，由氨基末端、胞外区数量不等的表皮生长因子受体（epidermal growth factor receptor，EGF-R）结构域、富含半胱氨酸的DSL结构域及Notch受体结合部位组成。细胞内效应分子包括CSL DNA结合蛋白和CSL蛋白，其中CBF-1在哺乳动物中又名重组信号结合蛋白-JK（re-combination signal binding protein-JK，RBP-JK），是一种转录抑制因子，能识别并结合位于Notch诱导基因启动子区特定的DNA序列（GTGGGAA）。

Notch受体在细胞接收到Notch信号后在内质网和高尔基体内发生剪切和糖基化修饰，形成Ca^{2+}稳定的、由NECD与TM-NICD非共价结合形成的异二聚体，嵌入到膜中（S1剪切）。随后经过内体转运到细胞膜，以Deltex调控和NUMB抑制的方式与配体结合。在产生Notch信号的哺乳动物细胞中，Delta like canonical Notch ligand（DLL）1、DLL3、DLL4和Jagged（JAG）1、JAG2家族成员是Notch信号的受体。与配体结合后，由去整合素-金属蛋白酶（a disintegrin and metalloprotease，ADAM）金属蛋白酶家族的肿瘤坏死因子-α-转换酶（tumor necrosis factor-α-convening enzyme，TACE）介导，将NECD从TM-NICD结构域剪切下来（S2剪切）。Notch信号来源的细胞中的NECD-配体复合体以Mib泛素化依赖的方式被内吞/再循环。在信号接收细胞中，γ分泌酶（参与阿尔茨海默病的发病）将NICD从TM上释放出来（S3剪切），并易位入核，与CBF1/Su（H）/Lag-1（CSL）转录因子复合体结合，继而激活经典的Notch靶基因，如Myc、p21及HES（mammalian homologues of *Drosophila* hairy and enhancer of split）家族成员（图5-2）。

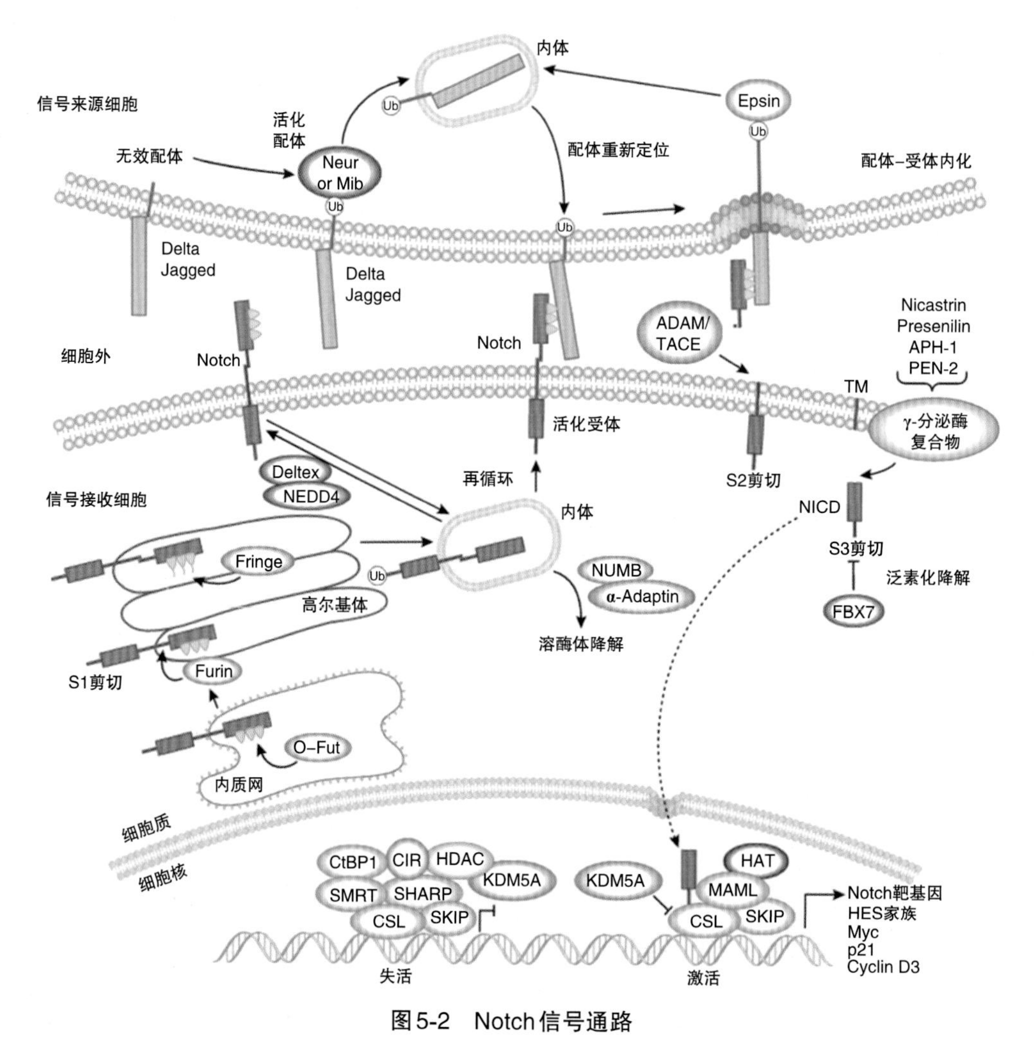

图5-2 Notch信号通路

APH-1.（anterior pharynx defective-1）；PEN-2. 早老蛋白2（presenilin enhancer protein 2）；HDAC. 组蛋白脱乙酰酶（histone deacetylase）；SMRT. 视黄酸和甲状腺激素受体的沉默因子（silencing mediator of retinoic acid and thyroid hormone receptor）；SHARP. 分裂和毛发相关蛋白质（split-and hairy-related protein）；CSL.CBF-1/suppressor of hairless/Lag

Notch 信号转导与人类疾病的相关性激起了人们寻找干预该信号药物的兴趣。尽管Notch信号是一种发育信号，但其组成部分和信号转导在成年后的脑组织中依然活跃表达。有证据表明，Notch信号是成人神经干细胞的关键调节因子，在未成熟和成熟神经元的迁移、突触可塑性和存活中发挥作用。值得注意的是，研究人员已经在成人T细胞急性淋巴细胞白血病和淋巴瘤中发现，Notch受体的激活性突变导致NICD在细胞核内聚积的现象十分常见。与此同时，Notch受体和配体的功能缺失性突变也与多种病症有关，如Alagille综合征、伴皮质下梗死和白质脑病的常染色体显性遗传性脑动脉病（cerebral autosomal dominant arteriopathy with subcortical infarcts and leukoencephalopathy，CADASIL）。

第六节　Hippo通路

Hippo信号在进化上同样高度保守，其命名源于果蝇的蛋白激酶Hippo（Hpo），又称为Salvador/Warts/Hippo（SWH）信号，通过调控细胞增殖、凋亡及干细胞自我更新控制器官的大小。

Hippo信号通路的核心是一条激酶级联反应（图5-3），其中果蝇Hippo同源物

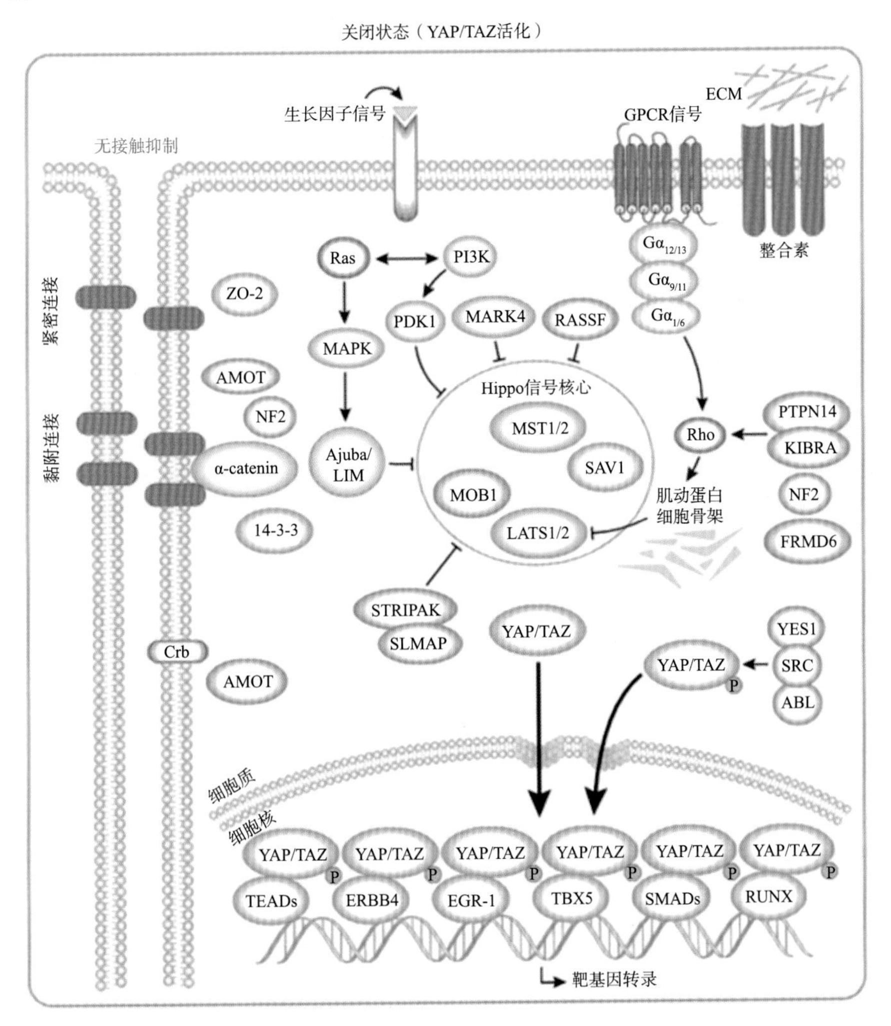

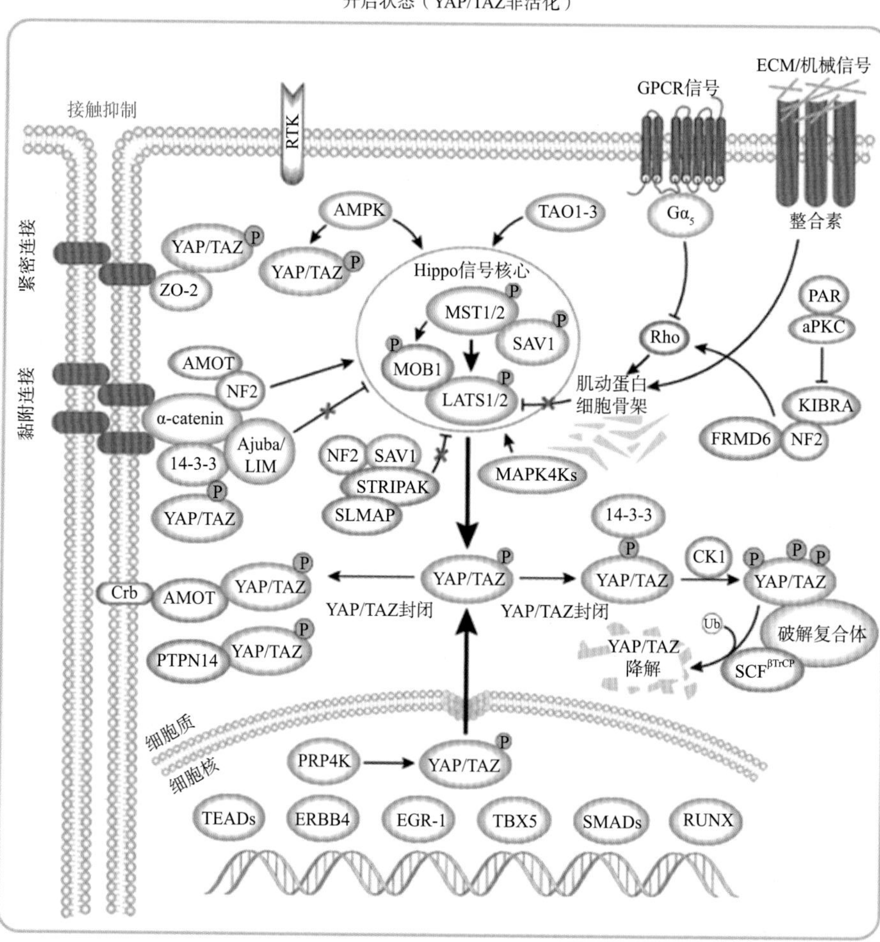

图5-3 Hippo信号通路

RTK. 受体酪氨酸激酶（receptor tyrosine kinase）; ECM. 细胞外基质（extracellular matrix）; MAPK. 丝裂原活化蛋白激酶（mitogen-activated protein kinase）; RASSF. Ras 相关结构域家族（Ras association domain family）; PI3K. 磷酸肌醇 3 激酶（phosphoinositide-3 kinase）; MST1/2. 哺乳动物 sterile-20 激酶（mammalian sterile-20 kinase 1and 2）; SAV1. 含有萨尔瓦多家族 WW 结构域的蛋白 1（salvador family WW domain containing protein 1）; STRIPAK. 纹状体相互作用的磷酸酶和激酶（striatin-interacting phosphatase and kinase）; SLMAP. 肌层膜相关蛋白（sarcolemmal membrane-associated protein）; PTPN14. 蛋白酪氨酸磷酸酶非受体型 14（protein tyrosine phosphatase, non-receptor type 14）

Mst1/2激酶与含有萨尔瓦多家族WW结构域的蛋白1（salvador family WW domain containing protein 1，SAV1）形成的复合体磷酸化并激活LATS1/2。LATS1/2激酶进而磷酸化并抑制Hippo信号通路下游的两个主要效应分子——转录共激活因子Yes 相关蛋白（Yes associated protein，YAP）和TAZ。去磷酸的YAP/TAZ 易位到细胞核，与转录增强相关结构域（transcriptional enhanced associate domain，TEAD）1～4 及其他转录因子相互作用，诱导促细胞增殖及抑制凋亡基因的表达。

Hippo信号通路参与调节细胞的接触抑制，可在多个层面上调控其活性，如Mst1/2和LATS1/2受到上游分子Merlin、KIBRA、RASSF和Ajuba调控；YAP/TAZ与14-3-3、

α-catenin、AMOT及ZO-2结合后，滞留于细胞质、黏附连接或紧密连接中；MST1/2和YAP/TAZ的磷酸化及活性受到磷酸酶的调节；LATS1/2和YAP/TAZ的稳定性受蛋白泛素化影响；LATS1/2的活性还与细胞骨架有关。

研究表明，Hippo信号通路是调节果蝇和哺乳动物器官大小的关键因子，细胞极性和细胞黏附有关的基因突变也会显著改变器官的大小，而Hippo信号通路受到细胞极性和细胞黏附蛋白调控，提示其与细胞极性蛋白在调节器官大小中存在潜在的相互作用。Hippo信号通路在干细胞和组织特异性祖细胞的自我更新和扩增中的作用表明其参与了组织再生。Hippo信号通路上游调节因子的作用机制尚未完全解析，其胞外信号和膜受体确切的生物学特征亦有待深入阐明。

第七节　血管生成

血管系统是胚胎生成过程中最早形成并发挥功能的系统之一。器官和组织的血管系统的形成包括血管发生（vasculogenesis）和血管生成（angiogenesis）。前者是指中胚层来源的成血管细胞（angioblast）或称内皮祖细胞（endothelial progenitor cell，EPC）在原位进行分化、聚集，形成心脏和大血管的原基以及胚胎内外的毛细血管；后者是指EPC和内皮细胞的增殖和迁移，从先前存在的血管以发芽或非发芽（又称套叠）的形式生成新的毛细血管。成血管细胞的数量和质量在维持血管功能的完整性和组织对血液供应的需求方面起决定作用，而血管生成与包括肿瘤在内的多种疾病的发生发展密切相关。

血管生成始于胚胎早期，是一个复杂但高度有序的过程，依赖于内皮细胞（endothelial cell，EC），相应的壁层细胞，包括血管平滑肌细胞（vascular smooth muscle cell，VSMC）和周细胞，以及免疫细胞等构建的广泛的信号网络（图5-4）。早期胚胎的中胚层细胞分化为EPC并形成血岛。血岛的融合使得卵黄囊和胚胎中蜂窝状原始血管丛的血管形成，以建立血液循环。同时，胚胎主体内形成心脏和大血管的原基以及胚胎内外的毛细血管。当原始血管丛形成后，伴随产生更多的内皮细胞，使血管丛进一步发育成熟。血管生成促进发育、骨骼肌肥大、月经、妊娠及伤口愈合，也参与包括新生血管性疾病（如视网膜病）、类风湿关节炎、银屑病、艾滋病、卡波西肉瘤等多种疾病的发病机制。

血管内皮生长因子（vascular endothelial growth factor，VEGF）在血管生成过程中不可或缺，该家族包含多个同源异构体，如VEGF-A、VEGF-B、VEGF-C及VEGF-D，均在胚胎、淋巴管生成等不同的血管生成过程中发挥关键作用。VEGF-A是控制血管生成最重要的细胞因子，也被称为血管通透因子（vascular permeability factor，VPF）。VEGF-A参与内皮祖细胞的趋化性及分化、内皮细胞增殖及组装形成血管结构、血管重塑等。细胞对VEGF的反应受多种机制严密调控，涉及VEGF家族成员的表达，如VEGF-A的选择性剪接可以产生生长因子的几种变体，包括所谓的b亚型，其最后六个羧基末端氨基酸残基上有所不同，具有抗血管生成的特性。不同VEGF-A亚型之间的平衡调节血管的生长和模式。VEGF-A与受体酪氨酸激酶血管内皮细胞生长因子受体2（vascular endothelial growth factor receptor 2，VEGFR2），亦称为KDR或FLK1的结合

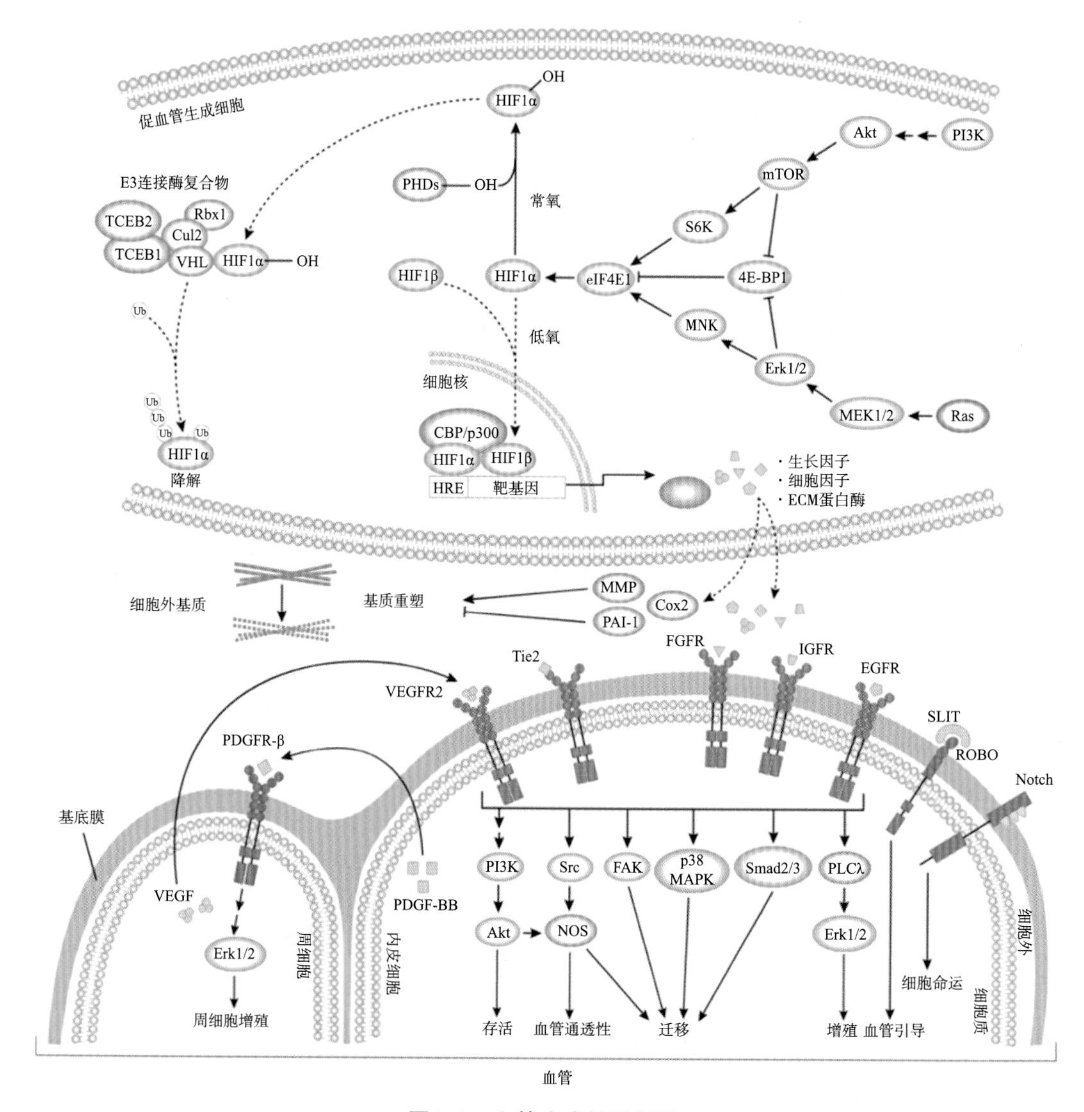

图5-4 血管生成信号通路

HIF1α. 缺氧诱导因子1α（hypoxia-inducible factor 1α）；PHD. 脯氨酰羟化酶（prolyl hydroxylase）；eIF4E. 真核起始因子4E（eukaryotic translation initiation factor 4E）；4E-BP. eIF-4E结合蛋白（eIF-4E binding protein）；MNK. MAP激酶相互作用激酶（MAP kinase-interacting kinase）；Erk1/2. 细胞外信号调节激酶1/2（extracellular signal-regulated kinase 1/2）；MEK1/2. MAPK/ERK激酶1/2（MAPK/ERK kinase 1/2）；MMP. 基质金属蛋白酶（matrix metalloproteinase）；PAI-1. 纤溶酶原激活剂抑制因子-1（plasminogen activator inhibitor-1）；PDGFR-β. 血小板源性生长因子受体β（platelet-derived growth factor receptor-β）；VEGFR2. 血管内皮生长因子受体2（vascular endothelial growth factor receptor 2）；FGFR. 成纤维细胞生长因子受体（fibroblast growth factor receptor）；IGFR. 胰岛素样生长因子（insulin-like growth factor）；EGFR. 表皮生长因子受体（epidermal growth factor receptor）

促进EC分化、增殖和出芽。在胚胎中，这种功能被另一种受体VEGFR1，或称为FLT1所抵消。此外，脉管系统周围的细胞外基质（extracellular matrix，ECM）的成分等因素也可影响血管生成过程。VEGF-A通过选择性剪切产生4个主要的同源异构体，长度分别为121、165、189和206个氨基酸，与硫酸乙酰肝素蛋白多糖（heparan sulfate proteoglycans，HSPG）的亲和力各异。游离分散状态及与HSPG结合的VEGF-A之间达到平衡，形成梯度，促使产生的前驱顶端细胞对血管生成信号做出反应。顶端细胞构成血管生成芽的前缘，并最终通过多步骤的细胞迁移形成血管分支。血管分支首先依据部位特定性的代谢需求进行扩张，随后进一步分支出动脉、毛细血管、静脉和淋巴管，这一过程由Notch-Gridlock、Ephrin-B2/EphB4和Sonic Hedgehog（SHH）信号通路介导。随着血管进一步的成熟和血流动力学的改变,EC分泌血小板源性生长因子（platelet-derived growth factor，PDGF）-B，募集周细胞和VSMC。这些壁层细胞通过表达血管生成素 1（angiopoietin-1，ANG-1）与EC结合，进而引发TGF-β激活和ECM沉积，以稳固新生的血管床。下游的效应分子——包括磷脂酰肌醇3-激酶（phosphatidylinositol3-kinase，PI3K）、Src激酶、局部黏着斑激酶（focal adhesion kinase，FAK）、p38有丝分裂原活化蛋白激酶（p38 mitogen-activated protein kinase，p38 MAPK）、Smad2/3和磷脂酶Cγ（phospholipase Cγ，PLCγ）/Erk1/2，促进内皮细胞存活，增加血管通透性及表达迁移/增殖表型。miRNA对上述信号分子具有正性/负性转录调控作用进而影响出生后的血管生成，如miR-126的缺失造成血管生成障碍和胚胎死亡。

病理和生理性的血管生成在信号转导过程及相应的细胞功能和行为改变上具有许多相似之处，因而可能成为对抗疾病的新策略。然而，关键的区别是，病理性血管生成即使在组织得到充分灌注时也不会终止。这种不受控制的，无序的，不能及时终止的生长阻碍了新型血管生成干扰剂的发展。

第八节　多能特性与分化

胚胎干细胞和诱导多能干细胞可以在培养体系中以未分化状态增殖并可以被诱导分化成特定的细胞类型，为研究细胞特性和早期哺乳动物发育提供了强大的模型系统。探究控制ESC多能性和自我更新的分子机制是理解发育的关键，由于发育缺陷会导致各种疾病，因此对多能细胞控制机制的研究可能会发现这些疾病的新疗法，为再生医学带来巨大的希望。

在人类胚胎干细胞（hESC）中，参与多能性和自我更新的主要信号转导通路包括TGF-β/Smad2/3/4通路和FGFR/MAPK/Akt通路。Wnt通路也参与其中，但是通过平衡转录激活因子TCF1和抑制因子TCF3的非经典途径来调节。

维持ESC多能特性的信号通路主要依赖于三个关键的转录因子：Oct-4、Sox2和Nanog。这些转录因子不仅激活 ESC特异性基因，维持自身基因表达，抑制分化基因，还能作为hESC的标志物。细胞表面糖脂SSEA3/4、糖蛋白TRA-1-60和TRA-1-81也是识别 hESC 的标志物。Oct-4和Nanog在ESC和遗传学实验中独特的表达模式表明其对于建立或维持多能状态是必不可少的。Oct-4在ESC中与Sox2形成异二聚体发挥作用，因而将体细胞重编程为iPSC时，通常需要过表达Oct-4和Sox2。虽然在没有Nanog的情况下ESC也可以增殖，但其对于维持内细胞团的多能性是必需的。Nango与Oct-4及Sox2共同占据ESC基因组的大部分位点，共同构成维持多能性的核心调节回路。

体外可以诱导hESC分化为内胚层、中胚层和外胚层三个初级胚层及原始的生殖细胞样细胞。BMP通路是负责这一过程的主要信号通路之一，该通路利用Smad1/5/9，通过抑制Nanog的表达，以及激活分化特异性基因的表达来促进分化。Notch还通过NICD在分化过程中发挥作用。随着分化的继续，每个初级胚层的细胞进一步沿着谱系特异性途径分化。

（狄　佳）

主要参考文献

Ingham PW，Nakano Y，Seger C，2011．Mechanisms and functions of Hedgehog signalling across the metazoa．Nat Rev Genet，12（6）：393-406.

MacDonald BT，Tamai K，He X，2009．Wnt/beta-catenin signaling：components，mechanisms，and diseases．Dev Cell，17（1）：9-26.

Ng HH，Surani MA，2011．The transcriptional and signalling networks of pluripotency．Nat Cell Biol，13（5）：490-496.

Robinton DA，Daley GQ，2012．The promise of induced pluripotent stem cells in research and therapy．Nature，481（7381）：295-305.

Saito-Diaz K，Chen TW，Wang X，et al，2013．The way Wnt works：components and mechanism．Growth Factors，31（1）：1-31.

Young RA，2011．Control of the embryonic stem cell state．Cell，144（6）：940-954.

Zhao B，Tumaneng K，Guan KL，2011．The Hippo pathway in organ size control，tissue regeneration and stem cell self-renewal．Nat Cell Biol，13（8）：877-883.

第六章 表观遗传学信号

第一节　表观遗传学

表观遗传学是研究不涉及DNA序列改变的、可遗传的基因表达调控方式的遗传学分支领域，即探索从基因演绎为表型的过程和机制的一门新兴学科。传统意义上的遗传信息是指DNA序列所提供的遗传信息，而表观遗传学信息提供了何时、何地、以何种方式去执行DNA遗传信息的指令。

表观遗传学变化会影响基因活性或表达，但不会以任何方式改变DNA序列。组蛋白和DNA会通过以下一系列蛋白出现表观遗传修饰或标记：①通过添加表观遗传标记来诱导变化（写入蛋白）；②通过移除表观遗传标记来改变现有状态（擦除蛋白），或对特定表观遗传标记有反应（读取蛋白）。表观遗传修饰包括甲基化、乙酰化、磷酸化和泛素化等。

第二节　DNA甲基化

DNA甲基化是最早被发现、也是研究最深入的表观遗传调控机制之一。广义上的DNA甲基化是指DNA序列上特定的碱基在DNA甲基转移酶（DNA methyltransferase，DNMT）的催化作用下，以*S*-腺苷甲硫氨酸（*S*-adenosyl methionine，SAM）作为甲基供体，通过共价键结合的方式获得一个甲基基团的化学修饰过程。这种DNA甲基化修饰可以发生在胞嘧啶的C-5位、腺嘌呤的N-6位及鸟嘌呤的G-7位等位点。一般研究中所涉及的DNA甲基化主要是指发生在CpG二核苷酸中胞嘧啶上第5位碳原子的甲基化过程，其产物称为5-甲基胞嘧啶（5-methylcytosine，5-mC），是植物、动物等真核生物DNA甲基化的主要形式，也是发现的哺乳动物DNA甲基化的唯一形式。DNA甲基化作为一种相对稳定的修饰状态，在DNA甲基转移酶的作用下，可随DNA的复制过程遗传给新生的子代DNA（图6-1），是一种重要的表观遗传机制。

一、DNA甲基化的写入蛋白

DNA甲基化的写入蛋白被称为DNA甲基转移酶（DNMT）。DNMT1是DNA甲基转移酶家族的成员，在增殖细胞中表达，负责在DNA复制过程中在新产生的子DNA链中复制甲基化模式。虽然在成年体细胞组织中的表达降低，但甲基化在早期胚胎发育期间显著表达，并且被认为是由写入蛋白DNMT3A和DNMTB在基因组的核小体缺失区域进行的。DNMT3L有助于靶向和调节DNMT3A/B功能，并在从头甲基化中发挥作用。

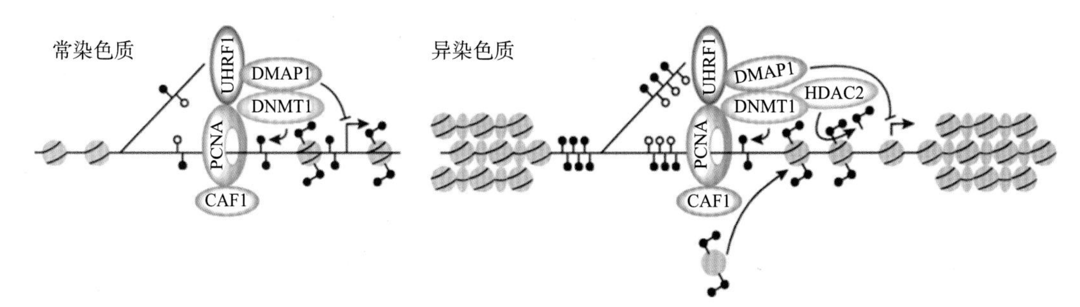

图6-1 DNA扩增过程中甲基化的维持

PCNA. 增殖细胞核抗原（proliferating cell nuclear antigen）; CAF1. 染色质组装因子1（chromatin assembly factor-1）; UHRF1. 泛素样含PHD和环指域1（ubiquitin-like proteun containing PHD and ring finger domain 1）; DMAP. DNA甲基转移酶1结合蛋白1（DNA methyltransferase 1-associated protein 1）; DNMT1. DNA甲基转移酶1（DNA methyltransferase 1）; HDAC2. 组蛋白脱乙酰酶2（histone deacetylase 2）

DNMT3L是DNMT3A/B的非催化同源物，有助于它们与靶DNA的结合。其他蛋白质，如增殖细胞核抗原（proliferating cell nuclear antigen，PCNA）、泛素样含PHD和环指域1（ubiquitin-like proteun containing PHD and ring finger domains1，UHRF1）、DNA甲基转移酶1结合蛋白1（DNA methyltransferase 1-associated protein 1，DMAP1）、DNMT3L和组蛋白脱乙酰酶（histone deacetylase，HDAC），可将DNMT蛋白靶向基因组的适当区域，调节其甲基转移酶活性，并协调额外的表观遗传标记与DNA甲基化。

通常，与基因组的其他部分相比，正常细胞中的CpG岛（胞嘧啶-鸟嘌呤核苷酸出现频率>50%的区域）是低甲基化的。然而，肿瘤抑制基因启动子区域内癌细胞中的CpG岛被DNMT高度甲基化，DNMT通常在癌症中过度表达，因此通过降低肿瘤抑制来增加致瘤性。CpG岛的高度甲基化会破坏CCCTC结合因子（CCCTC binding factor，CTCF）蛋白的结合，导致关键绝缘体区域的丢失和随后癌基因的激活。DNMT1、DNMT3A和DNMT3B在许多癌症中过度表达，包括急性和慢性髓系白血病，以及结肠癌、乳腺癌和胃癌。基因体和DNA基因间区域的低甲基化也与癌症的发生相关，并可能有助于癌症的发生。

二、DNA甲基化的擦除蛋白

5-甲基胞嘧啶（5-mC）是由DNMT3A和DNTM3B从头编写并由DNTM1维持的抑制性标记，最初被认为在DNA复制过程中被被动耗尽。然而，随后的研究表明，10-11易位（ten-eleven-translocation，TET）家族的擦除蛋白催化甲基化胞嘧啶的氧化。这是通过TET1、TET2或TET3介导的5-mC顺序氧化为5-羟甲基胞嘧啶（5-hydroxymethylcytosine，5-hmC）、5-甲酰胞嘧啶（5-formylcytosine，5-fC）和5-羧基胞嘧啶（5-carboxylcytosine，5-caC）而实现的。5-fC和5-caC是瞬时中间体，通常通过胸腺嘧啶DNA糖苷酶（thymine DNA glycosylase，TDG）依赖的碱基切除修复（base excision repair，BER）切除。相比之下，越来越多的研究表明，5-hmC是一种独特的表观遗传学标记，在启动子区域富集，能够与甲基CpG结合蛋白2（methyl-CpG-binding protein 2，MeCP2）相互作用，并在大脑发育过程中表现出越来越高的水平；5-hmCad

H3K9和H3K27三甲基化之间的负相关证明了5-hmC在基因激活中起作用。此外，CpG岛的去甲基化通过允许转录因子和CTCF蛋白与DNA结合，积极调节基因激活和CTCF绝缘体功能。

虽然低水平的5-hmC与包括髓系白血病和黑色素瘤在内的癌症有关，但TET2是髓系增生异常综合征中最常见的突变基因。因此，DNA甲基化标记有助于诊断和判断某些癌症的预后，包括前列腺癌、黑色素瘤和口腔鳞状细胞癌。

三、DNA甲基化的读取蛋白

在发育过程中发生的从头甲基化模式可以被甲基CpG结合域蛋白（methyl-CpG-binding domain protein，MBD）家族的成员识别和读取。特别是，MeCP2、MBD1和MBD2/4读卡器通过读取甲基化标记和招募DNMT1和HDAC1、HDAC2等蛋白，建立并维持转录不活跃的染色质区域。核小体重塑和组蛋白去乙酰化（NuRD）共同阻遏物复合物包含MBD2和MBD3以及HDAC1和HDAC2。从头甲基化在维持基因组印迹和沉默某些转座因子方面很重要。重要的是，大脑中大量存在的MeCP2突变与雷特综合征有关。

第三节　组蛋白甲基化

组蛋白能维持DNA结构、保护遗传信息和调控基因表达。组蛋白氨基末端（N端）结构域伸出核小体，可同其他调节蛋白和DNA发生相互作用。组蛋白修饰有甲基化、磷酸化、乙酰化、巴豆酰化、泛素化、糖基化、ADP核糖基化等。组蛋白修饰失衡可导致肿瘤发生发展，且组蛋白H3和H4残基甲基化和乙酰化的丧失已被证实是肿瘤细胞的标志物。

组蛋白甲基化（histone methylation）是发生在H3和H4组蛋白氨基末端赖氨酸（K）或精氨酸（S）残基上的甲基化，其功能是在形成和维持异染色质的结构、基因组印迹、DNA修复、X染色体的失活和转录等调控方面。组蛋白甲基化过程主要由组蛋白甲基转移酶（histone methyltransferase，HMT）催化，而HMT又可分为组蛋白赖氨酸甲基转移酶（histone lysine methyltransferase，HKMT）和组蛋白精氨酸甲基转移酶（protein arginine methyltransferase，PRMT）。组蛋白去甲基化酶，大致分为赖氨酸特异性去甲基化酶（lysine-specific demethylase，LSD）家族和JmjC结构域家族（JmjC domain-containing family，JMJD）两个家族。LSD1能特异性地去除组蛋白H3赖氨酸（H3K）4和H3K9的单双甲基化修饰，而JmiC家族能去除赖氨酸三甲基化的修饰。H3K4、H3K9、H3K27、H3K36、H3K79和H4赖氨酸（H4K）的20位点可被甲基化，其中组蛋白H3K4和H3K9是常见的两个修饰位点。赖氨酸残基可以发生单、双或三甲基化修饰，而精氨酸残基则只发生单和双甲基化修饰（对称或不对称）。

在转录激活（H3K4、K36、K79）和沉默（H3K9、K27、H4K20）中都涉及赖氨酸甲基化。甲基化程度与不同的转录效应相关。例如，在激活基因的主体上能观察到H4K20单甲基化（H4K20 monomethyation，H4K20me1），而H4K20三甲基化（H4K20 trimethylation，H4K20me3）则属于基因抑制和压缩的基因组区域。就DNA序列而言，基因调控也受到甲基化的赖氨酸残基位置的影响。例如，位于启动子区域的H3K9me3与基因抑制相关，而某些诱导基因的基因主体含有H3K9me3。因为这一修饰是不带电且具有化学惰性的，所以这些修饰的影响是通过其他带有结合基序的蛋白识别产生的。赖氨酸甲基化协调了染色质修饰酶的聚集。染色质结构域（如在HP1、PRC1中发现）、PHD指结构域（如在BPTF、ING2、SMCX/KDM5C中发现）、Tudor结构域（如在53BP1和JMJD2A/KDM4A中发现）、PWWP结构域（如在ZMYND11中发现）和WD40结构域（如在WDR5中发现）都属于不断增多的甲基赖氨酸结合域，这些结合域主要是在组蛋白甲基转移酶、去乙酰酶、甲基化酶、去甲基酶以及ATP依赖性染色质重塑酶中发现的。赖氨酸甲基化为这些酶提供了结合表位，这些酶可调控染色质凝聚、核小体迁移、转录激活及抑制，以及DNA修复和复制。此外，对于可与未甲基化的组蛋白发生相互作用的蛋白质，赖氨酸甲基化可阻止与此种蛋白质的结合，甲基化也可直接抑制对邻近残基的其他调控修饰的催化作用。

组蛋白甲基化对于发育过程中基因组的正确编程至关重要，而甲基化机制的错误调节会导致癌症等疾病状态。事实上，癌症基因组分析已经发现了H3K27和H3K36中的赖氨酸突变。因此，随着对这些酶的发现、修饰对基因组和疾病相关突变的影响的逐步认识，一个全新的治疗和生物标志物空间正在出现。

第四节　蛋白乙酰化

一、乙酰化修饰

赖氨酸乙酰化是一种可逆的翻译后修饰，在调节蛋白质功能、染色质结构和基因表达中起着至关重要的作用。许多转录共激活因子具有内在的乙酰化酶活性，而转录辅抑制因子与脱乙酰酶活性相关。乙酰化复合物（如CBP/p300和PCAF）或去乙酰化复合物（如Sin3、NuRD、NcoR和SMRT）被招募到DNA结合转录因子区域（DNA-bound transcription factors，TF）以响应信号通路。

二、组蛋白的乙酰化与去乙酰化

组蛋白乙酰转移酶（histone acetyltransferase，HAT）引起的组蛋白高乙酰化与转录激活有关，而组蛋白脱乙酰酶（histone deacetylase，HDAC）引起的组蛋白去乙酰化与转录抑制有关（图6-2）。组蛋白乙酰化通过重塑高级染色质结构、削弱组蛋白-DNA相互作用以及为含有具有结合乙酰化赖氨酸的溴结构域的蛋白质的转录激活复合物提供结合位点来刺激转录。组蛋白去乙酰化通过一种反向机制抑制转录，该机制涉及紧凑的高级染色质的组装和含溴结构域的转录激活复合物的排除。

组蛋白低乙酰化是沉默异染色质的标志。越来越多的非组蛋白的位点特异性乙酰化已被证明可以调节它们的活性、定位、特异性相互作用和稳定性/降解。值得注意的是，质谱技术的最新进展允许对所有蛋白质组中的大多数乙酰化位点进行高分辨率映射。这些研究表明，“乙酰组”在约1750种蛋白质中包含近3600个乙酰化位点，这种修饰是自然界中最丰富的化学修饰之一。事实上，该标记似乎可以影响蛋白质在多种生物过程中的活性，包括染色质重塑、细胞周期、剪接、核转运、线粒体生物学和肌动蛋白成核。在有机体水平上，乙酰化在免疫、昼夜节律和记忆形成中起着重要作用。蛋白质乙酰化正在成为针对多种疾病的药物设计的有利目标。

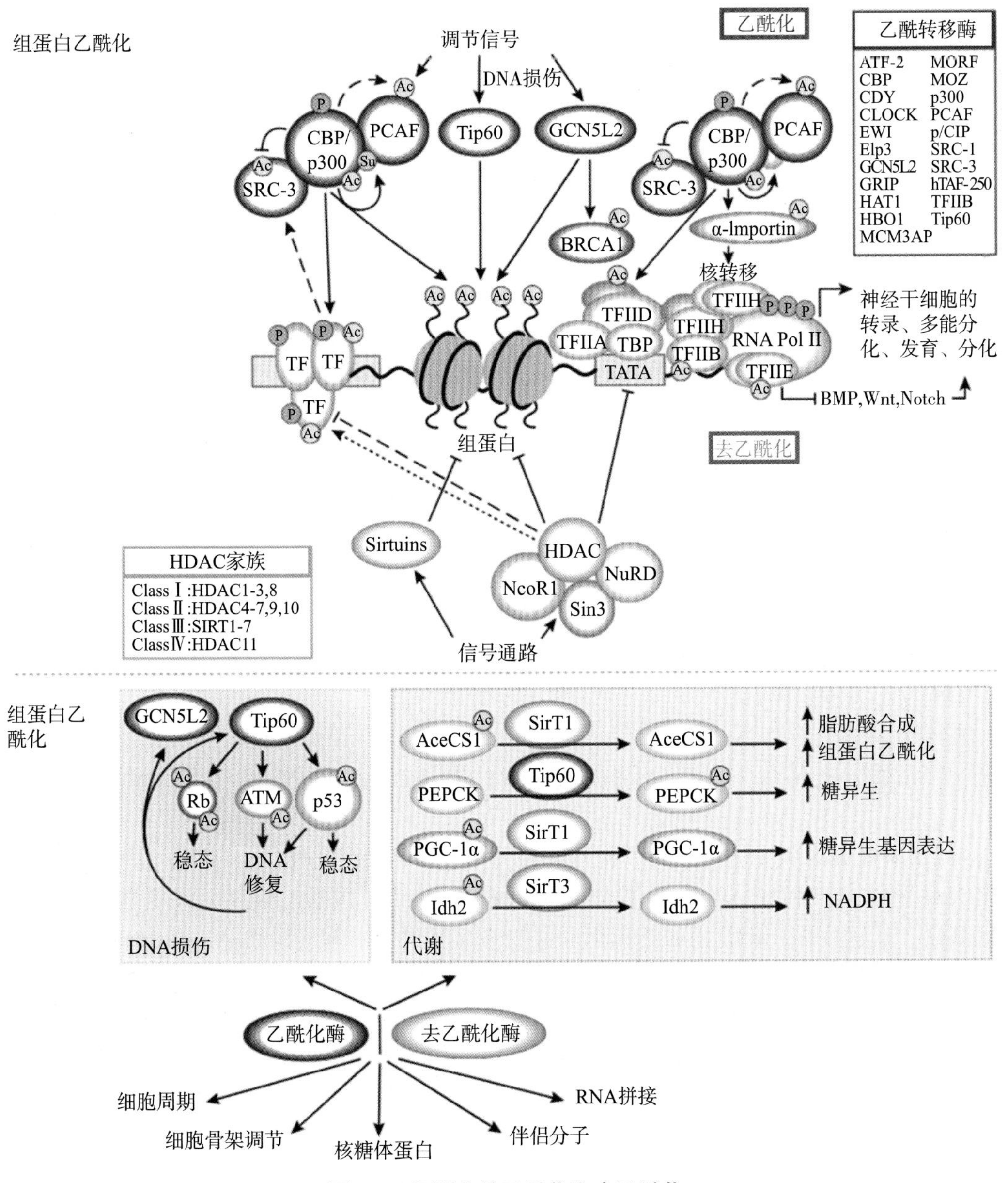

图6-2　组蛋白的乙酰化和去乙酰化

SRC-3. 类固醇受体共激活剂 3（steroid receptor coactivator 3）；CBP/p300. 环磷酸腺苷反应元件结合蛋白的结合蛋白 / 腺病毒 E1A 相关的 300kDa 蛋白；PCAF. CBP/p300 相关因子（p300/CBP-associated factor，p300/CBP and p300/CBP-associated factor）；Tip60. Tat 相互作用蛋白（Tat interactive protein，60 ku）；GCN5L2. 对氨基酸合成酵母同源物样 2；BRCA1. 乳腺癌易感蛋白；α-Importin. 接头蛋白 α；TF. 转录因子（transcription factor）；TBP.TATA 结合蛋白（TATA-binding protein）；NcoR1. 核受体辅助抑制因子；HDAC. 组蛋白去乙酰化酶（histone deacetylase）；NuRD. 核小体重构和组蛋白去乙酰化酶；AceCS1. 乙酰辅酶 A 合成酶；PEPCK. 磷酸烯醇式丙酮酸羧激酶；PGC-1α. PPARγ 共激活因子 -1α；Idh2. 异柠檬酸脱氢酶 2

第五节 翻译后修饰的相互作用

翻译后修饰（post-translational modification，PTM）是指蛋白质在翻译后的化学修饰。翻译后修饰（如甲基化、乙酰化、磷酸化、苏木酰化等）的发现和研究已经确定了翻译后修饰的核和非核作用。

随着对PTM的认识，越来越多的研究集中在它们的功能上。近年来，人们对修饰的多样性有着深入的理解，但最重要的是它们之间的相互作用。这种相互作用对于适当的基因表达、细胞分裂和DNA损伤反应至关重要。

PTM可以通过修饰组蛋白、修饰酶及其相关活性、组装蛋白质复合物，以及识别和靶向基因组来直接影响细胞功能。在单一修饰和基因表达的背景下，某些赖氨酸（如组蛋白3赖氨酸）的乙酰化与活化相关，而同一残基的三甲基化通常与基因抑制有关。在赖氨酸甲基化的情况下，赖氨酸可以是单甲基化、二甲基化或三甲基化的；而精氨酸可以以不对称或对称的方式单甲基化或二甲基化。大多数PTM不会单独存在于染色质环境中，这些状态的组合可以相互加强。例如，一个PTM可以作为一种蛋白质中称为“阅读器”的结合域的对接位点，而同一蛋白质中的另一个“阅读器”可以识别另一个残基。读取蛋白BPTF就是这种情况，它可以结合H3K4me3和H4K16乙酰化。

由于这些原因，细胞已经开发出一系列对建立和维持这些PTM很重要的酶，这些酶通常被称为“写入器”（如组蛋白甲基转移酶、乙酰转移酶等）或“擦除器”（如组蛋白去甲基化酶、去乙酰化酶等）。其中，许多酶已成为关键的治疗靶点，并已被确定为癌症等疾病的关键调节因子。这些观察结果也使它们相关的翻译后修饰成为癌症和其他疾病生物标志物的候选者。

第六节 组蛋白H2A、H2B和H4的修饰与调控

5个组蛋白家族（H1～H5）分为两大类：核心组蛋白（H2A、H2B、H3和H4）和接头组蛋白（H1和H5）。组蛋白经历大量翻译后修饰，包括乙酰化、赖氨酸和精氨酸甲基化、瓜氨酸化、磷酸化和泛素化。这些修饰起到核小体结构和稳定性调节以及染色质结合蛋白募集的作用。

不同类型的酶，称为写入器、读取器和擦除器，可与组蛋白相互作用以影响染色质结构和转录。其中，写入器是添加PTM的酶，而擦除器是去除PTM的酶。读取器与PTM结合并发挥调节染色质结构和基因表达变化的作用。这里着重讨论组蛋白H2A、H2B和组蛋白H4的写入器和擦除器，以及它们修饰的氨基酸残基。

组蛋白乙酰转移酶（HAT）是乙酰化赖氨酸残基的酶，包括组蛋白H2ALys5、H2BLys5、H2BLys12、H2BLys15、H2BLys20和H4Lys5、H4Lys8、H4Lys12、H4Lys16。相反，这些残基的去乙酰化由称为组蛋白的擦除器脱乙酰酶（HDAC）进行。赖氨酸残基的乙酰化中和组蛋白上的正电荷，使DNA结合蛋白更好地接近DNA并促进基因表达的激活。此外，乙酰化为含有溴结构域和YEAT结构域的读取蛋白创建了结合位点。

组蛋白赖氨酸甲基转移酶（histone lysine methyltransferases，KMT）是向赖氨酸残基添加甲基基团的写入器，可通过称为组蛋白赖氨酸去甲基化酶（KDM）的擦除器去除。例如，组蛋白H4Lys20可以是单甲基化、二甲基化或三甲基化的，并且每种甲基化状态都有不同的功能。与乙酰化不同，甲基化不影响组蛋白电荷；相反，它通过对转录非常重要的染色质结合蛋白来调节识别和相互作用。此外，精氨酸残基，包括H2AArg3、H2BArg11和H4Arg3可以被称为组蛋白精氨酸甲基转移酶（PRMT）的写入蛋白单甲基化或二甲基化（对称和不对称），从而导致基因激活或抑制。甲基-精氨酸残基可以通过蛋白质-精氨酸脱氨酶（protein-arginine deaminase，PADI）蛋白转化为瓜氨酸。赖氨酸和精氨酸残基的甲基化为包含染色质结构域、MBT结构域、Tudor结构域、WD40结构域和PHD指状结构的创建了结合位点。

多种激酶和磷酸酶可以分别磷酸化和去磷酸化组蛋白上的丝氨酸、苏氨酸和酪氨酸残基。磷酸化残基往往集中在组蛋白尾部的氨基末端，与乙酰化一样，减少组蛋白的正电荷。此外，磷酸化残基可为含有14-3-3结构域的阅读器蛋白生成结合位点，或用于掩盖其他阅读蛋白的结合位点。此外，磷酸化组蛋白残基与有丝分裂和减数分裂期间的染色体凝聚高度相关。

最后，当76个氨基酸的泛素小分子通过称为E1激活酶、E2结合酶和E3连接酶的3种特殊酶连接到赖氨酸残基时，就会发生组蛋白泛素化。泛素化标记可以激活或抑制转录。例如，两个突出的泛素化位点是H2ALys119和H2BLys120。多梳抑制物复合物1（polycomb repressor complex1，PRC1）对Lys119残基的H2A单泛素化导致基因沉默，而RNF20/40复合物对Lys120残基的H2B泛素化导致转录激活。

第七节　组蛋白H3的表观遗传学修饰和调控

表观遗传调节蛋白通过控制DNA序列对复制、转录、DNA修复、重组和染色体分离机制的可用性在基因表达的调节中发挥关键作用。表观遗传调控包括通过多类酶（称为写入器和擦除器）对组蛋白内的氨基酸残基进行翻译后修饰。在这里，我们专注于组蛋白H3中的PTM，它们在染色质结构和基因表达的调节中起关键作用。组蛋白H3被大量PTM修饰，包括乙酰化、甲基化和磷酸化。这些翻译后修饰可以出现在组蛋白H3的不同残基上，并调节各种过程，包括核组织、染色质结构和染色质结合蛋白（称为阅读器）的募集。

赖氨酸残基的乙酰化由组蛋白赖氨酸乙酰转移酶介导，并被组蛋白去乙酰化酶去除。组蛋白H3上的乙酰化赖氨酸残基包括Lys4、Lys9、Lys14、Lys18、Lys23、Lys27、Lys36和Lys56。乙酰化中和组蛋白H3上的正电荷，使DNA结合蛋白更好地接近DNA，从而激活基因表达。此外，乙酰化赖氨酸残基为含有溴结构域和YEATS结构域的阅读蛋白生成结合结构域。

组蛋白赖氨酸甲基化由赖氨酸甲基转移酶（KMT）介导，并被赖氨酸去甲基化酶（KDM）去除。组蛋白H3上的甲基化赖氨酸残基包括Lys4、Lys9、Lys27、Lys36和Lys79。每个赖氨酸残基可以是单甲基化、二甲基化或三甲基化的，并且每种甲基化状态似乎具有不同的功能。甲基化不影响组蛋白电荷；相反，它能够调节阅读蛋白及其相关蛋白复合物的结合。例如，多梳抑制复合物2（PRC2）对Lys27上的组蛋白H3的三甲基化（H3K27me3）产生了PRC1复合物的结合位点，这两者都可以产生抑制转录的致密染色质。或者，H3K4me3是由多个阅读蛋白结合的标记，这些阅读蛋白具有激活转录的功能。甲基赖氨酸残基为包含染色质结构域、MBT结构域、WD40结构域和PHD指状结构的阅读器蛋白提供结合结构域。

精氨酸残基，包括Arg2、Arg17和Arg26，可以被PRMT单甲基化或二甲基化（对称或不对称），从而导致基因激活或抑制。此外，甲基精氨酸残基可以通过PADI蛋白转化为瓜氨酸。精氨酸残基的甲基化为包含Tudor结构域、PHD指和WD40结构域的阅读蛋白创建了结合位点。

最后，组蛋白H3在丝氨酸、苏氨酸和酪氨酸残基上被激酶磷酸化，并可被磷酸酶去磷酸化。磷酸化残基倾向于集中在组蛋白H3的氨基末端尾部，并且像乙酰化一样，减少组蛋白的正电荷。此外，磷酸化残基可以为含有14-3-3结构域的读取蛋白生成结合位点，或起到掩盖其他读取蛋白结合位点的作用（如与H3K9Me3结合的HP1染色质结构域蛋白被H3S10Phos阻断）。组蛋白H3 Ser10以及Thr3、Thr11和Ser28的磷酸化主要与有丝分裂和减数分裂期间的染色体凝聚有关。特别是，Ser10的磷酸化经常被用作细胞有丝分裂的标志物。然而，Ser10和Ser28磷酸化也在转录激活中起次要作用，特别是在早期基因中。

第八节　ATP依赖的染色质重塑

在转录、DNA复制和修复过程中，染色质结构不断被修改以暴露特定的遗传区域并允许DNA相互作用酶进入DNA。ATP依赖性染色质重塑复合物利用ATP水解的能量通过重新定位、组装、动员和重组核小体来改变染色质结构。这些复合物的定义是存在一种保守的SNF2样催化ATP酶亚基，该亚基属于以下四个家族之一：SWI/SNF、CHD/Mi-2、ISWI/SNF2L和INO80。ATP依赖性染色质重塑剂在发育、癌症和干细胞生物学中发挥着关键作用。

哺乳动物开关/蔗糖非发酵（switch/sucrose non-fermenting，SWI/SNF）家族，也称为BAF复合物（Brg/Brm相关因子），被认为能通过改变核小体定位和结构来调节基因表达。SWI/SNF复合物中的ATP酶亚基是BRM或BRG1；这些分子还包含允许与乙酰化赖氨酸残基结合的溴结构域。BAF复合物存在于多种细胞特异性和最近确定的疾病特异性异质构型中，每个构型总共包含12～14个亚基，这些亚基通常包括核心亚基BRM或BRG1、BAF170、BAF155和BAF47（也称为hSNF5）。在决定细胞命运的过程中，构型会发生变化；包括胚胎干细胞中的esBAF、神经前体细胞中的npBAF和有丝分裂后神经元中的nBAF，每种细胞都含有特定的亚单位成分。编码BAF复合物成分的基因在超过20%的人类癌症中发生突变，并已跃居激烈抗癌努力的前沿。

三磷酸腺苷酶的色域螺旋酶DNA结合蛋白（CHD）家族的特征是一个特征性的色域，该色域诱导与甲基化赖氨酸残基结合。该家族中的ATP酶亚单位包括CHD1-9。然而，CHD3和CHD4由于在核小体重塑和组蛋白脱乙酰酶（nucleosome remodeling and deacetylase，NuRD）复合物中的作用而具有最广泛的特征。大型、多亚单位NuRD复合物包含HDAC1和HDAC2，并结合ATP依赖的染色质重塑和组蛋白脱乙酰酶活性，以控制胚胎发育和癌症期间的转录激活和抑制。

模仿开关（imitation switch，ISWI）家族控制核小体的滑动和间距。ISWI复合物中的催化ATP酶是SNF2L或SNF2H，它们与1 ～ 3个辅助亚基组装形成7个独特的复合物。该家族的创始成员核小体重塑因子（nucleosome remodeling factor，NuRF）含有SNF2L，对发育过程中的基因激活至关重要。

人类INO80家族中的ATP酶包括INO80、Tip60和SRCAP，它们组装成大的多亚基复合物，负责将变体组蛋白交换成染色质结构。人类INO80通过驱逐核小体帮助修复双链断裂，从而允许修复因子进入DNA。

第九节　核受体信号

核受体超家族是配体激活的转录因子，在细胞分化/发育、增殖和代谢中发挥多种作用，并与癌症、心血管疾病、炎症和生殖异常等多种病理相关。该家族的成员包含一个氨基末端反式激活结构域、一个高度保守的中央区域锌指DNA结合结构域和一个羧基末端配体结合结构域。与其相关核受体结合的配体导致靶组织内特定基因的反式激活。

除了配体结合之外，核受体活性可以通过许多生长因子和细胞因子信号级联的作用来调节，这些级联会导致受体磷酸化或其他翻译后修饰，通常在氨基末端反式激活结构域内。例如，雌激素受体在影响受体活性的多个丝氨酸残基上被磷酸化。Ser118可能是转录调节激酶CDK7的底物，而Ser167可能被p90RSK和Akt磷酸化。Ser167的磷酸化可能使乳腺癌患者对他莫昔芬产生耐药性。

Ⅰ型核受体（图6-3），也称为类固醇受体，包括雌激素受体、雄激素受体、孕激素受体、盐皮质激素受体和糖皮质激素受体。这类受体的类固醇激素配体从各自的内分泌腺通过与类固醇结合球蛋白结合进入血液。一些Ⅰ型核受体在与细胞质区室中各自的配体结合后部分被激活。配体-受体复合物从热激蛋白90（heat shock protein 90，HSP90）解离并进入细胞核，在此同源二聚化并与靶基因启动子内的激素反应元件结合。受体反式激活结构域负责启动子与共激活因子（如乙酰转移酶）和一般转录机制的相互作用，从而导致转录激活。

Ⅱ型非类固醇受体（图6-3）包括甲状腺激素受体（thyroid hormone receptor，TRα和TRβ）、视黄酸受体（retinoic acid receptor，RARα、RARβ和RARγ）、维生素D受体（vitamin D receptor，VDR）和过氧化物酶体增殖物激活受体（peroxisome proliferator-activated receptor，PPARα、PPARβ和PPARγ）。这个家族的成员与类视黄醇X受体（retinoid X receptor，RXR）形成异源二聚体。在配体结合之前，受体异二聚体作为组蛋白去乙酰化酶和其他共同抑制剂复合物的一部分位于细胞核中，这些复合物使目标DNA保持紧密的构象，配体结合导致辅阻遏物分离、染色质去抑制和转录激活。

孤儿受体（图6-3）是内源性配体尚未确定的核受体。结构研究表明，一些孤儿受体可能不会与配体结合。这类核受体包括小异二聚体伴侣（small heterodimer partner，SHP）、反向定向c-ErbA（reverse orientation c-ErbA，Rev Erbα和Rev Erbβ）、睾丸受

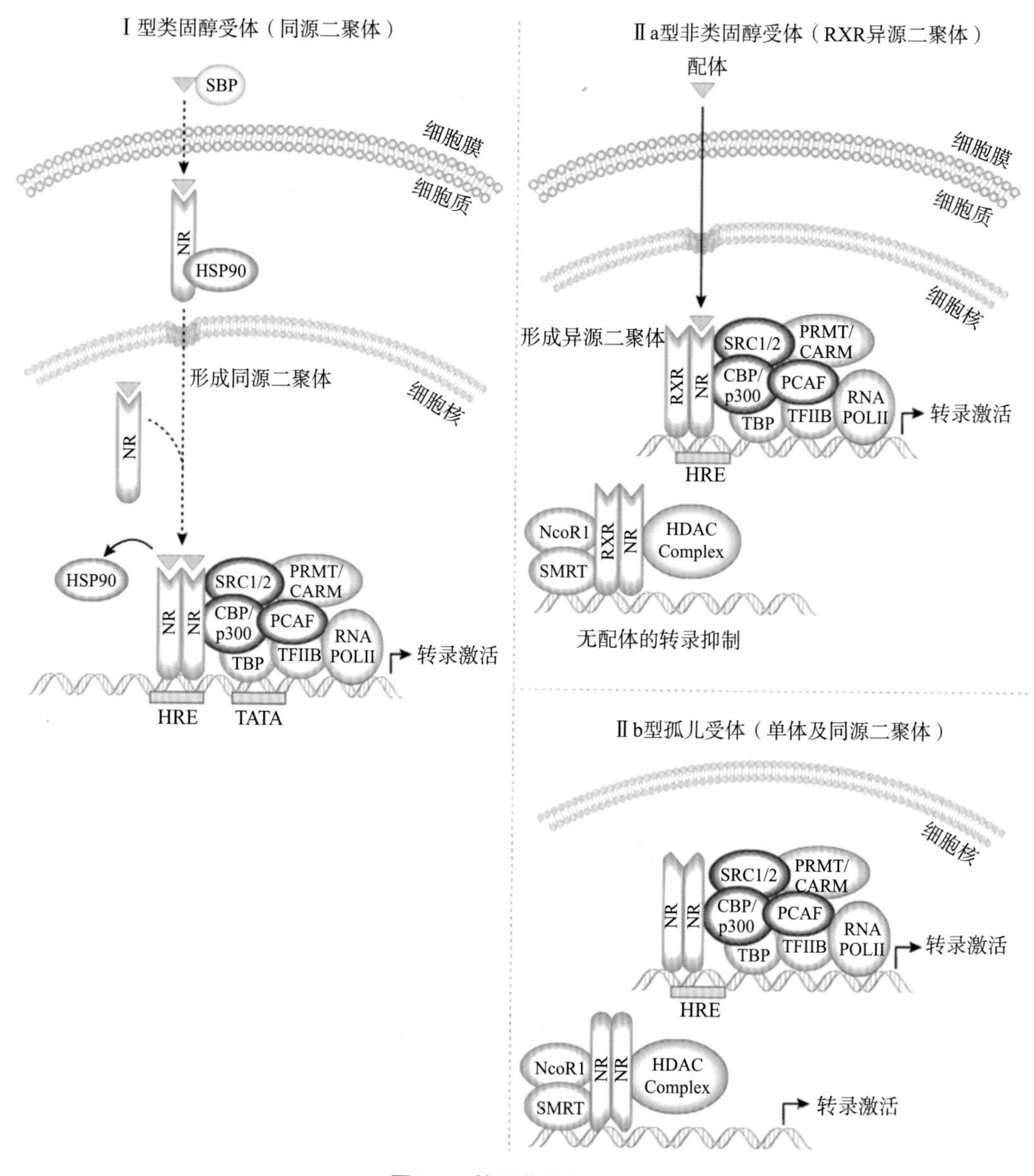

图6-3　核受体信号通路

SBP. TATA 结合蛋白；SRC1/2. 类固醇受体共激活剂 1/2（Steroid receptor coactivator 1/2）；CBP/p300. 环磷酸腺苷反应元件结合蛋白的结合蛋白 / 腺病毒 E1A 相关的 300kDa 蛋白；PCAF. CBP/p300 相关因子（p300/CBP-associated factor）；TBP. TATA 相关蛋白（TATA-binding protein）；PRMT/CARM. 蛋白精氨酸 *N*- 甲基转移酶；TF Ⅱ B. 转录因子Ⅱ B；NcoR1. 核受体辅助抑制因子 1；SMRT. 视黄酸和甲状腺激素受体的沉默介质；RXR. 类视黄醇 X 受体；HDAC Complex. 组蛋白脱乙酰酶复合体；RNA POL Ⅱ .RNA 聚合酶Ⅱ

体2和4（testicular receptor，TR2和TR4）、无尾同源孤儿受体（tailless homolog orphan receptor，TLX）、光感受器特异性NR（photoreceptor-specific NR，PNR）、鸡卵清蛋白上游启动子转录因子1和2（chicken ovalbumin upstream promoter transcription factor 1 and 2，COUP-TF1和COUP-TF2）、Nur77、Nur相关蛋白1（Nur-related protein 1，NURR1）、神经元衍生孤儿受体1（neuron-derived orphan receptor 1，NOR1）、雌激素相关受体

（estrogen-related receptor，ERRα、ERRβ和ERRγ）和生殖细胞核因子（germ cell nuclear factor，GCNF）。这些受体中的大多数以单体或同源二聚体的形式与目标DNA元件结合，并招募染色质修饰辅激活子和转录机制来调节转录。Nur77和NURR1也可以与RXR形成异源二聚体，并且这些异源二聚体能够响应RXR配体来调节转录。

（骆 静）

主要参考文献

Ahmadian M，Suh JM，Hah N，et al，2013．PPARgamma signaling and metabolism：the good，the bad and the future．Nat Med，19（5）：557-566．

Choudhary C，Kumar C，Gnad F，et al，2009．Lysine acetylation targets protein complexes and co-regulates major cellular functions．Science，325（5942）：834-840．

Kadoch C，Crabtree GR，2015．Mammalian SWI/SNF chromatin remodeling complexes and cancer：Mechanistic insights gained from human genomics．Sci Adv，1（5）：e1500447．

Kooistra SM，Helin K，2012．Molecular mechanisms and potential functions of histone demethylases．Nat Rev Mol Cell Biol，13（5）：297-311．

Wu X，Zhang Y，2017．TET-mediated active DNA demethylation：mechanism，function and beyond．Nat Rev Genet，18（9）：517-534．

Yang XJ，Seto E，2008．Lysine acetylation：codified crosstalk with other posttranslational modifications．Mol Cell，31（4）：449-461．

第七章 G蛋白偶联受体/钙离子/cAMP

G蛋白偶联受体（G protein-coupled receptor，GPCR）构成人体中最庞大的膜蛋白家族。大部分GPCR包含一条由300～400个氨基酸组成的多肽链，少数GPCR的多肽链包含多达1100个单位的氨基酸。

GPCR的共同点是其立体结构中都有7个跨膜α螺旋，且其肽链的羧基端和连接（从肽链氨基端数起）第5和第6个跨膜螺旋的胞内环（第三个胞内环）上都有G蛋白（鸟苷酸结合蛋白）的结合位点。目前为止，GPCR只被发现存在于真核生物之中，而且参与了很多细胞信号转导过程。在这些过程中，GPCR能结合细胞周围环境中的化学物质并激活细胞内的一系列信号通路，最终引起细胞状态的改变。已知GPCR结合的配体包括气味、信息素、激素、神经递质、趋化因子等。这些配体可以是小分子的糖类、脂质、多肽，也可以是蛋白质等生物大分子。一些特殊的GPCR也可以被非化学性的刺激源激活，如在感光细胞中的视紫红质可以被特定波长的光激活。与GPCR相关的疾病为数众多，如阿尔茨海默病、帕金森病、侏儒症、色盲及哮喘等，并且约40%的现代药物都以GPCR作为靶点。

第一节 G蛋白偶联受体的结构

GPCR的肽链统一呈α螺旋状，且羧基端（G蛋白结合域）冲向膜内，氨基端（配体结合域）冲向膜外。GPCR最显著的特征在于其肽链复杂的跨膜性——蜿蜒曲折、前前后后跨越细胞膜七次，构成七个α螺旋束，而这7束α螺旋有时也会成为配体结合域（图7-1）。

一个G蛋白由α、β与γ三个亚基构成。如图7-2所示，α亚基为紫色，β亚基为青蓝色，γ亚基为深蓝色。红色部分是β_2肾上腺素能受体。可见下面一整张图中，只有红色部分才是受体的部分。我们可以想象红色部分跨越了细胞膜，而其余的部分则在细胞膜内。α 和γ亚基通过共价结合的脂肪酸链尾结合在膜上，G蛋白在信号转导过程中起着分子开关的作用，当α亚基与GDP结合时处于关闭状态，与GTP结合时处于开启状态，α亚基具有GTP酶活性，能催化所结合的ATP水解，恢复无活性的三聚体状态，其GTP酶的活性能被G蛋白信号调节因子（regulator of G protein signaling，RGS）增强。RGS也属于GTP酶活化蛋白（GTPase activating protein，GAP）。

早期关于GPCR结构的模型是基于其与细菌视紫红质（bacteriorhodopsin）之间微弱的相似关系模拟的，其中后者的结构已由电子衍射和X射线晶体衍射实验所获得。2000年，第一个哺乳动物GPCR——牛视紫红质的晶体结构（PDB1F88）被解出。2007年，第一个人类GPCR的结构（PDB2R4R和PDB2R4S）被解出。随后不久，同一个受体的

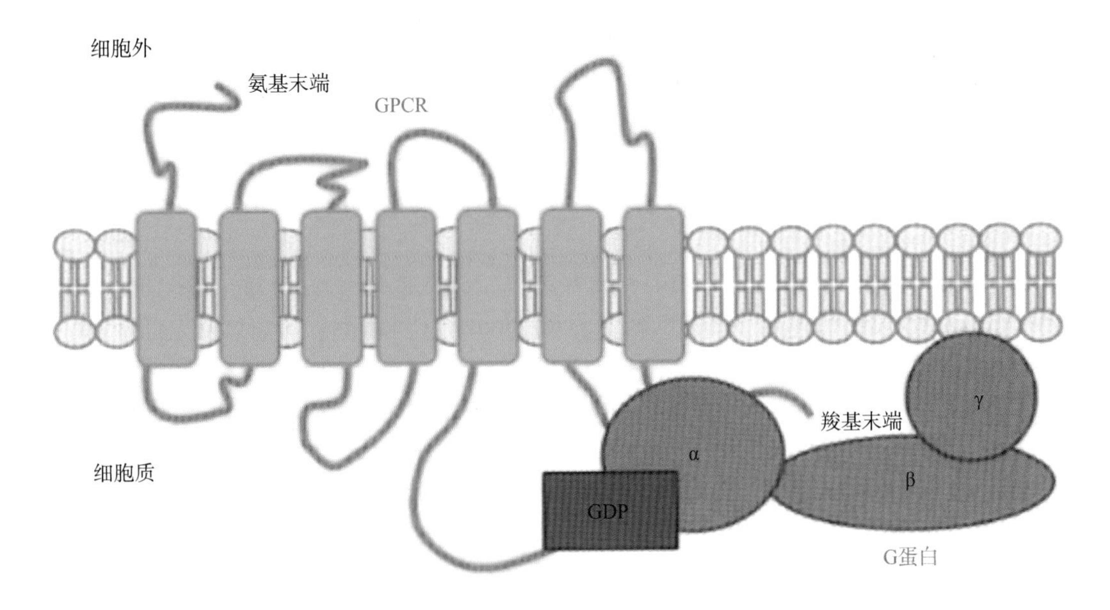

图7-1　G蛋白偶联受体的结构

GDP. 二磷酸鸟苷（guanosine diphosphate）

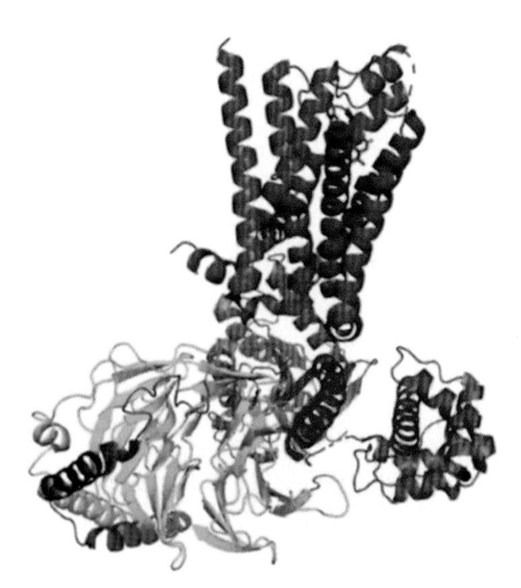

图7-2　G蛋白偶联受体的α、β、γ三个亚基的结构

更高分辨率的结构（PDB2RH1）被发表出来。这个人GPCR——β_2肾上腺素能受体，显示出与牛视紫红质的高度相似，不过两者在第二个膜外环的构象上完全不同。由于第二个膜外环组成了一个类似盖子的结构罩住了配体结合位点，这个构象上的区别使得所有对从视紫红质建立GPCR同源结构模型的努力变得困难重重。

一些激活的即结合了配体的GPCR的结构也已经研究清楚。研究显示：GPCR的膜外部分与配体结合之后会导致膜内部分发生构象变化。其中，最显著的变化是第5和第6个跨膜螺旋之间的膜内环会向外移动，而激活的β_2肾上腺素能受体与G蛋白形成的复合体的结构显示了G蛋白α亚基正是结合在了上述运动所产生的一个空穴处。

随着GPCR结构解析技术的突破，目前人们已破解80余个受体的400多个结构，揭示出GPCR复杂多样的配体结合模式和跨膜信号转导机制。

第二节 G蛋白偶联受体的分类

目前针对GPCR成员分类常用的方法有两种：一种是A-F分类系统；另一种是根据序列相似性和功能相似性，将GPCR分为Rhodopsin、Secretin、Glutamate、Frizzled和Adhesion五类。

如图7-3所示，GPCR的主体由7段跨细胞膜的α螺旋结构构成。氨基端和3个loop（环）位于胞外，介导受配体的相互作用；羧基端和3个loop位于胞内，其中羧基端和第3个loop在GPCR蛋白与下游G蛋白的相互作用从而介导胞内的信号转导过程中发挥重要的作用。特定的配体与GPCR结合，会引起G蛋白的活化，产生第二信使Ca^{2+}或环磷酸腺苷（cyclic adenosine monophosphate，cAMP），将GPCR所接收的胞外信号向下游传递；但GPCR也可以介导不依赖G蛋白的信号转导，如通过与β-Arrestin等分子相互作用调节下游通路。

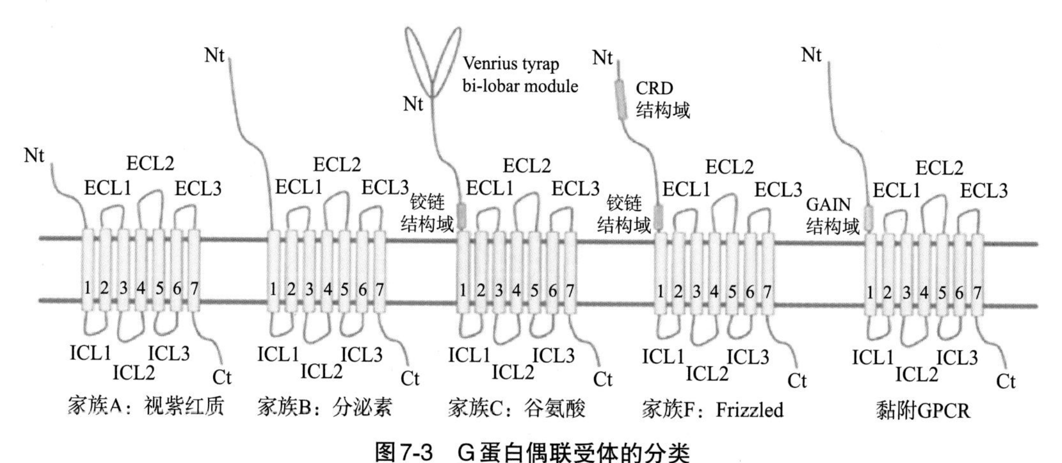

图7-3 G蛋白偶联受体的分类

Nt. 氨基末端；Ct. 羧基末端；ECL. 胞外环；ICL. 胞内环

一、Rhodopsin受体家族

Rhodopsin（视紫红质）受体家族（Family A）是GPCR超家族中最大的家族。对于大部分成员而言，其主要的结构特点是氨基端较短，它们的天然配体直接与跨膜区结合或者通过与胞外loop结构结合间接影响其构象。但是趋化因子和糖蛋白激素受体具有较长的氨基末端结构域。

二、Secretin受体家族

Secretin（分泌素）受体家族（Family B）结构上的特点是具有较大的胞外区域。现已发现的15个成员均为多肽类激素受体。

三、Glutamate受体家族

Glutamate（谷氨酸）受体家族（Family C）有一个更大的双瓣氨基末端，能够形成具有独特激活模式的二聚体结构。该家族成员包括8个促代谢的谷氨酸受体（GRM）、2个GABA受体（GABABR）、钙敏感受体（CASR）、甜味和鲜味味觉受体（TAS1R1～3）、GPRC6A和一些孤儿受体。

四、Frizzled受体家族

Frizzled（卷曲）受体家族（Family F）成员拥有一个约120个氨基酸的胞外结构域（Fz结构域，也被称为富含半胱氨酸结构域，CRD）。该家族包含10个Frizzled受体（Fzd1～10）和1个smoothened受体（SMO）。FZD-GPCR通过Wnt途径传递信号，而SMO则通过Hedgehog途径传递信号。这个GPCR家族参与个体发育和组织内稳态。

五、Adhesion受体家族

Adhesion（黏附）受体家族（aGPCR）与B族GPCR相似，具有较大氨基端结构域。aGPCR的一个独特特征是在跨膜结构域附近具有一个独特的高度保守的结构域，即GPCR自动蛋白水解诱导域，从跨膜结构域中自动催化裂解氨基端胞外结构，从而生成一个“栓系”配体，激活aGPCR。

第三节　G蛋白偶联受体相关信号通路

由G蛋白偶联受体所介导的细胞信号通路主要包括cAMP信号通路和磷脂酰肌醇信号通路。

一、cAMP信号途径

在cAMP信号途径中，细胞外信号与相应受体结合，调节腺苷酸环化酶（adenylyl cyclase）活性，通过第二信使cAMP水平的变化，将细胞外信号转变为细胞内信号。

1. cAMP信号的组分

（1）激活型激素受体（Rs）或抑制型激素受体（Ri）。

（2）活化型调节蛋白（Gs）或抑制型调节蛋白（Gi）。

（3）腺苷酸环化酶：是分子量为150kDa的糖蛋白，跨膜12次。在Mg^{2+}或Mn^{2+}的存在下，腺苷酸环化酶催化ATP生成cAMP。

（4）蛋白激酶A（PKA）：由两个催化亚基和两个调节亚基组成，在没有cAMP时，以钝化复合体形式存在。cAMP与调节亚基结合，改变调节亚基构象，使调节亚基和催化亚基解离，释放出催化亚基。活化的PKA催化亚基可使细胞内某些蛋白的丝氨酸或苏氨酸残基磷酸化，于是改变这些蛋白的活性，进一步影响相关基因的表达。

（5）环腺苷酸磷酸二酯酶（cAMP phosphodiesterase）：可降解cAMP生成5′-AMP，起终止信号的作用。

2.活化型调节蛋白调节模型

当细胞没有受到激素刺激时，Gs处于非活化态，α亚基与GDP结合，此时腺苷酸环化酶没有活性；当激素配体与Rs结合后，可导致Rs构象改变，暴露出与Gs结合的位点，使激素-受体复合物与Gs结合，Gs的α亚基构象改变，从而排斥GDP、结合GTP而活化，使三聚体Gs蛋白解离出α亚基和βγ亚基复合物，并暴露出α亚基与腺苷酸环化酶的结合位点；结合GTP的α亚基与腺苷酸环化酶结合，使之活化，并将ATP转化为cAMP。随着GTP的水解，α亚基恢复原来的构象并导致与腺苷酸环化酶解离，终止腺苷酸环化酶的活化作用。α亚基与βγ亚基重新结合，使细胞回复到静止状态。

活化的βγ亚基复合物也可直接激活胞内靶分子，具有传递信号的功能，如心肌细胞中G蛋白偶联受体在结合乙酰胆碱刺激下，活化的βγ亚基复合物能开启质膜上的K^+通道，改变心肌细胞的膜电位。此外，βγ亚基复合物也能与膜上的效应酶结合，对结合GTP的α亚基起协同或拮抗作用。

霍乱毒素能催化ADP核糖基共价结合到Gs的α亚基上，致使α亚基丧失GTP酶的活性，结果GTP永久结合在Gs的α亚基上，使α亚基处于持续活化状态，腺苷酸环化酶永久性活化，导致霍乱患者细胞内Na^+和水持续外流，产生严重腹泻而脱水。

该信号途径涉及的反应链可表示为 激素→GPCR→G蛋白→腺苷酸环化酶→cAMP→依赖cAMP的PKA →基因调控蛋白→基因转录。

不同细胞对cAMP信号途径的反应速度不同，在肌细胞1秒之内可启动糖原降解为葡糖-1-磷酸，而抑制糖原的合成。在某些分泌细胞，需要几小时，激活的PKA 进入细胞核，将cAMP应答元件（cAMP response element，CRE）结合蛋白磷酸化，调节相关基因的表达。CRE是DNA上的调节区域。

3.抑制型调节蛋白调节模型

Gi对腺苷酸环化酶的抑制作用可通过两个途径：①通过α亚基与腺苷酸环化酶结合，直接抑制酶的活性；②通过βγ亚基复合物与游离Gs的α亚基结合，阻断Gs的α亚基对腺苷酸环化酶的活化。

百日咳毒素催化Gi的α亚基ADP-核糖基化，结果降低了GTP与Gi的α亚基结合的水平，使Gi的α亚基不能活化，从而阻断了Ri受体对腺苷酸环化酶的抑制作用，但尚不能解释百日咳症状与这种作用机制有关。

二、磷脂酰肌醇途径

在磷脂酰肌醇信号通路中胞外信号分子与细胞表面GPCR结合，激活胞膜上的磷脂酶C（phospholipase C，PLC），使胞膜上磷脂酰肌醇4,5-二磷酸（phosphatidylinositol 4,5-bis diphosphate 2，PIP_2）水解成1,4,5-三磷酸肌醇（inositol triphosphate 3，IP_3）和二酰甘油（diacylglycerol，DG）两个第二信使，胞外信号转换为胞内信号，这一信号系统又称为“双信使系统”（double messenger system）。

IP_3与内质网上的IP_3配体门控钙通道结合，开启钙通道，使胞内Ca^{2+}浓度升高，激活各类依赖钙离子的蛋白。用Ca^{2+}载体离子霉素（ionomycin）处理细胞会产生类似的结果。

DG结合于胞膜上，可活化与胞膜结合的蛋白激酶C（protein kinase C，PKC）。

PKC以非活性形式分布于细胞质中，当细胞接受刺激时，产生IP_3，使Ca^{2+}浓度升高，PKC便转位到胞膜内表面，被DG活化，PKC可以使蛋白质的丝氨酸/苏氨酸残基磷酸化，使不同的细胞产生不同的反应，如细胞分泌、肌肉收缩、细胞增殖和分化等。DG的作用可用佛波酯（phorbol ester）模拟。

Ca^{2+}活化各种Ca^{2+}结合蛋白引起细胞反应，其中钙调素（calmodulin，CaM）由单一肽链构成，具有4个钙离子结合部位，结合钙离子后发生构象改变，可激活钙调素依赖性激酶（CaM-kinase）。细胞对Ca^{2+}的反应取决于细胞内钙结合蛋白和钙调素依赖性激酶的种类。例如，在哺乳类脑神经元突触处钙调素依赖性激酶Ⅱ十分丰富，与记忆形成有关。该蛋白发生点突变的小鼠表现出明显的记忆无能。

IP_3信号的终止是通过去磷酸化形成IP_2，或被磷酸化形成IP_4。Ca^{2+}由质膜上的钙泵和Na^+-Ca^{2+}交换器转运出细胞，或由内质网膜上的钙泵转运至内质网。

DG通过两种途径终止其信使作用：一是被DG激酶磷酸化成为磷脂酸，进入磷脂酰肌醇循环；二是被DG酯酶水解成单酰甘油。DG代谢周期很短，不可能长期维持PKC活性，而细胞增殖或分化行为的变化又要求PKC长期活性所产生的效应。现发现另一种DG生成途径，即由磷脂酶催化质膜上的磷脂酰胆碱断裂产生DG，用来维持PKC的长期效应。

三、其他G蛋白偶联受体

1.化学感受器中的G蛋白

气味分子与化学感受器中的G蛋白偶联受体结合，可激活腺苷酸环化酶，产生cAMP，开启cAMP门控阳离子通道（cAMP-gated cation channel），引起钠离子内流，膜去极化，产生神经冲动，最终形成嗅觉或味觉。

2.视觉感受器中的G蛋白

黑暗条件下视杆细胞（或视锥细胞）中cGMP浓度较高，cGMP门控钠通道开放，钠离子内流，引起膜去极化，突触持续向次级神经元释放递质。

视紫红质（rhodopsin，Rh）为7次跨膜蛋白，含一个11顺-视黄醛，是视觉感受器中的G蛋白偶联受体，光照使Rh视黄醛的构象变为反式，Rh分解为视黄醛和视蛋白（opsin），构象改变的视蛋白激活G蛋白（transducin，Gt），G蛋白激活cGMP磷酸二酯酶，将细胞内的cGMP水解，从而关闭钠通道，引起细胞超极化，产生视觉。可见胞内cGMP水平下降的负效应信号起传递光刺激的作用。

视觉感受器的换能反应可表述为光信号→Rh激活→Gt活化→cGMP磷酸二酯酶激活→胞内cGMP减少→钠通道关闭→离子浓度下降→膜超极化→神经递质释放减少→视觉反应。

四、小G蛋白

小G蛋白（small G protein）因分子量只有20～30kDa而得名，同样具有GTP酶活性，在多种细胞反应中具有开关作用。第一个被发现的小G蛋白是Ras，它是*ras*基因的产物。其他小G蛋白还有Rho、SEC4、YPT1等，微管蛋白β亚基也是一种小G蛋白。

小G蛋白的共同特点是，当结合GTP时即成为活化形式，这时可作用于下游分子使之活化，而当GTP水解成为GDP时（自身为GTP酶）则回复到非活化状态。这一点与Gα类似，但是小G蛋白的分子量明显低于Gα。

在细胞中存在着一些专门控制小G蛋白活性的小G蛋白调节因子，有的可以增强小G蛋白的活性，如鸟苷酸交换因子（GEF）和鸟苷酸解离抑制因子（guanine nucleotide dissociation inhibitor，GDI），有的可以降低小G蛋白活性，如GTP酶活化蛋白（GAP）。

五、G蛋白偶联受体的磷酸化

GPCR结构和功能调控与多种蛋白激酶相关。GPCR发生磷酸化能够影响其信号转导与相关蛋白分子的作用，对GPCR活性及疾病的生理、病理机制发挥重要的调节作用。

G蛋白偶联受体激酶（G protein coupled receptor kinase，GRK）通过磷酸化配体激活的GPCR，引发β-Arrestin与受体结合，从而阻止G蛋白与GPCR偶联，快速“脱敏”（desensitization）激动剂持续引发的信号转导，维持细胞自稳。GPCR的磷酸化多发生在第3胞内环及羧基末端的丝氨酸/苏氨酸残基，从而影响GPCR在细胞内的转运、信号转导、脱敏及内化等活动。

GRK可分为7种亚型（GRK1 ～ 7）。GRK1和GRK7在视网膜中表达，GRK4仅在睾丸中表达，而其他的GRK家族成员（GRK2、GRK3、GRK5 和GRK6）则在机体内广泛表达。GRK各亚型的氨基端、羧基端以及中心催化区结构高度相似，其中氨基端用于底物识别，可通过磷酸化调节G蛋白依赖的方式进行信号转导。当激动剂持续刺激GPCR后，GRK可使GPCR发生磷酸化，磷酸化的GPCR迅速与β-Arrestin结合，形成GPCR/β-Arrestin复合物，使GPCR与G 蛋白解偶联，从而抑制G蛋白的活化，即发生脱敏。GPCR脱敏可维持机体的生理平衡，但脱敏过程失调可能会导致多种疾病，如心力衰竭、哮喘和自身免疫病等。

β-arrestin是细胞内广泛存在的支架蛋白和衔接蛋白，在GPCR的脱敏—内化—复敏—再循环以及G蛋白非依赖的信号转导中具有重要的调控作用。G蛋白依赖的信号转导过程中，GPCR受细胞外信号刺激并被激活，同时暴露出与G蛋白的结合位点，激活G蛋白。被激活的G蛋白各种亚型调节腺苷酸环化酶（AC）、磷脂酶及离子通道等，从而将细胞外信号进行级联放大。GPCR与G蛋白和β-arrestin之间相互作用的程度决定了胞内信号转导的选择性。β-arrestin作为磷酸化GPCR在细胞内结合的主要分子之一，可与GRK联合作用，促使GPCR发生脱敏，进而调节受体内吞及信号转导等多种生物学功能。

活化的GPCR被GRK磷酸化后，与β-arrestin的亲和力显著增加，形成GPCR/β-arrestin复合物，此复合物在细胞内可存在几分钟至数小时。形成复合物后致使β-arrestin的构象发生改变，进而抑制GPCR与G蛋白的结合或者直接使GPCR与G蛋白发生解偶联，再通过β-arrestin介导的G蛋白非依赖途径进行信号转导。根据激动剂介导的β-arrestin与不同GPCR作用的强度和时间，可将GPCR分为两类：A类GPCR与β-arrestin形成的复合物是短暂的，受体发生内吞后迅速与β-arrestin发生解离，返回胞膜，如β_2肾上腺素、阿片类药物、内皮素A型受体等。相比之下，B类GPCR与β-arrestin的相互作用更稳定，这类受体复合物经过内体发生降解或缓慢循环到质膜，如神经降压素Ⅰ型受体、血管紧张素Ⅱ的Ⅰ型受体、血管升压素受体等。

G蛋白偶联受体介导的信号通路参与包括组织更新、神经传导、心肌收缩、血压控制、视嗅觉、内分泌、胚胎发育、白细胞趋化功能等十分广泛的生理活动，这些通路的异常与疾病的发生密切关联。并且G蛋白偶联受体作为一种重要的药物靶标，在医药领域扮演着越来越重要的角色，相信在不久的将来人们可以通过它研制出更多更好的药物来造福人类。

（熊明霞）

主要参考文献

Aoki Y，Niihori T，Narumi Y，et al，2008．The RAS/MAPK syndromes：novel roles of the RAS pathway in human genetic disorders．Hum Mutat，29（8）：992-1006．

Basu A，Pal D，2010．Two faces of protein kinase Cδ：the contrasting roles of PKCδ in cell survival and cell death．ScientificWorldJournal，10：2272-2284

Caunt CJ，Finch AR，Sedgley KR，et al，2006．Seven-transmembrane receptor signalling and ERK compartmentalization．Trends Endocrinol Metab，17（7）：276-283

Freeley M，Kelleher D，Long A，2011．Regulation of Protein Kinase C function by phosphorylation on conserved and non-conserved sites．Cell Signal，23（5）：753-762．

Goldsmith ZG，Dhanasekaran DN，2007．G protein regulation of MAPK networks．Oncogene，26（22）：3122-3142．

Kim EK，Choi EJ，2010．Pathological roles of MAPK signaling pathways in human diseases．Biochim Biophys Acta，1802（4）：396-405．

McKay MM，Morrison DK，2007．Integrating signals from RTKs to ERK/MAPK．Oncogene，26（22）：3113-3121．

Newton AC，2010．Protein kinase C：poised to signal．Am J Physiol Endocrinol Metab，298（3）：E395-E402．

Newton PM，Messing RO，2010．The substrates and binding partners of protein kinase Cepsilon．Biochem J，427（2）：189-196．

Rozengurt E，2011．Protein kinase D signaling：multiple biological functions in health and disease．Physiology（Bethesda），26（1）：23-33．

第八章

免疫炎症信号

第一节 免疫/炎症

一、免疫炎症概述

免疫是人体的一种生理功能，人体依靠这种功能识别“自己”和“非己”成分，从而破坏和排斥进入人体的抗原物质（如病菌等），或人体本身所产生的损伤细胞和肿瘤细胞等，以维持人体的健康。免疫涉及特异性成分和非特异性成分。非特异性成分不需要事先暴露，可以立刻响应，可以有效地防止各种病原体的入侵。特异性免疫是在主体的寿命期内发展起来的，是专门针对某个病原体的免疫。

人体共有三道防线：第一道防线由皮肤和黏膜构成，第二道防线是体液中的杀菌物质和吞噬细胞。这两道防线是人类在进化过程中逐渐建立起来的天然防御功能，对多种病原体都有防御作用，因此称为非特异性免疫（又称先天免疫）。第三道防线主要由免疫器官（胸腺、淋巴结和脾脏等）和免疫细胞（淋巴细胞）组成，被称为特异性免疫。其中，B淋巴细胞（B细胞）“负责”体液免疫；T淋巴细胞（T细胞）“负责”细胞免疫。当机体免疫反应状态异常时，可引起不适当或过度的免疫反应，造成组织和细胞损伤而导致炎症。

二、固有免疫炎症信号

Toll 样受体（TLR）是能够识别微生物病原体中的病原体相关分子模式（PAMP），进化上保守的模式识别受体（PRR）家族。TLR1、TLR2、TLR4、TLR5和TLR6 在细胞表面表达，TLR3、TLR7、TLR8和TLR9 停留在胞内囊泡上。通过与配体结合而激活的 TLR 会触发包含许多胞内信号转导调节因子（包括 MyD88、IRAK和 TRAF6）的信号级联放大反应。TLR 信号会激活 MAP 激酶、NF-κB和IRF 信号转导通路，从而通过产生炎症细胞因子、Ⅰ型 IFN、趋化因子和抗菌肽而介导炎症。固有免疫细胞，尤其是树突状细胞中的 TLR 信号转导，能激活并诱导适应性免疫反应。

三、获得性免疫炎症信号

B 细胞和 T细胞分别介导获得性免疫的体液免疫应答和细胞免疫应答。B 细胞在骨髓中成熟，并逐渐分化成能产生抗体的浆细胞。T 细胞由胸腺衍生，并作为效应细胞协调细胞介导的免疫。

B 细胞受体（B cell receptor，BCR）由一个两侧为 Igα/Igβ（CD79A/CD79B）异

二聚体的膜结合抗体［免疫球蛋白（Ig）］组成。Igα/Igβ的胞质区含有免疫受体酪氨酸激活基序（immunoreccptor tyzosine-based activation motif，ITAM），当免疫球蛋白与抗原结合后，能募染下游信号分子，从而转导抗原与BCR结合所产生的信号。T 细胞受体（T cell receptor，TCR）由一个膜结合 αβ 异二聚体（TCRαβ）、四个 CD3 链（两个 CD3ε、一个 CD3γ、一个 CD3δ）以及一个 ζ链同型二聚体组成。TCRαβ 二聚物识别抗原肽，而相关的信号传递链则通过其 ITAM 活动域进行。

通过 BCR和TCR 进行的信号转导涉及许多 Src 家族酪氨酸激酶的激活，这些激酶负责受体相关 ITAM 的磷酸化。磷酸化的 ITAM 充当 Syk 家族酪氨酸激酶（B 细胞中的 Syk和T 细胞中的 Zap-70）的结合位点。活化的 Syk 激酶通过下游接头蛋白的磷酸化增强信号，从而启动细胞内信号转导的级联反应。除了介导细胞激活，淋巴细胞受体信号转导还能促进 B 细胞和 T 细胞的发育、分化、增殖和存活。

第二节　Toll样受体信号转导

一、Toll样受体信号概述

免疫系统识别“自我”的过程是依赖于不同的受体来完成的，作为固有免疫系统的重要组成部分及联系获得性免疫与固有免疫的“桥梁”，Toll样受体（TLR）是生物的一种模式识别受体（PRR），它主要通过识别病原相关分子模式（PAMP）来启动免疫反应，在先天性免疫反应中发挥关键作用。TLR是参与抵御入侵病原体的第一道防线，在炎症、免疫细胞调节、生存和增殖方面发挥着重要作用。

二、TLR的种类和分布

迄今为止，已鉴定出TLR家族的11个成员，其中TLR1、TLR2、TLR4、TLR5、TLR6、TLR10和TLR11位于细胞表面，TLR3、TLR7、TLR8和TLR9定位于内体/溶酶体内。

三、TLR信号通路

TLR信号通路的激活源于细胞质Toll/IL-1受体（TIR）结构域，该结构域与含有TIR结构域的适配器MyD88相关。在配体的刺激下，MyD88通过两种分子死亡结构域的相互作用将IL-1受体相关激酶-4（IRAK-4）招募到TLR。IRAK-1通过磷酸化被激活并与TRAF6结合，从而激活IKK复合物并导致MAP激酶（JNK、p38 MAPK）和NF-κB的活化（图8-1）。

Tollip和IRAK-M与IRAK-1相互作用，负向调节TLR介导的信号通路。这些途径的其他调节方式包括TRIF依赖性的RIP1诱导TRAF6信号，以及ST2L、TRIAD3A和SOCS1对TIRAP介导的下游信号的负调节。通过TRIF和TRAF3激活独立于MyD88的途径，导致IKKε/TBK1的招募、IRF3的磷酸化和β干扰素的表达。含有TIR结构域的适配体，如TIRAP、TRIF和TRAM，通过为单个TLR信号级联提供特异性调节TLR介导的信号通路。TRAF3在调节MyD88依赖性和TRIF依赖性信号转导方面起着关键作用，

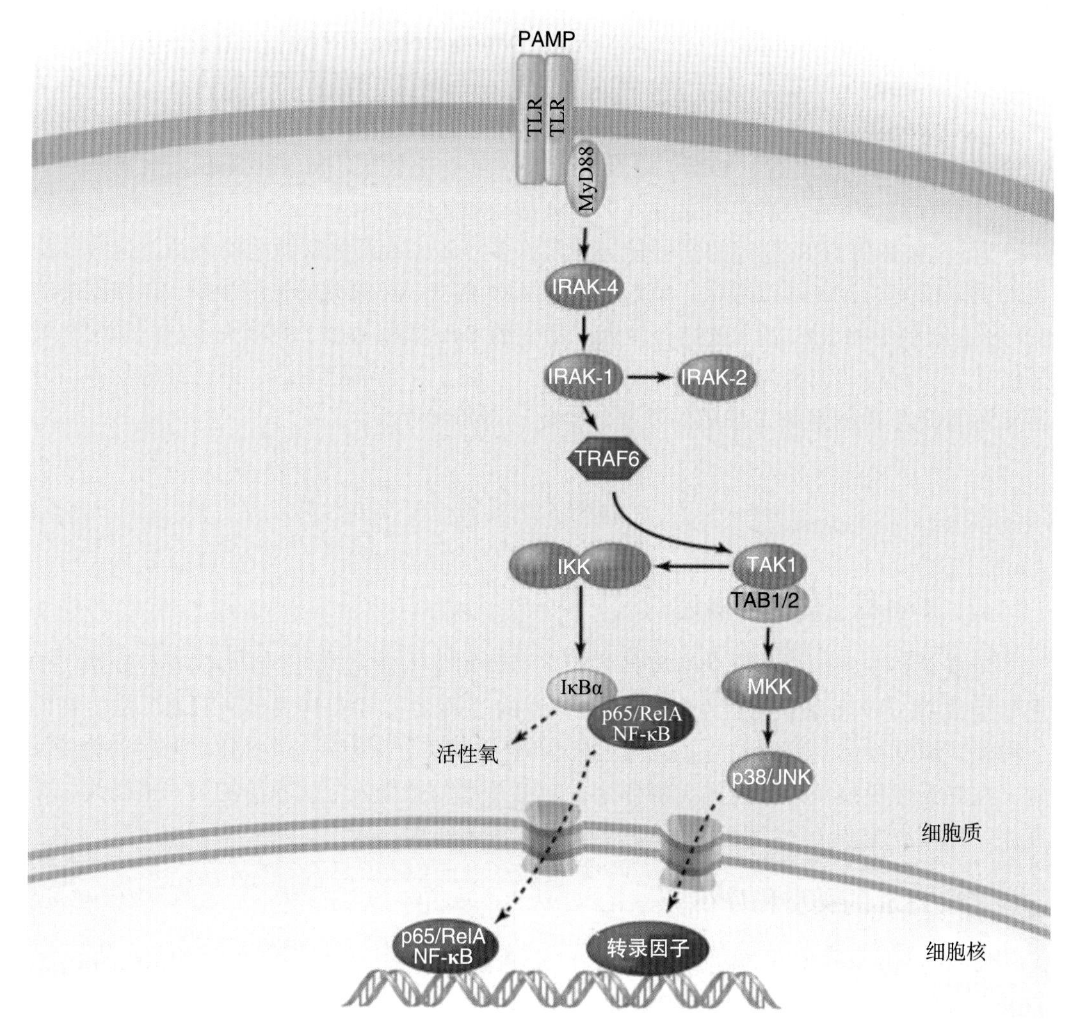

图8-1 Toll样受体信号的激活

它通过TRAF的降解激活MyD88依赖性信号转导并抑制TRIF依赖性信号转导（反之亦然）。

第三节 Jak/Stat：IL-6受体信号

一、Jak/Stat途径概述

Jak和Stat是许多细胞因子受体系统的关键组成部分，主要调节细胞的生长、生存、分化和病原体抵抗。Jak/Stat途径的经典例子是IL-6（或gp130）受体家族（图8-2），它们共同调节B细胞的分化、浆细胞的形成和急性期反应。

细胞因子结合诱导受体二聚化，激活相关的Jak，使其自身和受体磷酸化。受体和

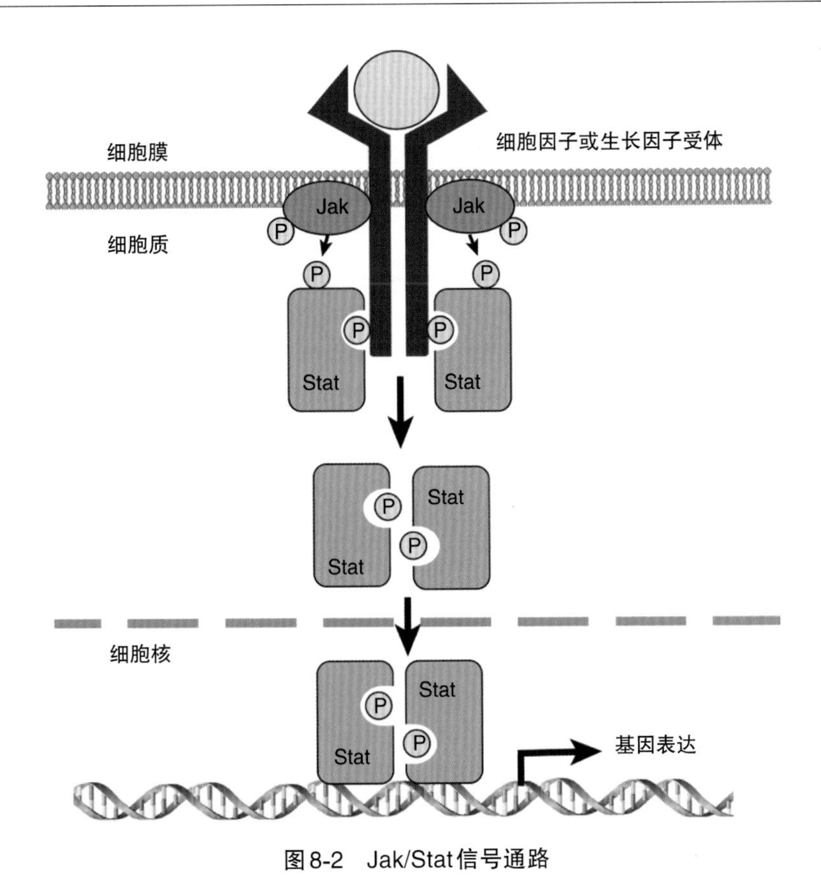

图8-2 Jak/Stat信号通路

Jak上的磷酸化位点可充当各种因子的对接位点，例如，含有SH2的Stat（如Stat3）和含有SH2的蛋白及将受体连接到MAP激酶、PI3K/Akt以及其他信号通路的对接蛋白。磷酸化的Stat二聚化并转入细胞核以调节靶基因的转录。细胞因子信号转导抑制因子（SOCS）家族成员通过同源或异源反馈调节抑制受体信号转导。Jak或Stat也可以通过其他受体类别参与信号转导，如Jak/Stat使用表所概述。研究人员发现，Stat3和Stat5在几种实体瘤中被Jaks以外的酪氨酸激酶构成性地激活。

二、Jak/Stat途径主要相关疾病

Jak/Stat途径介导细胞因子发挥作用，如红细胞生成素、血小板生成素和粒细胞集落刺激因子（G-CSF），它们分别是治疗贫血、血小板减少和中性粒细胞减少的药物。该途径还介导干扰素的信号传递，这些干扰素被用作抗病毒和抗增殖剂。

1. Jak/Stat途径与癌症

失调的细胞因子信号转导与癌症发生有关。异常的IL-6信号转导参与了自身免疫性疾病、炎症和癌症（如前列腺癌、多发性骨髓瘤）的发病机制。Jak抑制剂目前正在多发性骨髓瘤的模型中进行测试。Stat3可作为癌基因，在许多肿瘤中具有结构性活性。在一些癌细胞中可以看到细胞因子信号和EGFR家族成员之间的串扰。在过度表达EGFR的胶质母细胞瘤细胞中，Jak2通过前者的FERM结构域与EGFR结合而诱导对EGFR激

酶抑制剂的耐药性。

2. Jak/Stat途径与血液系统恶性肿瘤

激活的Jak突变是人类血液系统恶性肿瘤的主要分子事件。研究发现，在Jak2假激酶结构域（V617F）存在一种独特的体细胞突变，该突变通常发生在真性红细胞增多症、原发性血小板增多症和特发性骨髓纤维化中。这种突变导致与红细胞生成素、血小板生成素和G-CSF的受体相关的Jak2的病理性激活，这些受体主要调控红细胞、巨核细胞和粒细胞的增殖与分化。研究人员还在成人T细胞急性淋巴细胞白血病（ALL）中发现了Jak1的体细胞获得性功能突变。在儿童急性淋巴细胞白血病中也发现了Jak1、Jak2和Jak3的体细胞激活性突变。此外，已在唐氏综合征儿童B-ALL中的假激酶结构域R683（R683G或DIREED）周围检测到Jak2突变。

第四节　T细胞受体信号

一、T细胞的活化

T细胞是机体免疫系统中的重要组成部分。T细胞的激活可以抵抗肿瘤细胞和致病体对机体的侵袭，但同时也可由过度活化引起自身免疫性疾病。T细胞的活化、增殖、分化和凋亡过程均涉及一系列复杂的信号转导过程。

T细胞活化是一个复杂的过程，包括接受信号刺激、信号转导、细胞内酶的激活、基因转录表达和细胞扩增。T细胞活化需要双信号刺激。第一信号：抗原呈递细胞上的抗原肽-主要组织相容性复合体（MHC）分子复合物与TCR特异性识别结合。第二信号：T细胞与抗原呈递细胞表面存在的许多配对协同刺激分子之间相互作用产生协同刺激信号，其中比较重要的是CD28与CD80/CD86的结合。两个信号的整合可最有效地诱导T细胞活化，而缺乏共刺激信号可致T细胞应答下降，某些情况下可诱导免疫耐受或T细胞失能。阻断T细胞活化的共刺激信号可负调控T细胞活性，诱导T细胞免疫耐受。

二、TCR信号通路信号转导分子

参与TCR信号转导的分子主要包括上游的激酶（Lck、Fyn、ZAP-70、Itk）、支架蛋白（LAT、Gads、SLP-76、Grb2）、磷脂酶、磷酸酶等。TCR的主要功能是在识别特异抗原后激活T细胞。T细胞表面的TCR可特异性识别抗原呈递细胞表面MHC呈递的抗原肽，并激活T细胞内部ERK、JNK、NF-κB等信号通路。通过数条不同的信号通路，许多与细胞分裂分化相关的转录因子被激活，从而调控T细胞的增殖、分化、死亡，以及细胞因子释放等细胞功能。TCR活化的典型胞内信号还包括MAPK、PKC和钙离子等信号通路。TCR信号的活化不仅会引起T细胞的增殖和细胞因子的产生，同时还会促使T细胞分化成效应T细胞并行使功能。

TCR激活的一个早期事件是淋巴细胞蛋白酪氨酸激酶（Lck）对TCR/CD3复合体胞质侧的ITAM的磷酸化。CD45受体酪氨酸磷酸酶调节Lck及其他Src家族酪氨酸激酶的磷酸化和激活。Zeta链相关蛋白激酶（ZAP-70）被招募到TCR/CD3复合体中，在那里它被激活，促进下游转接蛋白或支架蛋白的招募和磷酸化。ZAP-70对SLP-76的磷酸化促进了Vav（一种鸟嘌呤核苷酸交换因子）、适配蛋白Nck和Gads，以及可诱导的T细胞激酶（ITK）的募集。磷脂酶Cγ1（PLCγ1）被ITK磷酸化，导致磷脂酰肌醇4,5-二磷酸（PIP_2）水解，生成第二信使二酰甘油（DAG）和三磷酸肌醇（IP_3）。DAG激活PKCθ和MAPK/ERK通路，两者都能促进转录因子NF-κB的激活。IP_3触发内质网Ca^{2+}释放，促进细胞外Ca^{2+}通过钙释放激活的钙通道（CRAC）进入细胞内。钙结合钙调蛋白（Ca^{2+}/CaM）激活钙调磷酸酶（calcineurin），通过转录因子NFAT促进IL-2基因转录。

第五节　NF-κB信号

一、NF-κB信号概述

核因子-κB（NF-κB）/Rel蛋白包括NF-κB2 p52/p100、NF-κB1 p50/p105、c-Rel、RelA/p65和RelB。这些蛋白质作为二聚体转录因子发挥作用，调节影响广泛的生物学过程的基因表达，包括固有免疫和适应性免疫、炎症、应激反应、B细胞发育和淋巴器官发生。

二、NF-κB信号传递

在经典（或典型）途径中，NF-κB/Rel蛋白被IκB蛋白结合并抑制。促炎细胞因子、脂多糖（LPS）、生长因子和抗原受体激活IKK复合体（IKK1/2和NEMO），使IκB蛋白磷酸化。IκB的磷酸化导致其泛素化和蛋白酶体降解，释放出NF-κB/Rel复合体。翻译后修饰（磷酸化、乙酰化、糖基化）进一步激活活化的NF-κB/Rel复合体，并将其移位到细胞核，在那里它们单独或与其他转录因子包括AP-1、Ets和Stat结合，诱导靶基因表达（图8-3）。

在另一条（或非经典的）NF-κB途径中，NF-κB2 p100/RelB复合体在细胞质中不活跃。通过包括LTβR、CD40和BR3在内的一组受体发出的信号激活了激酶NIK，进而激活了IKKα复合体，使NF-κB2 p100中的羧基末端残基磷酸化。NF-κB2 p100的磷酸化导致其泛素化和蛋白酶体加工为NF-κB2 p52，进而产生具有转录活性的NF-κB2p52/RelB复合体，这些复合体移位到细胞核并诱导靶基因表达。这里只显示了一小部分NF-κB激动剂和靶基因。

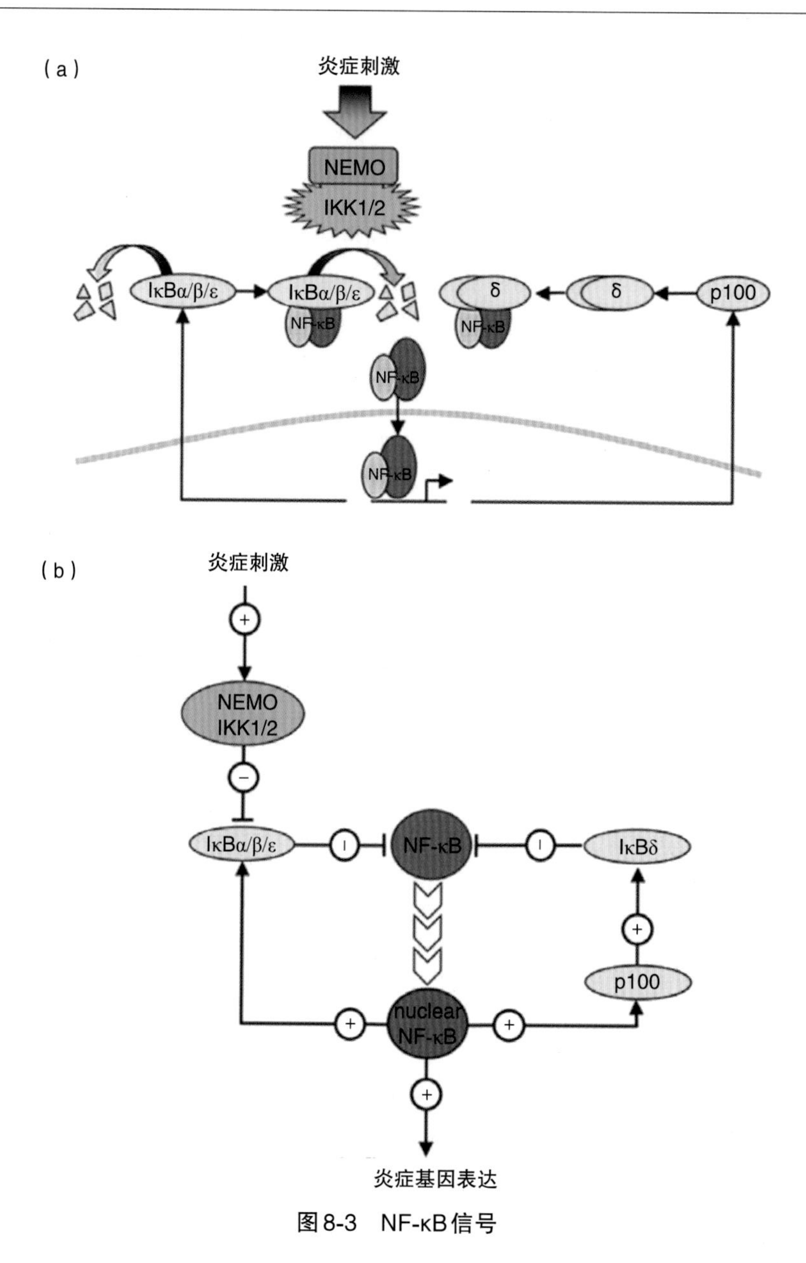

图8-3 NF-κB信号

第六节 细胞固有免疫信号

一、细胞固有免疫信号的识别

细胞内对病原体的感应是通过识别外来分子进行的，包括细胞质中的病毒和细菌核酸。一旦识别，先天免疫系统可以通过TBK1-IRF-3和NF-κB途径诱导Ⅰ型干扰素（IFN）和细胞因子（TNF-α）的产生。定位于线粒体［即线粒体抗病毒信号蛋白（MAVS）］或内质网（ER）（即STING）上的衔接蛋白分别对RNA或DNA感应途径做出反应。

RIG-Ⅰ样受体（RLR）包括RIG-1和MDA5，能够识别双链病毒RNA和5′-三磷酸短双链RNA（dsRNA）。MDA5和RIG-1通过共同的Caspase招募结构域相互作用，诱导MAVS的二聚化。MAVS二聚化允许TNF受体相关因子3（TRAF3）分别通过TRAF相互作用基序和TRAF结构域的相互作用而结合。TRAF3反过来招募衔接蛋白TANK、NAP1和SINTBAD。TANK的作用是将上游的RLR信号连接到TANK结合激酶1（TBK1），诱导干扰素调节因子3（IRF-3）的磷酸化。IRF-3的磷酸化和随后的二聚化诱导IRF-3的核转位，然后与干扰素刺激反应元件（ISRE）结合，从而导致Ⅰ型干扰素基因的表达。

二、TBK1-IRF-3信号

胞质双链DNA检测也通过多个入口进入TBK1-IRF-3信号转导轴。胞内DNA结合的主要传感器是环状GMP-AMP合成酶（cGAS），它通过产生环状二核苷酸c-GMP-AMP（cGAMP）对DNA结合做出反应。cGAMP与STING结合并激活TBK1-IRF-3介导的IFN表达。其他dsDNA传感器，如IFI16、DAI和DDX41，也通过STING途径发出信号。此外，某些致病性细菌感染产生的环状二核苷酸第二信使也能激活STING途径。最后，胞内DNA也可以通过DNA依赖的RNA聚合酶Ⅲ（RNA pol Ⅲ）转录病毒的5′-三磷酸RNA来参与RIG-I-MAVS途径。

三、NF-κB信号

RLR途径还诱导NF-κB介导的转录。在RNA感应的情况下，这是通过RLR诱导的MAVS的聚合和随后的TRAF蛋白（TRAF2/5/6）的结合而发生的，其活性由NLR1介导。TRAF2/5/6的泛素化是与MAVS结合所必需的，并受OTUB1/2去泛素化的负调控。TRAF2/5/6反过来招募NEMO和IκB激酶（IKKα/IKKβ），使IκB磷酸化，从而激活下游的NF-κB信号转导。

第七节　B细胞受体信号

一、B细胞受体概述

B细胞受体（BCR）是由mIg（mIgM和mIgD）和Igα/Igβ组成的复合物。前者识别抗原，后者转导BCR接受的抗原刺激信号。BCR可直接识别完整的、天然的蛋白质抗原、多糖或脂类抗原。B细胞抗原受体所介导的细胞过程主要包括细胞增殖和凋亡。它的异常则可引起体液免疫应答缺陷或自身免疫。

二、B细胞受体信号通路的过程及意义

BCR信号通路是B细胞生存的重要信号通路。BCR可识别外来抗原信号并介导一系列复杂的生物学效应，包括B细胞活化、增殖和分化。BCR与抗原连接后，3种主要的酪氨酸蛋白激酶（PTK）即SRC家族激酶Lyn、Syk和Tec家族激酶BTK被激活。BCR信号通路几个关键激酶的过度活化在B细胞肿瘤的发生、发展及耐药中发挥重要作用。

三、BCR信号

BCR由膜免疫球蛋白（mIg）分子和相关的Igα/Igβ（CD79a/CD79b）异二聚体（α/β）组成。mIg亚基结合抗原，导致受体聚集，而α/β亚基将信号转导至细胞内部。BCR聚集可迅速激活Src家族激酶Lyn、Blk和Fyn，以及Syk和Btk酪氨酸激酶。这启动了由BCR、上述酪氨酸激酶、衔接蛋白（如CD19、BLNK），以及信号转导酶（如PLCγ2、PI3K、Vav）组成的“信号体”的形成。从信号体发出的信号激活涉及激酶、GTP酶和转录因子的多个信号级联。这会导致细胞代谢、基因表达和细胞骨架组织的变化。BCR信号转导的复杂性，可导致出现许多不同的结果，包括存活，耐受（无反应性）或细胞凋亡，增殖和分化成抗体产生细胞或记忆B细胞。反应的结果取决于细胞的成熟状态，抗原的性质，BCR信号的大小和持续时间，以及来自其他受体的信号（如CD40、IL-21受体、BAFF-R）。许多其他跨膜蛋白，其中一些是受体，可调节BCR信号转导的特定元件，包括CD45、CD19、CD22、PIR-B和FcγRIIB1（CD32）。

BCR信号的大小和持续时间受到负反馈回路的限制，涉及Lyn/CD22/SHP-1途径，Cbp/Csk途径，SHIP、Cbl、Dok-1、Dok-3、FcγRⅡB1、PIR-B和BCR内化的负反馈回路。在体内，B细胞通常被抗原呈递细胞激活，这些细胞捕获抗原并将其展示在细胞表面。通过这种膜相关抗原激活B细胞需要BCR诱导的细胞骨架重组。

第八节　炎症信号

一、炎症信号概述

先天免疫系统是防御病原微生物和宿主产生的细胞危险信号的第一道防线。这些“危险”信号触发炎症的一种方式是通过激活炎症小体，炎症小体是在暴露于病原体相关分子模式（PAMP）或损伤相关分子模式（DAMP）后聚集在细胞质中的多蛋白复合体，可导致Caspase-1激活，随后裂解促炎细胞因子IL-1β和IL-18。炎症体复合物通常由细胞模式识别受体［PRR；由一个核苷酸结合域和富含亮氨酸的重复序列（NLR）或AIM2样受体（ALR）家族成员］、适应性蛋白（ASC）和Caspase-1前体组成。目前已经确定了多种的炎症体复合物，每个炎症体复合物都有唯一的PRR和激活触发器。

二、NLRP3炎症体

炎症体复合物中最具代表性的是NLRP3炎症体，它包含NLRP3、ASC、Caspase-1前体和丝氨酸-苏氨酸激酶NEK7。NLRP3炎症体在一个两步过程中被激活（图8-4）。首先，PAMP或DAMP介导的TLR4或TnFR的激活会诱导NF-κB信号转导，导致NLRP3、IL-1β前体和IL-18前体（Pro-IL-18）的表达增加（启动步骤，信号1）。接下来，NLRP3被多种信号［PAMP/DAMP、钾外流、溶酶体破坏的环境因素（尿酸、二氧化硅、明矾）和内源性因素（β淀粉样蛋白、胆固醇晶体）和线粒体损伤］间接激活，导致Caspase-1（信号2）的复杂组装和激活。

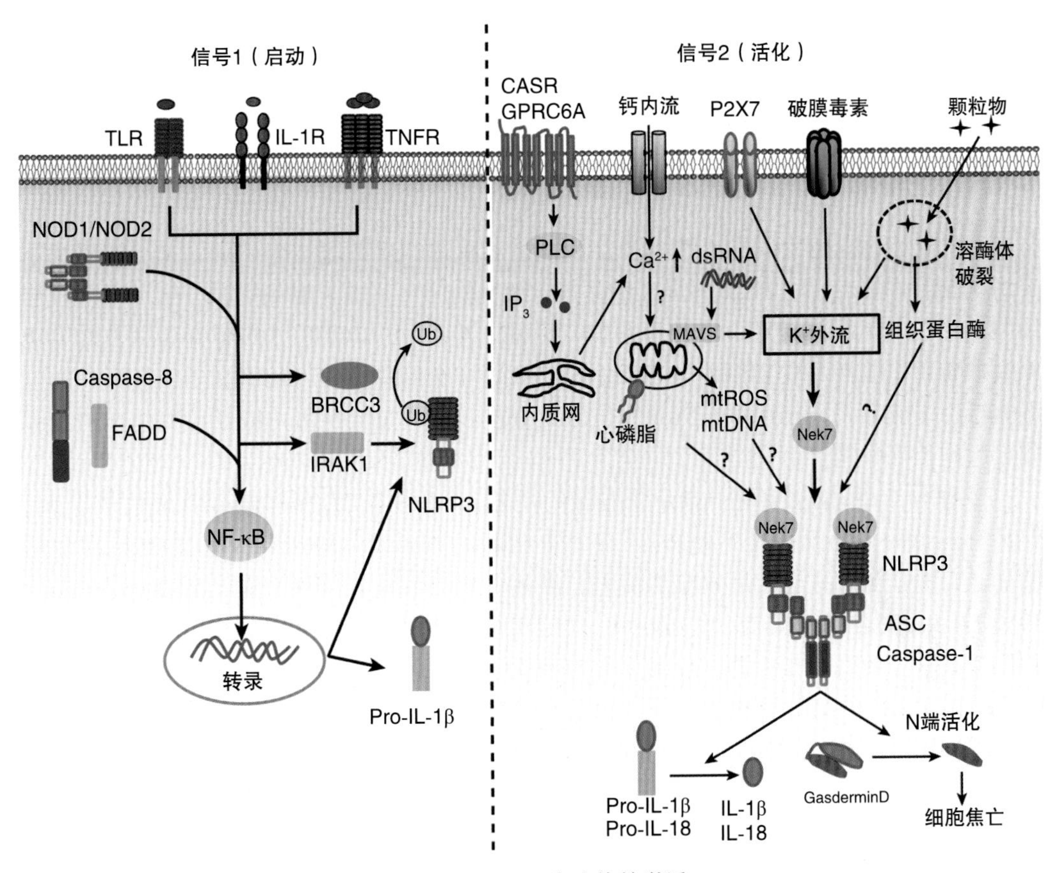

图8-4　NLRP3炎症体的激活

FADD. Fas相关死亡结构域蛋白；BRCC3. 特异性去泛素化酶Lys-63；IRAK1. IL-1受体相关激酶1；mtROS. 线粒体活性氧片段；mtDNA. 线粒体DNA

三、其他炎症体信号

复杂的炎症体结构是通过蛋白质组分之间的结构域相互作用而建立的。其他炎症体通过更直接的方式被激活：双链DNA激活AIM2复合体，炭疽毒素激活NLRP1，细菌鞭毛素激活NLRC4。激活的Caspase-1可诱导促炎细胞因子IL-1β和IL-18的分泌，但也调节代谢酶的表达、吞噬小体成熟、血管扩张，以及炎性程序性细胞死亡——细胞焦亡。炎症体信号参与多种疾病的发生，包括动脉粥样硬化、2型糖尿病、阿尔茨海默病和自身免疫性疾病。

第九节　人免疫细胞标记

免疫系统可以通过先天性和适应性免疫机制识别和消除癌细胞；然而，这种抗肿瘤反应可以通过一种被称为免疫抑制的过程被微环境抑制。癌症免疫治疗的目的是同时运用免疫抑制和免疫刺激机制以增强抗癌免疫反应。因此，了解肿瘤浸润性免疫细胞及其在肿瘤生长和抑制中的作用至关重要。组织环境也很重要，在癌症发生进展过程中，恶性细胞和免疫细胞之间的相互作用往往在细胞因子、趋化因子和生长因子网络的驱动下发生着动态改变。下面回顾了主要的免疫系统效应细胞、细胞表面标志物及其在癌症进展中的作用。

一、T细胞

T细胞是适应性免疫系统的关键分子，通常通过CD3的表达来识别，并通过识别主要组织相容性复合体（MHC）呈递的多肽T细胞受体（TCR）检测抗原。循环中的肿瘤细胞抗原被输送到淋巴结，在那里它们“呈递”给$CD4^+$和$CD8^+$ T细胞（分别被称为辅助性T细胞和细胞毒性T细胞）。激活后，辅助性T细胞释放多种细胞因子，包括IFN-γ。细胞毒性T细胞识别表达肿瘤特异性抗原的细胞，并通过穿孔蛋白或颗粒酶诱导的细胞凋亡起到杀伤作用。

多种分子的表达可用于指示T细胞的功能。CD69和CD25都通过TCR信号上调，但具有独特的动力学，其中CD69可在TCR阻断后数小时内检测到，而CD25则在随后增加。T细胞衰竭的定义是效应功能差，在慢性感染和癌症期间出现，其特点是PD-1、TIM-3和LAG3的表达；然而，这些分子在T细胞激活期间也是上调的。其他类型的T细胞——包括幼稚T细胞、记忆T细胞和效应T细胞——通过CD45RA、CD45R0和CD62L或CCR7的组合而相互区分。分泌不同细胞因子并诱导不同免疫反应的CD4 T细胞的多种亚型可以通过转录因子的独特表达来识别。例如，T-bet通常由Th1细胞表达，表现为抗肿瘤表型和IFN-γ的产生。由调节性T细胞（Treg细胞）表达的Foxp3，是一种通过细胞因子产生和其他机制抑制抗肿瘤免疫反应的肿瘤前表型。

二、树突状细胞

树突状细胞（dendritic cell，DC）是先天免疫系统的一部分，通过抗原呈递激活幼稚T细胞和分泌细胞因子，在启动适应性免疫中发挥着关键作用。DC大致分为浆细胞和常规亚类。浆细胞性DC是以Siglec-H和CD317共表达为特征的树突状细胞，能够产生大量的Ⅰ型IFN-γ，而常规DC的特点是CD11c和HLA-DR的共表达，负责向T细胞呈递抗原。常规DC进一步细分为表达CD1c并促进$CD4^+$ T细胞活化的DC和表达CD141、XCR1或CLEC9A并通过交叉呈递激活$CD8^+$ T细胞的DC。

三、巨噬细胞

巨噬细胞也是先天免疫系统的细胞，通过CD68和MHC Ⅱ的表达与CD11c的缺乏来识别，它们多起吞噬作用，也分泌影响免疫反应的细胞因子。巨噬细胞通常被分为促炎性（M1型）和抗炎性（M2型）两类。M1型巨噬细胞通过表达CD80、CD86或诱导型一氧化氮合酶（iNOS）来识别，并通过吞噬恶性细胞和产生T细胞激活配体来促进抗肿瘤免疫反应。相反，M2型巨噬细胞通过表达CD163或CD206来识别，可以通过分泌免疫抑制细胞因子（如IL-10）和促进Th2反应来促进肿瘤生长。M2型巨噬细胞也可以表达免疫抑制酶精氨酸酶，该酶会耗尽肿瘤微环境中的精氨酸，导致T细胞增殖和功能下降。

四、自然杀伤细胞

自然杀伤细胞（natural killer cell，NK细胞）是先天免疫细胞的主要类型。它们通过检测肿瘤细胞上MHC Ⅰ类分子的下调和（或）检测与NK细胞上激活受体结合的肿瘤细胞上的配体上调来识别和杀死癌细胞。NK细胞通常由CD56和CD16的结合及CD3的缺失来识别。

五、髓系来源的抑制细胞

髓系来源的抑制细胞（MDSC）是一个多样化的不成熟免疫抑制细胞，存在于各种肿瘤中。它们已被证明可以通过表达NOS2和精氨酸酶1来抑制CD8 T细胞的激活，诱导Treg细胞的发展，并使巨噬细胞极化为M2样表型。MDSC由两大类细胞组成，称为单核细胞或多核细胞。关于这些免疫抑制细胞仍有几个开放性问题，包括它们是否真的与中性粒细胞和单核细胞不同、调节它们积累和分化的机制，以及它们如何对抗癌疗法产生抗性。MDSC的特定标志物仍在积极研究中，目前其主要通过CD11b的表达、缺乏HLA-DR的表达，以及单核MDSC表达CD14或多核MDSC表达CD15来鉴定。

第十节　小鼠免疫细胞标记

小鼠免疫系统的整体结构与人类相似，包括先天免疫和适应性免疫成分，其功效在癌症中受到调节。重要的是，小鼠模型为我们理解癌症生物学做出了重大贡献，包括癌症基因的验证、肿瘤生物标志物的发现及研究性治疗的评估。与人类一样，小鼠免疫细胞受细胞因子、趋化因子和生长因子组成的复杂网络的驱动，调节肿瘤的生长和抑制。下面描述的是小鼠免疫细胞的各种群体。

一、小鼠T细胞

小鼠T细胞以CD3表达为特征，分为$CD4^+$辅助性T细胞和$CD8^+$细胞毒性T细胞。T细胞活化增加了CD69和CD25的表达，而CD69和CD25是经常被用作活化标志的分子。$CD8^+$细胞毒细胞释放丝氨酸蛋白酶（颗粒酶）和形成孔的细胞溶解蛋白（穿孔素）来溶解靶肿瘤细胞，而$CD4^+$辅助性T细胞通过分泌各种细胞因子来协调免疫反应。与人类一样，衰退的小鼠T细胞表达PD-1、TIM-3和LAG-3的某种组合；尽管这些分子也可以在T细胞活化时表达。通过CD62L、IL7Ra和CD44的表达可以区分小鼠的初始T细胞、记忆T细胞和效应T细胞。多个产生细胞因子的$CD4^+$细胞亚群以转录因子的表达为特征，如抗肿瘤Th1细胞的T-bet和促肿瘤Treg的Foxp3/CD25。

二、小鼠树突状细胞

小鼠树突状细胞（DC）向$CD4^+$和$CD8^+$ T细胞呈递抗原。与人类树突状细胞一样，小鼠细胞分为浆细胞样亚类和常规亚类。浆细胞样DC共表达Siglec-H和CD317，产生Ⅰ型γ干扰素，而常规DC表达CD11c和MHC Ⅱ。通过XCR1或CLEC9A的表达，可以识别出与$CD8^+$ T细胞交叉呈递能力强的DC。

三、小鼠巨噬细胞

与人类一样，小鼠凋亡的肿瘤细胞可以被巨噬细胞丢弃，巨噬细胞表达一种称为F4/80的黏附G蛋白偶联受体。小鼠巨噬细胞发生极化，通过CD86、CD80或（iNOS）的表达可识别M1样细胞，通过CD163、CD206或精氨酸酶的表达可识别M2样细胞。功能性iNOS的表达和IFN-γ对其mRNA的诱导在小鼠中已经得到充分证实。

四、小鼠自然杀伤细胞

小鼠先天免疫系统的自然杀伤（NK）细胞可通过激活和抑制性受体的组合识别和杀死癌细胞，这使得NK细胞可以在不损害宿主的情况下杀死癌细胞。可通过NKG2D、NK1.1或NKp46的表达和CD3的缺乏来识别NK细胞。NK细胞也产生免疫调节细胞因子。小鼠NK细胞的动态平衡和发展与含有SH-2的磷酸酶SHIP1密切相关。

五、小鼠髓系来源的抑制细胞

小鼠髓系来源的抑制细胞（MDSC）表达高水平的CD11b、精氨酸酶和粒细胞标志物GR1——GR1本身由膜蛋白Ly6C和Ly6G组成。在小鼠中，MDSC已在肿瘤及骨髓、血液、脾脏、肝脏和肺部被广泛发现。它们大致可分为单核细胞（$CD11b^{+}$ $Ly6G^{-}$ $Ly6C^{hi}$）和多核细胞（$CD11b^{+}Ly6G^{+}Ly6C^{lo}$），后者在大多数癌症中占主导地位。然而，区分外周血单核细胞和中性粒细胞仍然是一个具有挑战性的领域，也是一个正在进行的研究领域。

第十一节　肿瘤微环境中的免疫检查点信号

免疫检查点是指免疫系统内置的控制机制，这些机制保持自身耐受性，并有助于避免生理免疫反应期间的附带损害。肿瘤可以通过改变微环境，特别是通过调节某些免疫检查点途径，来逃避免疫监视和攻击。

一、主要免疫检查点信号

在正常的生理条件下，$CD8^{+}$细胞毒性T细胞和$CD4^{+}$辅助性T细胞通过TCR与APC表面的MHC分子结合的多肽抗原相互作用而被激活。T细胞（如CD28、4-1BB、OX40、GITR、ICOS）和APC（如CD80、CD86、4-1BBL、OX40L、GITRL、ICOSLG）表达的共刺激分子的配体/受体相互作用也是T细胞激活的必要条件。相反，T细胞的激活可以通过受体（如T细胞上表达的PD-1、CTLA-4、TIM-3和LAG3）和它们各自在APC和微环境中其他细胞上表达的配体之间的相互作用而被共同抑制信号所抑制。例如，PD-L1或PD-L2与PD-1受体之间的相互作用通过T细胞受体信号转导途径的主要成分的去磷酸化导致T细胞中TCR信号的下调。CTLA-4是一种共抑制受体，与CD28（一种共刺激受体）竞争，与APC上的CD80和CD86配体相互作用。受体/配体相互作用后，CTLA-4抑制T细胞增殖、细胞周期进展和细胞因子的产生，而CD28则是T细胞激活的必要条件。

二、免疫检查点的临床应用

在肿瘤微环境中，肿瘤细胞具有抑制配体及其受体、调节T细胞效应器的功能，可增强肿瘤耐受性，从而逃避免疫系统的根除。近年来，这些通路的药理调节剂被称为免疫检查点疗法，特别是以抗PD-1和CTLA-4单抗的形式，已被广泛研究并确认为治疗癌症的新型免疫疗法。鉴于免疫检查点疗法的早期成功，创建针对其他共抑制和共刺激受体及其配体的免疫疗法以激活抗肿瘤免疫反应似乎是一种值得关注的治疗策略。

第十二节　纤维化中的免疫炎症信号

纤维化是指在慢性炎症的作用下，细胞外基质（ECM）蛋白的过度沉积引起的瘢痕和组织硬化。各种有害刺激——包括毒素、传染性病原体、自身免疫反应和机械应激，都能够诱导纤维化细胞反应。目前对调节纤维化的关键信号通路的研究已经确定了潜在的治疗靶点，以阻止纤维化的发展和恢复细胞功能。

一、纤维化中肌成纤维细胞的活化

在对组织损伤的反应中，肌成纤维细胞，包括常驻成纤维细胞、间充质细胞、循环中纤维细胞和其他类型细胞的转分化，通过重塑细胞外环境来启动创伤修复反应，以恢复组织的完整性并促进实质细胞的替换。通常情况下，随着组织的愈合，这种促进纤维化的程序被关闭。然而，持续的损伤和破坏导致这一过程失调，导致ECM蛋白的病理性过度沉积，并与上调的肌成纤维细胞活动相配合，形成具有巨噬细胞和免疫细胞浸润的慢性炎症环境。

在这种细胞环境中，细胞因子和生长因子被大量释放，包括转化生长因子-β（TGF-β）家族成员和Wingless/Int-1（Wnt1），它们在纤维化过程中起主要作用。TGF-β和Wnt1与它们相匹配的细胞表面受体结合，并启动下游信号转导，最终分别导致Smad2/3和CBP/β-Catenin转录调控因子的核转位。这导致了靶基因的表达上调，进一步导致肌成纤维细胞的分化，并产生和分泌包括胶原蛋白、层粘连蛋白和纤连蛋白在内的ECM蛋白。随着ECM过度沉积的进展，基质的结构发生硬化。细胞通过细胞表面的整合素受体进行机械传导，激活Hippo信号通路及其主要下游效应物YAP和TAZ，从而感受到ECM的张力。在另一个前馈环中，被激活的YAP和TAZ转移到细胞核中，并促进促纤维化基因（包括CTGF和PDGF）的上调，这些基因通过PI3K/AKT/mTOR途径促进肌成纤维细胞的增殖和激活。

二、纤维化的疾病模型

尽管损伤的病因和组织细胞类型有所不同，但纤维化病变中均存在上述肌成纤维细胞活化机制。与病理纤维化相关的疾病包括非酒精性脂肪性肝炎（NASH）及非酒精性脂肪性肝病（NAFLD），这两种疾病都可能导致肝衰竭。其他还包括特发性肺纤维化（IPF）、酒精性肝病（ALD）和肾纤维化。除了器官损伤外，纤维化还与癌症进展有关，因为纤维化的ECM可以刺激细胞增殖和改变细胞的极性，从而促进肿瘤的发展和生长。

以纤维化为靶点治疗疾病其前景仍具有挑战性，因为炎症反应导致有害的ECM沉积和瘢痕形成，这也是有益的修复过程所必需的，仍需要进一步阐明纤维化的细胞和分子机制。

第十三节　CAR信号网络

一、嵌合抗原受体T细胞疗法的概述

嵌合抗原受体T细胞（CAR-T）疗法是一种利用转基因细胞治疗癌症的前景可期的新型免疫疗法。通过在体外引入和表达嵌合抗原受体（CAR），患者自己的T细胞被改造成靶向特定的表面抗原，作为癌细胞上的分子“灯塔”。在输注后，CAR-T细胞作为一种“活药物”，利用T细胞的细胞毒能力来识别和杀死表达该标记的细胞。正在开发的CAR的一个关键研究领域是充分了解它们如何激活下游信号通路，以在降低毒性的同时最大限度地发挥临床疗效。

二、CAR的信号转导

CAR是具有模块化设计的合成蛋白质，其旨在参与引发效应T细胞功能的内源性细胞信号转导级联，包括增强增殖、细胞因子释放和细胞毒性。CAR通过细胞外抗原识别结构域（ARD）与目标靶标结合，所述细胞外抗原识别结构域由连接单克隆抗体的可变轻区和可变重区的单链可变片段（ScFv）组成。ScFv通过间隔区与受体的跨膜部分连接，间隔区的长度直接影响ARD的结合亲和力。通常衍生自CD8或CD28的跨膜结构域将CAR锚定到T细胞膜并将ARD连接到受体的细胞内信号转导部分。

CAR细胞内结构域的最佳组成是一个热门的研究领域，因为这些结构域的数量和长度的变化可以显著改变CAR-T抗肿瘤作用。目前这代受体由一个激活结构域和一个或多个共刺激结构域组成，通过一系列下游信号转导网络的接合来传递配体结合事件以改变T细胞转录程序。源自T细胞受体CD3ζ链的激活结构域是CAR的细胞内部分的共同特征，能够启动信号转导以驱动T细胞的细胞毒性功能。一般认为，添加来自CD28受体家族或肿瘤坏死因子受体家族（4-1BB、OX40或CD27）的共刺激结构域可通过增强细胞因子分泌以及CAR-T增殖和持久性来增强CAR-T疗效。

细胞内部分包含了不同的功能域，使CAR能够用单一受体链概括T细胞受体信号转导的整合事件。在配体结合时产生的一个关键的翻译后修饰是CD3ζ的磷酸化，它反过来招募ZAP-70以促进下游适应体和支架蛋白的组装。同时，共刺激模块通过PI3K/AKT、TNF受体相关因子2（TRAF2）/p38MAPK和JNK通路启动信号转导。总体而言，这些信号事件汇聚到关键的转录调节因子上——包括NF-κB、NFAT、Stat3、JUN和FOS，以驱动与T细胞激活和效应功能相关的基因表达的变化。

虽然以前的理论假设不同的共刺激结构域通过不同的机制发出信号，但最近对CAR信号的磷酸蛋白组分析表明，它们反而改变了许多相同信号分子的激活动力学和强度。对CAR相互作用组和信号转导组的独立评估发现，包含可变细胞内区域的CAR与信号分子的关联和通路激活方面存在显著差异。这些发现强调了充分评估CAR设计和它们控制的细胞内信号事件之间的关系以优化CAR-T细胞治疗效果的必要性。

（曹红娣）

主要参考文献

Chen L，Flies DB，2013. Molecular mechanisms of T cell co-stimulation and co-inhibition. Nat Rev Immunol，13（4）：227-242.

Kurosaki T，Shinohara H，Baba Y，2010. B cell signaling and fate decision. Annu Rev Immunol，28：21-55.

Lester SN，Li K，2014. Toll-like receptors in antiviral innate immunity. J Mol Biol，426（6）：1246-1264.

Pardoll DM，2012. The blockade of immune checkpoints in cancer immunotherapy. Nat Rev Cancer，12（4）：252-264.

Smith-Garvin JE，Koretzky GA，Jordan MS，2009. T cell activation. Annu Rev Immunol，27：591-619.

Srivastava S，Riddell SR，2015. Engineering CAR-T cells：Design concepts. Trends Immunol，36（8）：494-502.

Sun SC，2012. The noncanonical NF-κB pathway. Immunol Rev，246（1）：125-140.

Wynn TA，Ramalingam TR，2012. Mechanisms of fibrosis：therapeutic translation for fibrotic disease. Nat Med，18（7）：1028-1040.

第九章

激酶信号

第一节 概　　述

蛋白激酶是细胞功能的关键调节分子，构成了最大且功能最多样的基因家族之一，通过添加磷酸酶组到底物蛋白，可指导许多蛋白质的活动、定位及功能，并且参与几乎所有细胞活动。激酶参与信号转导及其他多种重要功能（如细胞周期）。在518个人类蛋白激酶中，478个属于单个超家族，其催化区与序列相关。它们可聚集成组、家族和亚家族，伴随序列相似性和生物化学功能的增加。例如，酪氨酸激酶构成了特别的一组，其成员的蛋白磷酸化发生在酪氨酸残基上，而其他所有组的蛋白磷酸化都主要发生于丝氨酸和苏氨酸残基上。

酪氨酸磷酸化是一种高度调控的翻译后修饰，对细胞间和细胞内通信至关重要。酪氨酸激酶利用ATP作为磷酸盐供体，催化磷酸化基转移到蛋白质底物中的酪氨酸残基。其中，在人类基因组中有58种受体类型（受体酪氨酸激酶，RTK）和32种非受体类型。RTK家族包括表皮生长因子受体（epidermal growth factor receptor，EGFR）、血小板源性生长因子受体、成纤维细胞生长因子受体（fibroblast growth factor receptor，FGFR）、血管内皮生长因子受体、肝细胞生长因子受体（hepatocyte growth factor receptor，Met）、Ephrin受体（Ephrin receptor，Eph）和胰岛素受体。无论是作为细胞表面受体，还是作为细胞信号转导的内部效应分子，酪氨酸激酶均能调控细胞和生长、分化和生物学功能等多个方面。

RTK是位于细胞膜的单通道Ⅰ型受体，配体结合胞外结构域后，两个RTK首先在膜上发生二聚化。二聚化之前，RTK催化位点封闭，无法接触ATP；二聚化以后，ATP可以进入其中一分子RTK的催化位点，并发挥激酶活性催化另一分子RTK磷酸化。RTK的酪氨酸残基磷酸化后，能够被下游含有SH2（Src homology-2）结构域或含有磷酸酪氨酸结合（phosphotyrosine-binding，PTB）结构域的下游蛋白识别。目前含有SH2结构域的下游蛋白已经鉴定出超过100种，而带有PTB结构域的下游蛋白已经鉴定出30多种。识别后，RTK再次发挥激酶作用，将自身的磷酸转移到这两类蛋白上，引起下游的细胞内效应。这种传递模式包括一些细胞内酪氨酸激酶，如SRC激酶、JAK激酶；也包括一些酪氨酸磷酸酶，如SHP1；还包括其他一些需要通过磷酸化发挥活性的蛋白，如磷脂酶Cγ（phospholipase，PLCγ）。此外，还有一类含有SH2或PTB结构域的蛋白，识别RTK磷酸化酪氨酸后，不通过RTK磷酸化进一步传递信号，而是作为转接蛋白去偶联RTK和下游蛋白。例如，在RTK-Ras-MAPK信号转导途径中，生长因子受体结合蛋白2（growth factor receptor-bound protein-2，Grb2）的作用就是作为转接蛋白偶联受体酪氨酸激酶和Ras蛋白。另一个例子则是PI3K通路中的p85调节亚基。

非受体酪氨酸激酶包括许多特征明显的蛋白，如Src家族激酶、c-Abl（cellular abelsongene 1）和JAK激酶，以及其他调控真核细胞生长和分化的激酶。Tec家族激酶（Tec、Btk、Etk、Itk和Txk）在B细胞和T细胞受体信号转导中非常重要，并且包含一个有助于将激酶募集到质膜的独特氨基末端PH（pleckstrin homology）同源结构域。

第二节 Erb/HER信号

EGFR是ErbB（erythroblastic leukemia viral oncogene homolog）受体家族的一员，是目前研究较多的酪氨酸激酶。ErbB家族蛋白通过结合胞外配体，与其他家族成员形成同型二聚体或异二聚体而发挥作用。

ErbB受体酪氨酸激酶家族包含4种细胞表面受体：ErbB1/EGFR/HER1、ErbB2/HER2、ErbB3/HER3和ErbB4/HER4。EGFR和ErbB4能够广泛结合多种配体；ErbB2则是一个孤儿受体，目前还没有发现能够与之结合的配体；ErbB3缺乏激活的激酶结构域，因此需要与其他ErbB家族成员经过二聚化才能激活。结合配体后，激酶结构域活化环残基的磷酸化会维持酶活性，并为底物蛋白提供结合表面。在激酶信号中，配体能够表现为受体特异性，如EGF、转化生长因子-α（TGF-α）、双调蛋白（amphiregulin，AR）和Epigen可特异性结合EGFR，亦可结合一个或多个相关受体。例如，神经调节蛋白（neuregulin，NRG）1-2结合ErbB3和ErbB4；肝素结合表皮生长因子（HB-EGF）、上皮调节蛋白和β-动物纤维素激活EGFR和ErbB4；而ErbB2则缺乏已知的配体，但近期的结构研究表明其结构类似于配体激活状态并倾向于二聚化。

ErbB受体信号通过AKT、MAPK及其他多种通路来调节细胞增殖、分化、迁移、凋亡及细胞移动（图9-1）。在多种形式的恶性肿瘤中，ErbB家族成员及其部分配体通常表现为过表达、扩增或突变，这使其成为重要的治疗靶标。例如，研究者已经发现EGFR在神经胶质瘤和非小细胞肺癌（NSCLC）中扩增和（或）突变；而ErbB2扩增则见于乳腺、卵巢、膀胱肿瘤、非小细胞肺癌及其他几种肿瘤类型。临床前试验和临床研究均表明ErbB受体的双重靶标比单一治疗更有效。

除了在细胞表面作为受体的功能外，ErbB家族蛋白同样在细胞核内作为激酶和转录调节分子而发挥作用。例如，EGFR可转运至胞核内，起到酪氨酸激酶的作用，磷酸化并稳定PCNA；结合在胞膜的ErbB2与输入蛋白β1和Nup358相互作用并通过内吞小泡迁移入胞核，在核内调节多个下游基因的转录活动，包括环氧化酶2（cyclooxygenase-2，COX-2）；NRG或者TPA（12-*O*-tetradecanoylphorbol-13-acetate）刺激可通过γ-分泌素促进ErbB4剪切，释放一个80kDa大小的胞内结构域并转运到胞核诱导分化和凋亡，经过激活和剪切后，ErbB4也可与TAB2（TGF-beta activated kinase 1 and MAP3K7 binding protein 2）和N-CoR（nuclear receptor corepressor）形成复合体来抑制基因表达。

ErbB信号通路受到严格的正反馈、负反馈及前反馈回路的调控，包括由新合成蛋白和miRNA介导且依赖转录的早期和晚期回路。例如，已激活的受体可通过去磷酸化、受体泛素化，或经内体分选和溶酶体降解从细胞表面移除活化受体，从而转换为“关闭”状态。

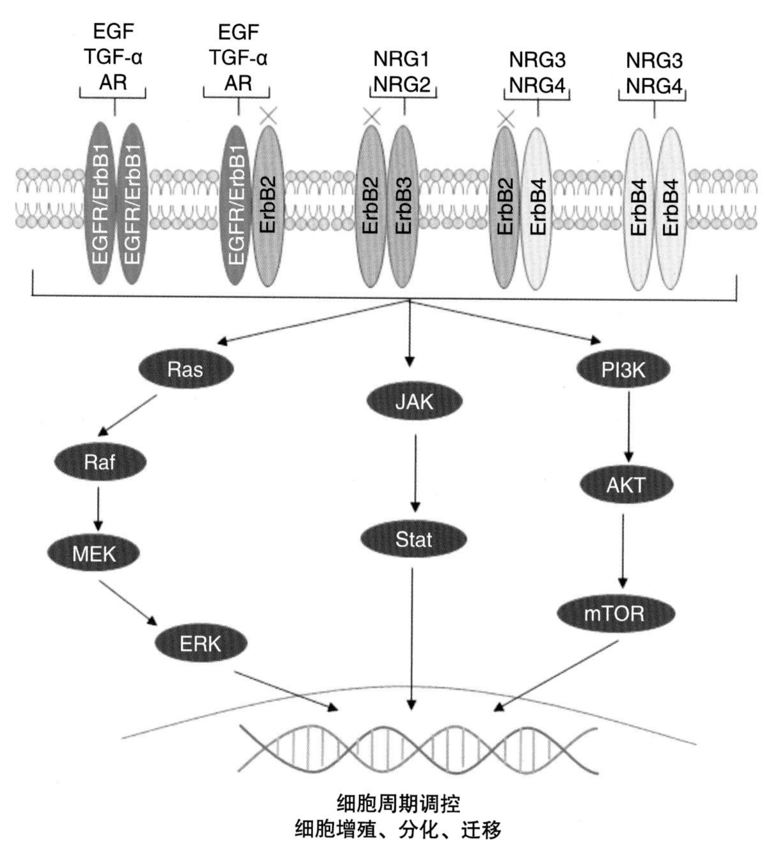

图9-1 ErbB/HER信号通路示意图

EGF. 表皮生长因子（epidermal growth factor）；TGF-α. 转化生长因子-α（transforming growth factor-α）；AR. 双调蛋白（amphiregulin）；NRG. 神经调节蛋白（neuregulin）；EGFR. 表皮生长因子受体（epidermal growth factor receptor）；JAK. Janus 激酶（Janus kinase）；Stat. 信号转导和转录激活因子（signal transducer and activator of transcription）；PI3K. 磷脂酰肌醇3-激酶（phosphoinositide 3-kinase）；mTOR. 哺乳动物雷帕霉素靶蛋白（mammalian target of rapamycin）

第三节 MAPK/ERK信号

丝裂原活化蛋白激酶（MAPK）是丝氨酸-苏氨酸蛋白激酶，参与调节多种细胞活动，包括增殖、分化、凋亡、生存、炎症和先天免疫，并在多种疾病的发病机制中发挥关键作用，包括癌症和神经退行性疾病。在哺乳动物中，MAPK分为3个主要家族，包括JNK、p38 MAPK和ERK（图9-2）。

ERK1/2信号通路包括一个三层的蛋白激酶级联，其中RAF（ARAF、BRAF或CRAF）磷酸化并激活特异性蛋白激酶MEK1和MEK2，进而磷酸化并激活ERK1和ERK2（ERK1/2）。RAS GTPase（HRAS、NRAS和KRAS）以活化的GTP结合的形式与RAF结合，并在激活该通路中发挥关键作用。活性ERK1/2磷酸化多种底物，从而影响细胞增殖、细胞存活和细胞活力。例如，ETS（erthroblastosis virus twenty-six）和AP-1（activator protein 1）转录因子受ERK1/2调控，驱动D型细胞周期蛋白的表达，如细胞

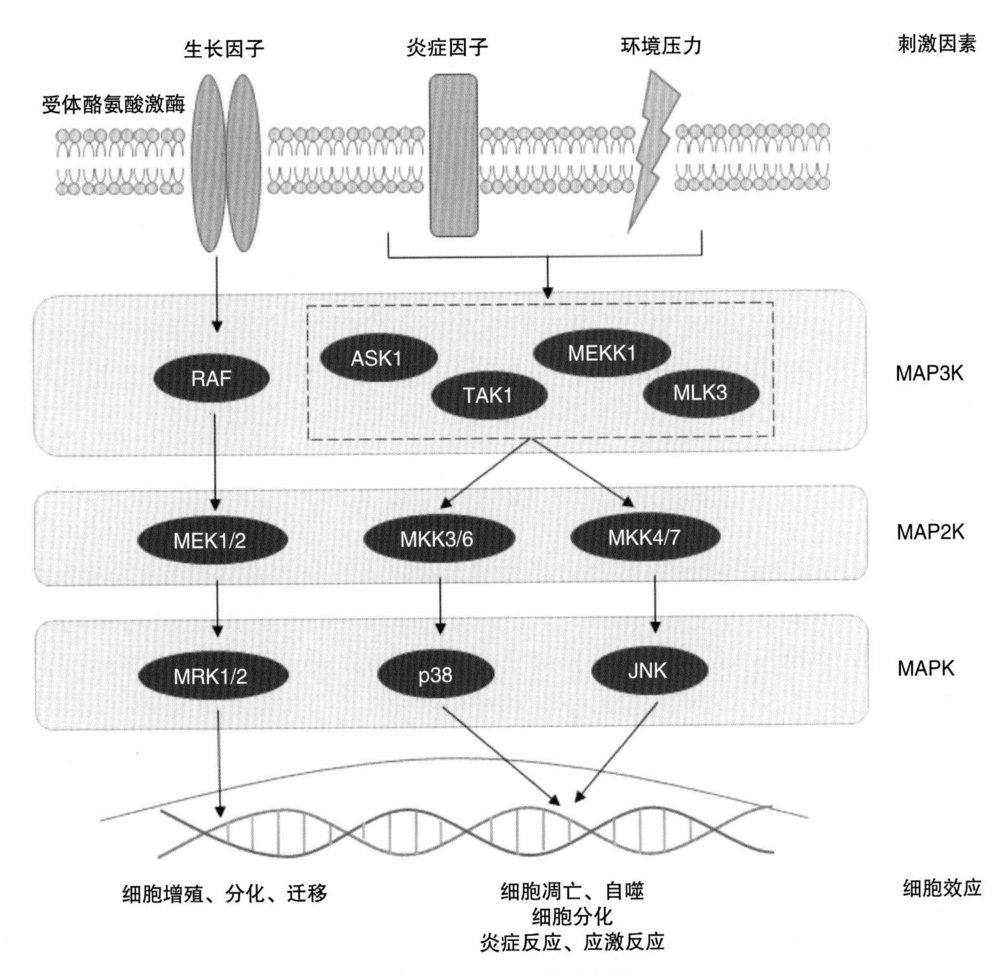

图9-2　MAPK信号通路

ASK1. 凋亡信号调节激酶1（apoptosis signal-regulating kinase 1）；MEKK. MAP激酶激酶激酶（MAP kinase kinase kinase）；MLK. 混合谱系激酶（mixed-lineage kinase）；TAK. TGF-β1激活性激酶1（TGF-β1 activated kinase 1）

周期蛋白D1（cyclin D1，CCND1），从而促进细胞周期G_1期的进行。ERK1/2信号通路还可以通过调节Bcl-2家族的凋亡调节因子来促进细胞存活，并在控制细胞因子和基质金属蛋白酶的表达方面发挥重要作用，这些细胞因子和基质金属蛋白酶可以促进细胞的活力和侵袭性。

ERK通路激活后，受到ERK本身或其上游激活因子反馈机制的负性调控。MAPK磷酸酶（MKP）可以引起ERK1/2酪氨酸和苏氨酸位点的去磷酸化。ERK底物RSK2磷酸化和抑制SOS（SOS是参与Ras-MAPK通路激活的上游蛋白之一）后，ERK1/2通路也会被抑制。

第四节　SAPK/JNK信号级联

应激活化蛋白激酶（stress-activated protein kinase，SAPK）/ JNK是MAPK家族的成员，可由各种不同的环境应激、炎症细胞因子、生长因子及GPCR激动剂激活，这些应激反应信号经Rho家族（Rac、Rho、Cdc42）的小分子GTP酶进行传递，从而产生级联放大反应。和其他MAPK一样，膜近端激酶是一个MAPKKK（通常为 MEKK1 ～ 4），或是混合谱系激酶（MLK）中一员，能磷酸化并激活MKK4（SEK）或MKK7（即SAPK/JNK激酶）。此外，MKK4/7能由生发中心激酶（GCK）家族成员以独立于GTP酶的方式激活。SAPK/JNK转运入胞核后可调节多种转录因子的活性。

JNK的活化主要参与细胞对促炎细胞因子的凋亡反应、基因毒性和应激反应，也参与调控细胞增殖、存活和分化。JNK的信号强度和持续时间的不同可能会产生不同的生物学效应。有证据表明，JNK的短暂激活可促进细胞存活，而JNK的长期激活则诱导细胞凋亡。目前已鉴定出3个JNK基因——JNK1、JNK2和JNK3，编码10种亚型。JNK3主要在大脑、睾丸和心脏中表达，而JNK1和JNK2则在全身广泛表达。

第五节　p38 MAPK信号

p38 MAPK（α、β、γ和δ）是 MAPK 家族的成员，各种环境应激和炎症细胞因子均可将其激活。类似于其他MAPK级联，该信号的膜近端组分是MAPKKK，典型的为MEKK或MLK，MAPKKK 磷酸化并依次激活 MKK3/6和p38 MAPK。MKK3/6也可在凋亡因素的刺激下直接由ASK1激活。p38 MAPK参与调节HSP27、MAPKAPK-2（MK2）、MAPKAPK-3（MK3）和多种转录因子，并且能够通过激活MSK1间接调控CREB。p38 MAPK参与多种细胞生理和病理过程，包括细胞凋亡、细胞应激、细胞周期和机体的炎症反应。

第六节　GPCR/MAPK/ERK信号

G蛋白偶联受体（GPCR）可被各种不同的外界刺激激活。GPCR激活后，G蛋白将GDP转化为GTP，导致GTP结合的α和β/γ亚单位解离，并触发各种不同的信号级联放大。受体结合到各种异源三聚体的G蛋白亚型后可利用不同的支架来激活小分子G蛋白/MAPK级联，并可利用至少三种不同类型的酪氨酸激酶。Src家族激酶在β/γ亚单位激活 PI3Kγ后聚集；此外，Src家族激酶还可由受体内化、受体酪氨酸激酶交互激活，或含Pyk2 和（或）FAK的整合素支架信号转导来聚集。GPCR还可以利用PLCβ来介导PKC和钙离子/钙调蛋白依赖激酶Ⅱ（calcium/calmodulin-dependent protein kinase Ⅱ）的激活，可以达到激活或抑制下游 MAPK 通路的效果。

第七节　AMPK信号

参见第四章第二节。

第八节　mTOR信号

参见第四章第二节。

第九节 PI3K/Akt信号

Akt作为一种原癌基因，其编码的丝氨酸/苏氨酸蛋白激酶，在调控各种不同的细胞功能（包括代谢、生长、增殖、存活、转录及蛋白质合成）方面发挥了重要作用，因此成为医学界的关注热点。Akt信号级联被受体酪氨酸激酶、整合素、B细胞和T细胞受体、细胞因子受体、G蛋白偶联受体和其他刺激物激活，这些刺激物通过PI3K诱导产生磷脂酰肌醇（3,4,5）-三磷酸［phosphatidylinositol（3,4,5）trisphosphate，PIP_3］。这些脂质充当含有普列克底物蛋白同源（PH）结构域的蛋白质的质膜对接位点，包括Akt及其上游激活剂3-磷酸肌醇依赖性蛋白激酶1（3-phosphoinositide dependent protein kinase 1，PDK1）。膜上的PDK1在Akt的苏氨酸308位点将其磷酸化，导致Akt的部分激活；丝氨酸473位点被mTORC2磷酸化，可使得Akt被完全激活；PI3K相关激酶（PIKK）家族成员也同样能在Akt丝氨酸473位点将其磷酸化。Akt被蛋白磷酸酶2A（protein phosphatase 2A，PP2A）和含有PH结构域亮氨酸重复序列的蛋白磷酸酶（PHLPP1/2）去磷酸化；此外，抑癌基因同源磷酸酶张力蛋白（phosphatase and tensin homolog，PTEN）也通过去磷酸化PIP_3抑制Akt活性。

PI3K/Akt信号通路失调控见于多种人类疾病，包括癌症、糖尿病、心血管疾病和神经疾病。目前在癌症中，已发现两处可增强PI3K内在激酶活性的突变；人类肿瘤中PTEN常发生突变或缺失。在疾病中，Akt信号转导失调控的频率很高，因此很多学者都致力于PI3K和Akt小分子抑制剂的研究开发。

Akt存在3种高度关联的亚型（Akt1、Akt2和Akt3），能够将含有共同磷酸化基序RxRxxS/T的底物磷酸化。Akt的3种亚型有一些共同底物，如所有Akt亚型都能够将PRAS40（分子量为40kDa的富含脯氨酸的Akt底物）磷酸化，但也有部分底物存在亚型特异性，如只有Akt1能够磷酸化肌动蛋白相关蛋白palladin。

Akt是调节细胞生长分化的重要分子：Akt作用于TSC1/TSC2复合体及mTORC信号转导（图9-3），从而调节细胞生长；通过磷酸化CDK的抑制剂p21和p27而影响细胞增殖；通过直接抑制Bad等促凋亡蛋白或抑制FoxO等转录因子产生的促凋亡信号调节细胞存活。Akt通过激活AS160和PFKFB2，对调节代谢发挥重要作用。另外，已有证据显示，Akt可调节参与神经功能的多种蛋白，包括GABA受体、ataxin-1和亨廷顿蛋白（huntingtin）。Akt通过磷酸化palladin和波形蛋白（vimentin），参与细胞迁移和侵袭。Akt还可以通过磷酸化IKK和Tpl2，调节NF-κB信号转导。由于Akt/PKB在调节各种细胞功能方面都扮演着重要角色，这使其成为人类疾病治疗的重要靶标。

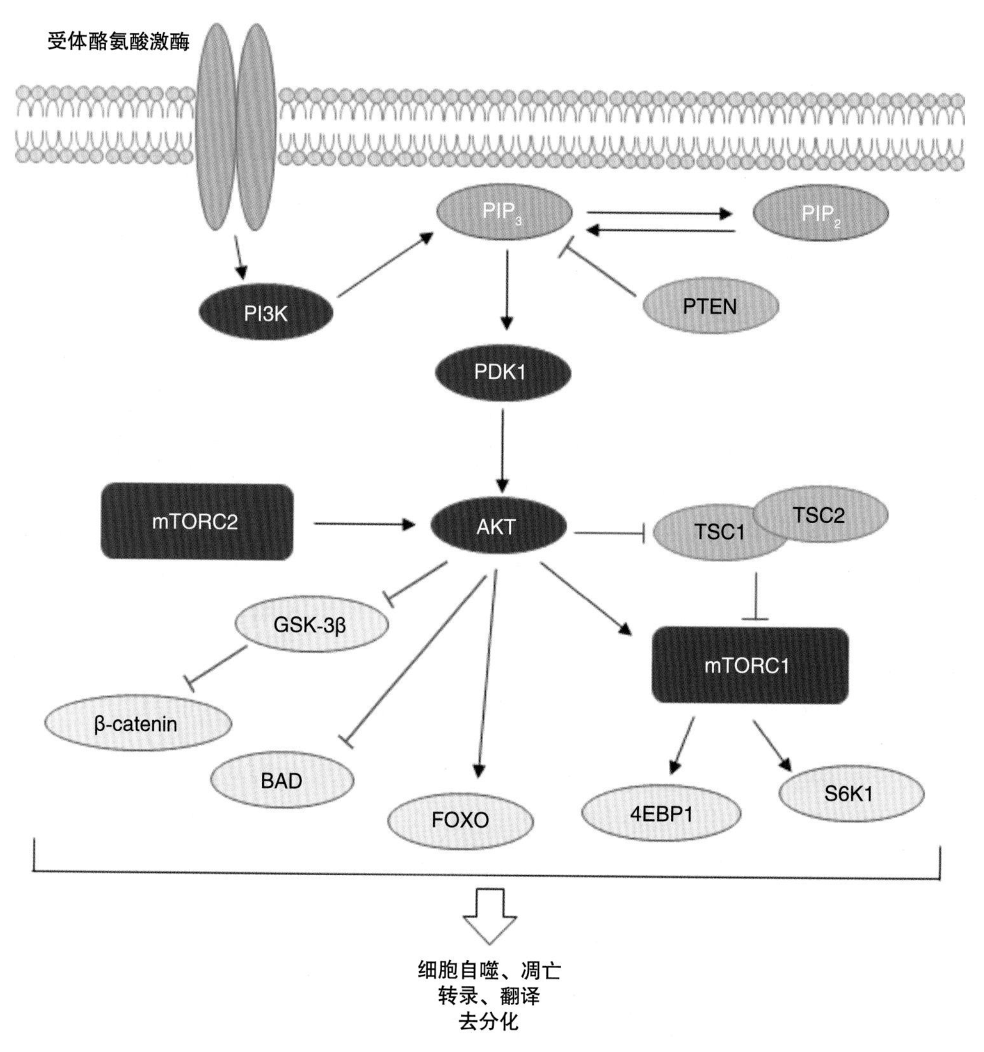

图9-3 PI3K/Akt信号通路示意图

PIP_2. 4,5-二磷酸磷脂酰肌醇（phosphatidylinositol-4,5-bisphosphate）; PIP_3. 磷酸肌醇-3,4,5-三磷酸盐（phosphoinositide-3,4,5-triphosphate）; TSC. 结节性硬化复合物1（tuberous sclerosis complex）; GSK-3β. 糖原合成激酶-3β（glycogen synthase kinase-3β）

第十节 磷脂肌醇（脂质）信号通路

磷脂酰肌醇（phosphatidylinositol，PtdIns）是一种小脂质分子，由一个肌醇环和两个脂肪酸链通过一个甘油主键连在一起而构成。甘油主键可以让PtdIns锚定在细胞膜的细胞质侧。PtdIns在肌醇环的3、4和（或）5羟基位置被大量脂质激酶磷酸化，从而产生各种各样的磷脂酰肌醇单磷酸（PI3P、PI4P和PI5P）、二磷酸[PI（3,4）P_2、PI（3,5）P_2、PI（4,5）P_2]和三磷酸[PI（3,4,5）P_3]，合称磷酸肌醇。而相反，位点特异性的脂质磷酸酶可使脂质肌醇去磷酸化，从而维持脂质磷酸化水平的动态平衡。

通常，磷脂酰肌醇单磷酸位于胞内膜结构（内吞小泡、高尔基体、胞核），而二磷酸和三磷酸则位于细胞膜。PtdIns（在内质网合成）和磷酸肌醇通过胞内小泡在各种亚细胞区室之间穿梭，胞内小泡会结合其相应的修饰酶。磷酸肌醇是通用的信号转导实体，可通过与膜蛋白（如离子通道、GPCR）的直接相互作用或通过膜募集胞质蛋白来调节细胞活性，这些胞质蛋白包含能直接结合磷酸肌醇的结构域，如PH（pleckstrin homology）、FYVE、WD40重复序列、FERM、PTB和PDZ结构域等。

目前，研究较多的磷酸肌醇是PI（3,4,5）P_3，它在Ⅰ类PI3K合成PI（4,5）P_2的过程中产生，并且能够被PTEN去磷酸化。Ⅰ类PI3K和PTEN是受体酪氨酸激酶诱导的Akt信号转导的中心介导物，通常在许多形式的癌细胞中发生突变。除了能够调控Akt信号转导相关的细胞增殖、存活和代谢外，磷酸肌醇信号转导还会诱导细胞骨架变化和肌动蛋白重构，并在网格蛋白介导的内吞、囊泡运输、膜动态、自噬、细胞分裂/胞质分裂、细胞迁移和紫外线应激反应中发挥作用。

第十一节 蛋白激酶C信号

蛋白激酶C（PKC）家族成员调控细胞的多种功能，包括基因表达、蛋白分泌、细胞增殖和炎性反应。PKC基本的蛋白结构为一个氨基末端调节区，该调节区由一个铰链区连接至羧基末端激酶区域。PKC酶含有一个自行抑制的假性底物区域，该区域可与催化区序列结合以抑制激酶活性。

PKC调节区的差异性使得其能够结合各种不同的第二信使，因此能够将PKC家族分为三大类别。第一类是传统的PKC（conventional PKC，cPKC），包括PKCα、PKCβ和PKCγ亚型，它们含有功能性C1和C2调节区域，cPKC酶的激活需要将二酰甘油（DAG）和磷脂结合到C1区域，并将钙离子结合到C2区域。第二类是新PKC（novel PKC，nPKC），包括PKCδ、PKCε、PKCη和PKCθ 亚型，这些PKC酶还需要结合DAG以激活，但其含有的C2区域不作为钙离子感受器。关系疏远的蛋白激酶D通常与新PKC酶相关，因为它们对DAG有反应，而对钙刺激无反应。第三类是非典型PKC（atypical PKC，aPKC），包括PKCζ和PKCι/λ 亚型，它们含有一个无功能性C1区域而缺乏C2区域，并且它们的激活不需要结合第二信使。

PDK1或相关酶能够激活PKC。PKC的活性通过3个独立的磷酸化事件进行调节，分别为活化环中的苏氨酸500位点、自磷酸化的苏氨酸641位点和羧基末端的疏水性丝氨酸660位点。

第十二节 胰岛素受体信号

参见第四章第二节。

第十三节 eIF4E和p70 S6激酶的调控

翻译是一个受到密切调控的过程，mTORC1-S6K信号转导发挥着至关重要的作用。翻译起始的速率主要取决于三聚物蛋白复合体eIF4F对5′帽（cap）的识别，eIF4F组分包括可以结合5′帽的eIF4E、前导序列中解旋复合体二级结构所必需的解旋酶eIF4A和大型支架蛋白eIF4G。

eIF4G可将mRNA转运至eIF3，并通过结合多聚A结合蛋白（polyA binding protein，PABP）介导mRNA环化。eIF4F与帽的结合受到4EBP的阻碍，当低磷酸化时，这些蛋白会隔离eIF4E并阻止其与eIF4G的结合。但是，在生长因子、分裂素和氨基酸等阳性刺激的作用下，mTORC1磷酸化4EBP并解除这种抑制作用，从而形成eIF4F，并开始翻译。此外，mTORC1与PDK1引起S6激酶磷酸化，S6激酶反过来磷酸化翻译过程中的许多底物，这些底物包括S6小核糖体亚基、eIF4B（eIF4A解旋酶的激活因子）、PDCD4（通过磷酸化进行抑制的eIF4A抑制因子）以及SKAR（mRNA剪接因子）。Ras-MAPK是除mTORC1通路外的另一个主要的翻译调节分子，通过MNK激酶磷酸化eIF4B和eIF4E进行调控。

第十四节　Jak/Stat/IL-6受体信号

参见第八章第三节。

（江　蕾）

主要参考文献

Altarejos JY，Montminy M，2011. CREB and the CRTC co-activators：sensors for hormonal and metabolic signals. Nat Rev Mol Cell Biol，12（3）：141-151.

Arteaga CL，Engelman JA，2014. ERBB receptors：from oncogene discovery to basic science to mechanism-based cancer therapeutics. Cancer Cell，25（3）：282-303.

Avraham R，Yarden Y，2011. Feedback regulation of EGFR signalling：decision making by early and delayed loops. Nat Rev Mol Cell Biol，12（2）：104-117.

Carling D，Mayer FV，Sanders MJ，et al，2011. AMP-activated protein kinase：nature’s energy sensor. Nat Chem Biol，7（8）：512-518.

Chen F，2012. JNK-induced apoptosis，compensatory growth，and cancer stem cells. Cancer Res，72（2）：379-386.

Dowling RJ，Topisirovic I，Fonseca BD，et al，2010. Dissecting the role of mTOR：lessons from mTOR inhibitors. Biochim Biophys Acta，1804（3）：433-439.

Graff JR，Konicek BW，Carter JH，et al. Targeting the eukaryotic translation initiation factor 4E for cancer therapy. Cancer Res，68（3）：631-634.

Tebbutt N，Pedersen MW，Johns TG，2013. Targeting the ERBB family in cancer：couples therapy. Nat Rev Cancer，13（9）：663-673.

Wang W，Lv J，Wang L，et al，2017. The impact of heterogeneity in phosphoinositide 3-kinase pathway in human cancer and possible therapeutic treatments. Semin Cell Dev Biol，64：116-124.

Zoncu R，Efeyan A，Sabatini DM，2011. mTOR：from growth signal integration to cancer，diabetes and ageing. Nat Rev Mol Cell Biol，12（1）：21-35.

第十章

神经科学中的细胞信号转导

第一节　神经科学概述

神经科学是探究生物体内神经系统的研究领域。在胚胎形成的早期，周围神经系统（peripheral nervous system，PNS）和中枢神经系统（central nervous system，CNS）的发育就已经开始，通过特异性的谱系标志物能够追踪神经元发育的各个阶段。神经干细胞来源于外胚层并分化成神经嵴细胞、神经胶质祖细胞和神经元祖细胞。神经干细胞的标志物包括巢蛋白（Nestin）、Musashi和神经源分化因子1（NeuroD）。神经嵴进一步分化成多种细胞类型，包括神经元、神经胶质、颅面软骨和结缔组织，亦称为第四原胚层。神经嵴标志物包括叉头框D3（forkhead box D3，FoxD3）和Notch1。神经胶质祖细胞发育为星形胶质细胞和少突胶质细胞，前者为形成血脑屏障提供结构支撑，而后者则形成包裹轴突的隔离髓鞘。神经元祖细胞携带特异性的细胞周期退出与神经元分化蛋白1（cell cycle exit and neuronal differentiation 1，CEND1）和脱中胚蛋白（eomesodermin，EOMES）标记物，发育成成熟的神经元。

神经元是构建大规模神经网络系统的基础。神经递质将一个神经元的信号通过突触间隙传递给另一个神经元称为突触信号转导。这些神经递质，如多巴胺、谷氨酸和γ-氨基丁酸（gamma-aminobutyric acid，GABA），储存在突触前神经元的突触囊泡中。当接收到特定信号时，囊泡与突触前膜融合并将内容物释放进突触间隙，介导神经递质与突触后膜上某种受体相结合。受体家族成员，如多巴胺受体，是G蛋白偶联受体（G protein-coupled receptor，GPCR）的一种，可通过腺苷酸环化酶传递信号激活蛋白激酶A（protein kinase A，PKA）和其他信号转导介质，进而由环磷酸腺苷反应元件结合蛋白（cyclic adenosine monophosphate response element binding protein，CREB）和其他转录因子调节基因表达。其他神经递质结合*N*-甲基-*D*-天冬氨酸受体（*N*-methyl-*D*-aspartic acid receptor，NMDAR）或α-氨基-3-羟基-5-甲基-4-异噁唑丙酸受体（α-amino-3-hydroxy-5-methyl-4-isoxazole-propionic acid receptor，AMPAR）等离子通道调节Ca^{2+}和Na^{+}的流动，从而维持跨突触后神经元的动作电位。

通常将源于神经元丧失结构或功能造成的损毁性疾病称为神经退行性疾病。阿尔茨海默病（Alzheimer's disease，AD）是目前全球范围内最常见的一种神经退行性疾病。其特征性的表现为细胞外淀粉样蛋白斑，与淀粉样前体蛋白（amyloid precursor protein，APP）的异常处理过程和β淀粉样肽（β-amyloid，Aβ）的聚集有关。AD还表现出由于Tau蛋白过度磷酸化而造成的神经原纤维缠结的特征（图10-1）。帕金森病（Parkinson's disease，PD）是另一种神经退行性疾病，与基因突变或环境毒素作用下，α-突触核蛋白发生错误折叠，并聚集形成路易小体有关。这些聚集物改变多巴胺信号转导，导致神经元功能紊乱和细胞死亡。

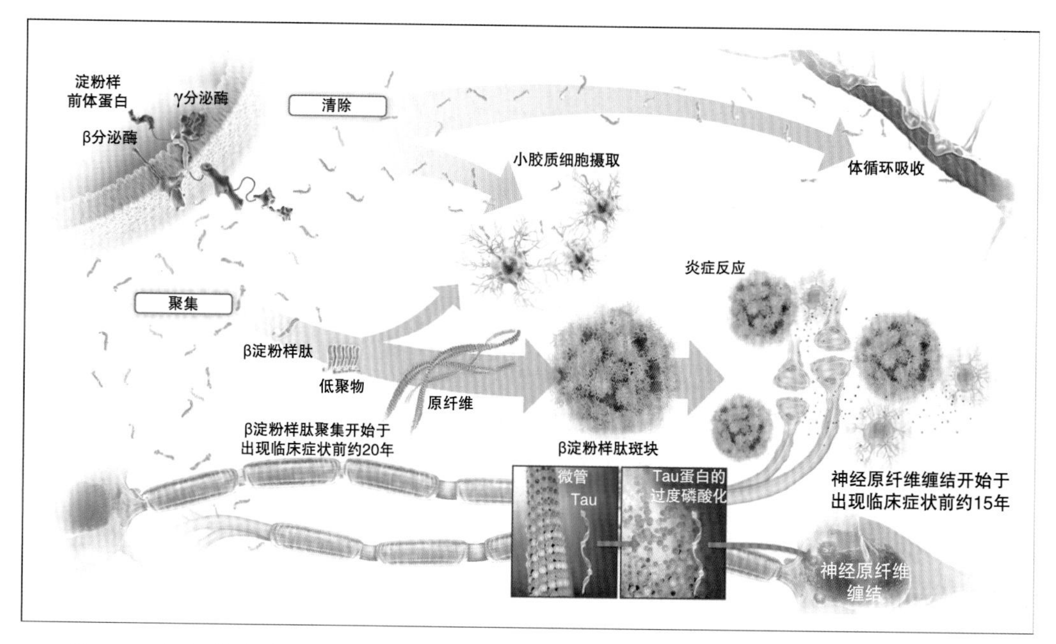

图10-1 阿尔茨海默病的发病过程中，β淀粉样肽聚集和神经原纤维缠结的病理改变比临床症状早出现十余年

第二节 细胞信号转导与神经科学

一、MAPK/Erk信号

GPCR被多种外界刺激激活后，G蛋白将二磷酸鸟苷（guanosine diphosphate，GDP）转变为三磷酸鸟苷（guanosine triphosphate，GTP），导致GTP结合的α和β/γ亚单位解离，并触发下游多种信号级联。受体结合到G蛋白异源三聚体的各个亚型后，可利用不同的支架蛋白激活小G蛋白/丝裂原活化蛋白激酶（mitogen-activated protein kinase，MAPK）级联，涉及至少三类酪氨酸激酶。β/γ亚单位激活磷脂酰肌醇-3-激酶（phosphoinositide 3-kinase，PI3K）γ后富集Src家族激酶。受体内化、受体酪氨酸激酶交互激活，或含Pyk2和（或）局部黏着斑激酶（focal adhesion kinase，FAK）的整合素支架信号也能介导Src家族激酶的富集。GPCR还可以利用PLCβ介导PKC和CaMK Ⅱ的激活，从而激活或抑制下游MAPK通路。

二、髓系细胞触发受体2信号

小胶质细胞由髓系细胞分化而来，在介导CNS炎症反应中发挥重要作用。与此同时，小胶质细胞参与识别及消除侵袭机体的外来物质，并修复CNS的损伤。此外，小胶质细胞还能调节神经回路及维持内环境稳态。近年来，慢性神经炎症或神经胶质增生已成为神经退行性变相关研究的前沿，作为神经炎症的主要细胞介质，小胶质细胞也成为该领域的焦点。大量研究工作着力于阐明小胶质细胞在AD的发病机制中的确切作用。

小胶质细胞受体-衔接蛋白复合体，即髓系细胞触发受体2（triggering receptor expressed on myeloid cells 2，TREM2）和DNAX激活蛋白（DNAX-activating protein of 12kDa，DAP12），在AD和PD等多种神经退行性疾病中发挥重要作用。TREM2和DAP12之间的相互作用很可能介导多种神经炎性反应，与吞噬和碎片清除、调节促炎性细胞因子产生和释放，以及转录调控促进小胶质细胞增殖和存活有关。因此，TREM2/DAP12的功能变化直接影响小胶质细胞激活的时间和程度，从而影响神经元功能和存活。

TREM2由三个不同的结构域组成。其一为胞外感受器，含一个免疫球蛋白结构域，能结合病原体相关分子模式（pathogen-associated molecular pattern molecule，PAMP）、损伤相关分子模式（damage-associated molecular pattern molecule，DAMP）、细胞碎片、脂质及载脂蛋白。此外，TREM2胞外结构域能感受到AD 中累积的β淀粉样肽。ADAM家族中ADAM金属肽酶10（ADAM metallopeptidase domain，ADAM10）和ADAM17介导的裂解作用促进分泌型TREM2变体胞外结构域（secreted variant of the TREM2 extracellular domain，sTREM2）的释放，该变体可能在小胶质细胞存活和促炎性信号传播中起保护作用。TREM2还包含一个与DAP12结合的跨膜结构域，以及一个短的细胞质尾端结构域（TREM2 intracellular domain，TREM2 ICD），γ分泌酶剪切TREM2释放其ICD。但TREM2 ICD的功能尚不清楚。

胞外配体结合后激活TREM2，继而活化DAP12，激活胞内信号级联。具体而言，DAP12包含一个免疫受体酪氨酸激活基序（immunoreceptor tyrosine-basecl activation motif，ITAM），其酪氨酸残基在TREM2结合配体时被磷酸化。随后募集脾酪氨酸激酶（spleen tyrosine kinase，Syk）以激活下游信号分子，如Vav鸟嘌呤核苷酸交换因子、非受体酪氨酸激酶Pyk2、PI3K（在DAP10的协助下被募集到膜上）、PLCγ和T细胞激活1和2膜结合物（linker for T-cell activation 1 and 2，LAT1/2）。在不同环境下，上述信号级联可分别或协同作用，从而影响各种小胶质细胞功能，包括受体介导的吞噬、β-catenin及mTOR复合体1介导的转录调控、磷脂酰肌醇-2/3-磷酸（phosphatidylinositol bisphosphate/triphosphate，$PIP_{2/3}$）介导的AKT和mTOR复合体2激活调节代谢平衡、RAS/MEK/ERK激活介导促炎分子的转录调控，以及钙调节的RAS肌动蛋白重构。

被蛋白酪氨酸激酶Src磷酸化的DAP12可进一步调节下游信号级联。值得注意的是，以不依赖于Syk而依赖于Src的方式激活的DAP12，通过Src依赖方式磷酸化并募集衔接蛋白Dok-3、相关的生长因子受体结合蛋白2（grouth factor receptor bound protein 2，Grb2）和SOS1（son of sevenless homolog 1），以抑制RAS/MEK/ERK通路。上述信号将阻止RAS-ERK通路的激活，从而降低促炎性细胞因子的分泌。ERK信号转导的这种双模调控表明了一个高度调控的TREM2/DAP12复合体在调节适度促炎反应中的重要性。DAP12的Src磷酸化介导其与脂质磷酸酶syc同源结构域2肌醇磷酸（syc homology domain 2 inositol phosphatase，SHIP1）的相互作用。SHIP1与衔接蛋白CD2AP（CD2 associated protein）相互作用后，CD2AP 进而结合的RAB5活化鸟嘌呤核苷酸交换因子RIN3（Ras and Rab interactor 3），转而结合参与内吞和受体运输的蛋白BIN1（bridging integrator 1），该蛋白是一个众所周知的迟发性AD的风险位点。在AD中，SHIP1/CD2AP/RIN3/BIN1 复合体可能会增加小胶质细胞对Aβ的摄取和降解。此外，新证据表明膜蛋白CD33与TREM2之间存在复杂的交互作用，结合CD33的SHIP1可抑制Syk激活，进而抑制PI3K活化、自噬及小胶质细胞代谢稳态。

AD患者的全基因组关联研究表明小胶质细胞的TREM2/DAP12信号轴内存在许多疾病风险位点。了解该复合体及其下游效应子的功能变化有助于阐明小胶质细胞在 AD 和其他神经退行性疾病的发病机制中的作用。

三、囊泡运输突触前信号

神经元通信是一个非常紧凑的过程。神经元之间的信息传递发生在突触当中，神经元信息从动作电位转化为神经化学信号。突触包含一个突触前活性区（包含突触前膜上的囊泡融合位点及钙通道）、突触间隙、突触后致密区（含有专门接收和整合突触信号的突触后神经元的电子致密结构域）。在动作电位（一种称为同步释放的神经传递）到达时，含有神经递质（neurotransmitter，NT）的胞内囊泡与突触前膜快速融合，并将其内含物释放到突触间隙。这些囊泡的锚定、引导及融合由位于囊泡和突触前膜的可溶性NSF附着蛋白受体（soluble NSF attachment protein receptor，SNARE）家族及其他伴侣蛋白介导。通过囊泡相关 Rab3（或Rab27）与RIM的相互作用，突触囊泡锚定在活性区的预设位点，其中RIM能直接以及通过RIM结合蛋白（RIM-binding protein，RIM-BP）结合钙通道。依据非神经元的研究，SNARE蛋白可能还在锚定中发挥作用，但在哺乳动物神经元中尚无实证。囊泡SNARE蛋白（vesicle-associated membrane protein，VAMP）（又称为synaptobrevin）在细胞膜上结合SNARE蛋白syntaxin 1和SNAP25，引导囊泡融合。Munc18-1结合syntaxin 1单体和SNARE复合体，并协助复合体组装。共伴侣分子蛋白complexin和钙结合蛋白synaptotagmin 1（SYT1）结合 SNARE蛋白，形成紧密的复合体，将脂膜聚集起来。在突触前神经元中的动作电位打开电压门控钙通道时，Ca^{2+}结合SYT1，并使之与SNARE复合体及质膜相互作用，从而介导膜融合并将NT释放到突触间隙。对动作电位的快速反应部分源于RIM、RIM-BP和Munc13蛋白在囊泡、细胞膜和钙通道之间形成物理接触，使3种必要的反应元件彼此贴近。释放的NT能通过再循环回到神经元的细胞质中，介导该过程的特异性转运蛋白包括调节谷氨酸再摄取的兴奋性氨基酸转运蛋白（excitatory amino acid transporter，EAAT）及单胺转运蛋白，如调节血清素再摄取的羟色胺转运体（serotonin transporter，SERT）或多巴胺再摄取的多巴胺转运体（dopamine transporter，DAT）等。

四、阿尔茨海默病信号

阿尔茨海默病是全球最常见的神经退行性疾病之一。临床特征表现为出现细胞外淀粉样蛋白斑，以及细胞内神经原纤维缠结，导致神经元功能障碍和细胞死亡。此病的中心环节是膜内蛋白——APP在正常和病理状态下存在的不同代谢过程。正常状态下，APP首先被α分泌酶裂解形成可溶性APP（sAPP）和一个C83羧基末端片段。sAPP与正常的突触信号转导有关，参与突触可塑性、学习和记忆、情绪性行为及神经存活。然而，在疾病状态下，APP相继被β分泌酶和γ分泌酶裂解，并释放一个称为A40/42的胞外片段。这种具有神经毒性片段不断聚集，导致A40/42寡聚化和斑块形成。A40/42的聚集导致离子通道堵塞，钙离子稳态失衡，线粒体氧化应激、能量代谢受损，以及糖代谢的调节异常，最终导致神经细胞死亡。阿尔茨海默病的另一大特征是出现神经原纤维缠结。这些缠结的形成是微管相关Tau蛋白过度磷酸化的结果。糖原合成酶激酶-3（glycogen synthase kinase 3，GSK-3）和周期蛋白依赖性激酶5（cyclin-dependent kinase 5，CDK5）是磷酸化Tau蛋白的主要激酶，PKC、PKA和Erk2等激酶也参与其中。Tau蛋白的过度磷酸化导致其从微管上分离，造成微管丧失稳定性，而Tau蛋白在细胞内发生寡聚化。Tau蛋白的寡聚化造成神经原纤维缠结，导致神经元凋亡。

五、帕金森病中的多巴胺信号

帕金森病（Parkinson′s disease，PD）是仅次于AD第二常见的神经退行性病变。临床特征为动作迟缓、静止性震颤及僵硬，是中脑腹侧黑质部分缺乏多巴胺能神经元所致。正常情况下，突触前神经元释放的神经递质多巴胺通过D1和D2类型的多巴胺受体传导至突触后神经元。D1型受体信号通过G蛋白激活腺苷酸环化酶，形成cAMP并激活PKA。D2型受体则通过抑制腺苷酸环化酶阻断该信号。PD可能由基因突变（家族性）和暴露于环境及神经毒素（散发性）所致。累及Parkin、DJ-1和phosphatase and tensin homolog（PTEN）induced putative kinase 1（PINK1）的隐性遗传性失活突变可导致线粒体功能障碍和活性氧（reactive oxygen species，ROS）积聚，而α-突触核蛋白和富亮氨酸重复激酶2（leucine-rich repeat kinase 2，LRRK2）的显性遗传性错义突变则可能影响蛋白质降解通路，导致蛋白质蓄积及路易小体积聚。多巴胺能神经元中线粒体功能障碍和蛋白质聚集可能是导致神经元过早退化的原因。突变的α-突触核蛋白、Parkin、DJ-1、PINK1和LRRK2还能造成多巴胺释放和多巴胺能神经传导受损，是先于多巴胺能神经元坏死的早期病理改变。暴露于环境和神经毒素也可能导致线粒体功能障碍并释放ROS，导致凋亡、蛋白质降解通路破坏等多种细胞反应。小神经胶质激活后造成炎症细胞因子释放和细胞应激，引起了PD中的炎症病变。小神经胶质激活可通过JNK信号导致细胞凋亡，并通过调节因子REDD1（regulated in development and DNA damage responses 1）阻断Akt信号。

六、神经元和胶质细胞标志物

早年通过形态学区分中枢神经系统（CNS）和周围神经系统（PNS）细胞的时代已经一去不复返，如今人们通过特异性的标志蛋白区分正常或疾病状态下各种类型的细胞。时空表达上的变化增加了描述这些标志物的难度，更何况这些变化还受到遗传和表观遗传机制调节。尽管错综复杂，但仍有许多CNS和PNS的细胞生物标志物在胚胎形成、成年神经发生及神经退行性疾病中被发现。

哺乳动物神经系统的所有神经元均起源于神经干细胞，该细胞能自我更新并具备多向分化潜能。在神经发生前，这些干细胞形成单层神经上皮构成神经板和神经管。神经上皮细胞主要由Notch1信号驱动，形成放射状胶质细胞（radial glial cell，RGC）和施万细胞（Schwann cell）。RGC保留有神经上皮特性，包括表达中间丝蛋白Nestin和Y染色体性别决定区（sex determining region Y，SRY）box 2（Sox2）。它们还具备多种星形胶质细胞特性，包括表达星形胶质细胞特异性谷氨酸转运蛋白（astrocyte-specific glutamate transporter，GLAST）、Ca^{2+}-结合蛋白S100β和脑脂质结合蛋白（brain lipid-binding protein，BLBP）。未成熟的施万细胞位于PNS中，表现为上调的神经细胞黏附分子（neural cell adhesion molecule，NCAM）和胶质纤维酸性蛋白（glial fibrillary acidic protein，GFAP）。进一步成熟后，施万细胞中髓鞘相关基因，如髓鞘碱性蛋白（myelin basic protein，MBP）表达升高，该特性有助于胶质细胞产生PNS运动神经元和感觉神经元的髓鞘。

中间祖细胞来源于放射状胶质细胞，是大多数CNS中成熟神经元的前体。中间祖细胞特征性表达的Pax6（paired box 6）是一种调节神经干细胞（neural stem cell，NSC）增殖和分化的多功能转录因子。在神经发生后期，这些细胞上调双肾上腺皮质激素（doublecortin，DCX）和神经源分化因子1（NeuroD1），后者决定神经元的命运。成熟后的哺乳动物神经元的胞体表达神经元特异性烯醇化酶（neuron-specific enolase，NSE）、微管相关蛋白2（microtubule-associated protein-2，MAP2）及神经元特异性核蛋白（neuron-specific nuclear protein，NeuN）。值得注意的是，某些神经元集群并不表达NeuN，如高尔基细胞、浦肯野细胞、嗅球僧帽细胞、视网膜感光细胞、下橄榄、齿状核神经元及交感神经节细胞。根据传导方向（传入神经元、传出神经元、中间神经元）、对其他神经元及靶标的作用（如运动神经元）、放电模式和神经递质的产生，可进一步区分成熟神经元。中间神经元表达多种钙结合蛋白（calbindin和calretinin），而运动神经元则表达同源框基因HB9。分泌神经递质的神经元可通过化学合成和分泌所需的以下酶/转运蛋白来区分：谷氨酸能神经元的囊泡谷氨酸转运体1/2（vesicular glutamate transporter 1/2，VGLUT1/2）、γ-氨基丁酸能神经元的谷氨酸脱羧酶1/2（glutamate decarboxylase 1/2，GAD1/2）、多巴胺能神经元的醛脱氢酶1家族成员A1（aldehyde dehydrogenase 1 family member A1，ALDH1A1）及酪氨酸羟化酶（tyrosine hydroxylase，TH）、羟色胺能神经元的色氨酸羟化酶，以及胆碱能神经元的胆碱乙酰转移酶（choline acetyltransferase，ChAT）。

除了神经元以外，成熟的CNS还包含其他在正常和疾病状态下促进脑正常发挥功能的细胞。这些细胞包括小胶质细胞、少突胶质细胞和星形胶质细胞。小胶质细胞来源于卵黄囊，是在CNS定居的巨噬细胞。它们的中胚层起源与其他骨髓细胞类似，尤其是表达整合素αM（integrin alpha M，ITGAM/CD11b）及表面糖蛋白F4/80。少突胶质细胞是一种特殊的胶质细胞类型，通常通过髓鞘蛋白来辨认，包括髓鞘少突胶质细胞糖蛋白（myelin oligodendrocyte glycoprotein，MOG）、髓鞘相关糖蛋白（myelin-associated glycoprotein，MAG）和MBP。星形胶质细胞是一组不形成髓鞘的神经胶质细胞，其时空模式与少突胶质细胞类似。成熟星形胶质细胞最具特异性的标志物是GFAP及表达S100β。

特异性生物标志物还能用于诊断AD、PD、肌萎缩侧索硬化（amyotrophic lateral sclerosis，ALS）等神经退行性病变。大量研究表明，Aβ斑块和过度磷酸化的富集Tau的缠结与AD的发病机制有关。路易小体是PD的病理标志，其特点是出现α-突触核蛋白内含物，导致多巴胺能神经元的缺失。PINK1和LRRK2是家族性PD中发生突变的两种激酶。影响上下运动神经元的ALS与超氧化物歧化酶1（superoxide dismutase 1，SOD1）、TAR DNA-结合蛋白-43（TAR DNA-binding protein-43，TDP-43）及RNA-结合蛋白FUS的多种特异基因突变有关。在病理条件下，激活的小胶质细胞表达的分子标签有助于区分不同的小胶质细胞，即疾病相关的小胶质细胞（disease-associated microglia，DAM）。DAM的成熟过程经历两个阶段。首先，处于稳态的小胶质细胞通过上调TREM2、载脂蛋白E（apolipoprotein E，ApoE）和Dap12成长为第一阶段的DAM，同时下调包括嘌呤能受体P2Y12（P2ry12）和跨膜蛋白119（transmembrane protein 119，TMEM119）在内的稳态标签。随后，第二阶段DAM的成熟依赖于TREM2，上调骨桥蛋白（osteopontin，OPN/Spp1）和胱抑素7（cystatin 7，CST7）。DAM是AD的主要特征，其在其他神经退行性疾病中的作用也成为目前的研究热点。

七、突触后信号

1.兴奋性突触信号

兴奋性突触后膜跨突触与突触前膜的桥接作用通过神经型钙黏蛋白（N-cadherin）、Ephrin配体及其受体（EphR）与结合伴侣/细胞黏附分子Neurexin、Neuroligin 1和Neuroligin 3之间的相互作用来实现。这些分子共同维系突触间隙的稳定，并介导神经传递。突触前囊泡释放到突触间隙中经典的兴奋性神经递质主要是谷氨酸。其核心兴奋性突触前受体为AMPA、*N*-甲基-*D*-天冬氨酸（*N*-methyl-*D*-aspartic acid，NMDA）和促代谢型谷氨酸能受体（metabotropic glutamatergic receptor，mGluR）。

AMPA受体（AMPA receptor，AMPAR）是四聚化的促离子型谷氨酸能受体。AMPAR的羧基末端序列中独特的PDZ结构域，能让每个亚基与不同的支架蛋白相互作用，从而将受体锚定在细胞骨架元件上。例如，AMPAR四聚体的两个亚基GluA2和GluA3会通过其PDZ结构域与包含7个PDZ结构域的衔接蛋白谷氨酸受体相互作用蛋白1（glutamate receptor interacting protein 1，GRIP1），以及蛋白激酶C相互作用蛋白1（protein interacting with c-kinase 1，PICK1）发生直接的蛋白相互作用。重要的是，由于不兼容PDZ结构域，AMPAR只能通过与一种称为stargazin的转位肌动蛋白招募磷酸化蛋白（translocated actin recruiting phosphoprotein，TARP）结合，从而与关键的突触后致密蛋白95（postsynaptic density protein 95，PSD-95）间接相互作用。GRIP1还能结合Eph受体（EphR）及Ras鸟嘌呤核苷酸交换因子（Ras guanine nucleotide exchange factor，GRASP）。GRASP抑制AMPAR与膜的靶向性结合，从而影响突触的可塑性。此外，神经元正五聚蛋白，包括NP1（neuronal pentraxin）、NARP及NPR（neuronal pentraxin receptor）可由突触前膜分泌，可能与AMPAR内化或簇集有关。除GRASP和神经元正五聚蛋白外，AMPAR还受磷酸化的严密调控。钙调蛋白依赖激酶Ⅱ（calmodulin-dependent protein kinase Ⅱ，CAMKⅡ）、c-Jun氨基末端激酶（c-Jun-N-terminal kinase，JNK）、FYN、PKC及蛋白激酶G（protein kinase G，PKG）都能磷酸化AMPAR，影响AMPAR的定位（即AMPAR和TARP受体从囊泡循环并转位到突触后膜的过程受磷酸化调控）及离子通道的电导，进而调节突触的可塑性。AMPAR的连续交换通过AMPAR侧向扩散和动态磷酸化实现，并调节AMPAR进出细胞表面。这可能分别代表着长时程增强（long-term potentiation，LTP，即突触增强）和长时程抑制（long-term depression，LTD，即突触减弱）的分子机制。蛋白磷酸酶1（protein phosphatase 1，PP1）和蛋白磷酸酶2-B（protein phosphatase 2-B，PP2B）是两种在兴奋性突触后致密区作用于激酶并使之失活的磷酸酶。LTP和LTD构成经验依赖性的可塑性，并在脑的学习和记忆功能中发挥主要作用。

NMDAR在突触可塑性上同样起到主要作用。类似于AMPAR，NMDAR也是促离子型谷氨酸能受体。当谷氨酸结合NMDAR时，会激活并开放非选择性电压依赖性离子通道。AMPAR介导的突触后神经元去极化会将抑制性阳离子逐出NMDA孔，并让Na^+和Ca^{2+}流入细胞，K^+流出细胞。Ca^{2+}的流入以及后续CaMK Ⅱ的激活是达到LTP的首要关键步骤。NMDAR受体从囊泡转运到突触后膜的过程也受原位激酶和磷酸酶介导。与AMPAR不同的是，NMDAR亚基能直接结合PSD-95。这种与PSD-95的相互作用及磷酸化使NMDAR在膜表面稳定表达。PSD-95是一种在兴奋性突触后致密区富集的蛋白，兴奋性突触后致密区是一种电子密集的细胞质结构，含有数百种与突触后信号转导和结构调节有关的蛋白。其中，Homer和Shank是含量最丰富的支架蛋白，形成网孔状基质募集鸟苷酸激酶相关蛋白（guanylate kinase-associated protein，GKAP），介导与PSD-95结合。这种四聚复合体对维持突触后致密区的结构和功能完整性至关重要。突触RAS-GTP酶激活蛋白（synaptic Ras-GTPase activating protein，SynGAP）也会与结合NMDAR的PSD-95的PDZ结构域结合。SynGAP负性调控Ras，因而介导依赖于NMDAR调控的AMPAR增强作用和膜转运。

除AMPAR和NMDAR外，mGluR也能介导谷氨酸能神经传递。mGluR是一类G蛋白偶联受体，能在其胞外氨基末端结构域结合谷氨酸之后，通过与胞内G蛋白的相互作用介导信号转导，进而启动胞内信号级联。现已发现mGluR的8种亚型，根据序列同源性、G蛋白伴侣及配体选择性又分为三大类。mGluR以二聚体的形式存在，并且其羧基末端尾区与Homer相互作用。胞内蛋白Homer介导mGluR与三磷酸肌醇受体（inositol trisphosphate receptor，IP_3R）的桥接作用，从而调节突触中Ca^{2+}的动态变化。

Ca^{2+}信号在兴奋性突触后的致密区发挥主要作用，部分源于CaMK Ⅱ的激活及其后续的下游效应。CaMK Ⅱ不仅介导在突触可塑性中发挥重要作用的关键激酶发生磷酸化，还会结合并交联纤丝状肌动蛋白（F肌动蛋白）纤维丝。有助于锚定棘突中的CaMK Ⅱ，稳定F肌动蛋白束，从而增大棘突，表明CaMK Ⅱ能够以激酶非依赖机制影响突触可塑性。此外，CaMK Ⅱ会磷酸化Neuroligin 1，增加其在膜表面的表达，并促进形成新的突触。除跨膜受体外，Ca^{2+}内流进入细胞质还受内质网膜原位IP_3R介导。IP_3R介导的Ca^{2+}释放会进一步导致激活CaMK Ⅱ并调节AMPAR的功能，进而参与突触可塑性（图10-2）。

2.抑制性突触信号

主要的抑制性突触后受体为GABA受体（GABA receptor，GABAR）和甘氨酸受体（glycine receptor, GLYR），属于配体门控离子通道超家族成员。两者均形成异源五聚体，含四个跨膜结构域、一个胞外氨基末端结构域和一个位于第3和第4跨膜结构域之间胞内结构域。胞外氨基末端结构域是GABA或甘氨酸神经递质结合位点（图10-2）。

抑制性突触后膜跨突触桥接突触前膜是通过Neurexin与跨膜突触细胞黏附分子

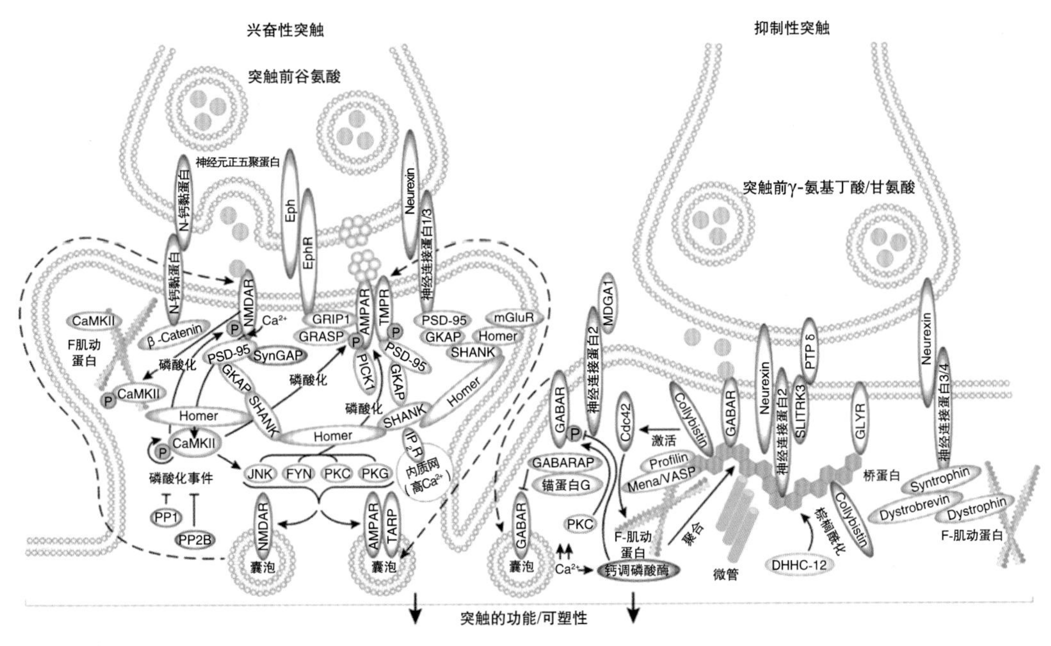

图10-2 兴奋性和抑制性突触信号

Cdc42. 细胞分裂周期蛋白 42（cell division cycle 42）; GABAR. γ- 氨基丁酸受体（γ aminobutyric acid receptor）; GABARAP. GABA 受体相关蛋白（GABA receptor-associated protein）; GLYR. 甘氨酸受体（glycine receptor）;MDGA1. 含有糖基磷脂酰肌醇锚定点 1 的 MAM 结构域（MAM domain containing glycosylphosphatidylinositol anchor 1）; Mena/VASP. 哺乳动物的血管扩张剂刺激的磷酸化蛋白（mammalian enabled/vasodilator-stimulated phosphoprotein）; PTPδ. 蛋白酪氨酸磷酸酶（protein tyrosine phosphatase δ）; SLITRK3. SLIT 和 NTRK 样家族成员 3（SLIT and NTRK like family member 3）

（cell adhesion molecule，CAM）家族的不同成员Neuroligin 2/3/4之间的相互作用来实现的。Neuroligin 2和Neuroligins 3/4在胞内结合不同蛋白，进而锚定在突触后致密区。发育期间，Neuroligin 2通过胞外结构域与其他跨膜CAM，Slitrk3（SLIT and NTRK like family member 3）相互作用。Slitrk3通过与轴突受体蛋白酪氨酸磷酸酶（protein tyrosine phosphatase δ，PTPδ）的相互作用进一步调节抑制性突触发育。除了在抑制性突触发育中起到作用外，Neuroligin 2的胞内结构域会结合Gephyrin，它是调节抑制性突触后膜中GABAR和GLYR停靠、簇集和稳定的主要元件。

Gephyrin具备多聚体六角晶格支架结构，由于经过大量翻译后修饰，其簇集、转运及结合特性发生改变。Gephyrin直接结合GABAR和GLYR、聚合微管蛋白（微管）以及许多其他辅助蛋白，如GDP/GTP交换因子Collybistin，通过Cdc42 介导的F肌动蛋白聚集来促进Gephyrin聚集。此外，Gephyrin还会结合Profilin和Mena。研究表明，Gephyrin/Profilin/Mena/Actin复合体会在抑制性突触后致密区形成细胞骨架。重要的是，GABAR活性本身会诱导DHHC-12棕榈酰化 Gephyrin，从而导致Gephyrin聚集及抑制性突触传递增加。这表明Gephyrin结构、GABAR功能及抑制性神经传递之间存在周期性前馈环。

除Gephyrin外，Neuroligin 2还会结合含有糖基磷脂酰肌醇锚定点1的MAM结构域（MAM domain containing glycosylphosphatidylinositol anchor 1，MDGA1），它是一种细胞

表面分子，能够通过Neurexin上结合位点的空间阻碍效应来调节Neuroligin-Neurexin连接的形成。MDGA1作为突触形成的检查点，其表达会阻碍抑制性突触的形成。另一方面，Neuroligin 3/4还能结合Dystrophin复合体，如Syntrophin、Dystrobrevin及Dystrophin，促成信号转导及膜稳态。这些复合体在神经元中的确切功能尚不清楚，但有研究表明其可能为抑制性突触后间隙中的信号蛋白提供细胞骨架支架。

与兴奋性突触后受体转运相似，GABAR的转运对抑制性突触的调节和正常运转非常重要。GABAR在内质网（endoplasmic reticulum，ER）组装，随后被转运到高尔基体，并包装进入靶向质膜的囊泡中。GABAR的胞内受体转运由GABA受体相关蛋白（GABA receptor-associated protein，GABARAP）介导。GABARAP是一种与其胞内结构域相互作用并且在胞内区富集的蛋白，其表达升高会使膜表面GABAR的表达也升高。在PKC介导的磷酸化之后，GABAR还会经历大规模内吞、溶酶体降解及循环过程。此外，GABAR可定位于突触外，通过膜内穿梭和侧向移动到达突触靶位。这过程部分由Gephyrin介导，也可由Ankyrin G介导。Ankyrin G是结合突触外GABAR的巨锚蛋白，通过与GABARAP的相互作用抑制GABAR内吞，增加GABAR表达，并增加GABA能突触的稳定性。重要的是，GABAR的定位和功能还通过NMDA受体由Ca^{2+}内流调节，源于Ca^{2+}敏感的磷酸酶（Calcineurin）能在胞内Ca^{2+}水平升高时直接调节GABAR的磷酸化状态。这表明兴奋性和抑制性突触后信号之间存在交互作用，并凸显出胞内Ca^{2+}水平在调节兴奋和抑制过程的重要性。

（周　阳）

主要参考文献

Caunt CJ，Finch AR，Sedgley KR，et al，2006．Seven-transmembrane receptor signalling and ERK compartmentalization．Trends Endocrinol Metab，17（7）：276-283．

Colonna M，Wang Y，2016．TREM2 variants：new keys to decipher Alzheimer disease pathogenesis．Nat Rev Neurosci，17（4）：201-207．

Deczkowska A，Keren-Shaul H，Weiner A，et al，2018．Disease-Associated Microglia：A Universal Immune Sensor of Neurodegeneration．Cell，173（5）：1073-1081．

Huganir RL，Nicoll RA，2013 AMPARs and synaptic plasticity：the last 25 years．Neuron，80（3）：704-717．

J Girault JA，Greengard P，2004．The neurobiology of dopamine signaling．Arch Neurol，61（5）：641-644．

Jahn R，Fasshauer D，2012．Molecular machines governing exocytosis of synaptic vesicles．Nature，490（7419）：201-207．

S Claeysen S，Cochet M，Donneger R，et al，2012．Alzheimer culprits：cellular crossroads and interplay．Cell Signal，24（9）：1831-1840．

第十一章 RNA调控与翻译控制中的信号转导

第一节 RNA调控与翻译控制概述

众所周知，基因表达可以调节包括发育、细胞分化和代谢等多种细胞进程，而其本身也存在着转录后和翻译控制水平的调控。随着基因表达调控研究的深入，人们发现RNA在基因表达调控中扮演着重要的角色，如信使RNA（mRNA）的转录后修饰和加工可以调节mRNA分子的数量和定位及其下游蛋白质翻译。RNA生命周期由多种RNA结合蛋白（RBP）调节，这些结合蛋白对确保基因表达的准确性及基础性至关重要。而其自身及其进程的失调可导致一系列疾病，如癌症、包括阿尔茨海默病在内的神经退行性疾病、脊髓肌萎缩、肌萎缩侧索硬化症（ALS）和自身免疫性疾病。总之，RNA在转录前、转录过程中和转录后等多个不同的层次上广泛参与了基因表达的调控。

一、RNA修饰

RNA修饰是指RNA的共价修饰，如RNA 6-甲基腺嘌呤（N6-methyladenosine，m6A），即腺苷N6位置的甲基化。除此以外，tRNA上各种复杂的共价修饰，或者mRNA上加帽序列m7G（鸟嘌呤上7号位N的甲基化）也都是RNA修饰。早在20世纪60年代和70年代RNA上的标记就被发现了，随着科学家们发现了出现在所有RNA种类中的化学标记，动态添加或者去除这些标记引起人们极大的兴趣。例如，从腺嘌呤上去除一个甲基基团的酶，可以增加阿尔茨海默病患病风险。因而在包括发育和细胞分化在内的多个细胞过程中，RNA修饰对于基因表达的转录后调节至关重要。

二、RNA加工

RNA加工是指在原初RNA产物中删除一些核苷酸，添加一些基因没有编码的核苷酸并修饰的步骤，是转录产物转换成成熟RNA分子的过程。许多类型的RNA，包括转移RNA（tRNA）、核糖体RNA（rRNA）、microRNA（miRNA）和长非编码RNA（lncRNA），都需要修饰或加工才能在细胞中发挥功能。例如，在蛋白质翻译之前，tRNA被修饰并与氨基酸结合。rRNA被RNA结合蛋白结合，在蛋白质翻译之前组装成核糖体。RNA加工可以影响多种细胞功能和疾病机制。

三、RNA剪接、封盖、多聚腺苷酸化

RNA剪接（RNA splicing）是指从DNA 模板链转录出的最初转录产物中除去内含子，并将外显子连接起来形成一个连续的RNA分子的过程。在真核生物中，多聚腺苷

酸化是一种机制，令mRNA分子于它们的3′端中断。多聚腺苷酸尾（或多A尾）可保护mRNA，免受核酸外切酶攻击，对转录终结、将mRNA从细胞核输出及进行翻译都十分重要。RNA为蛋白质编码，必须通过封盖、多聚腺苷酸化和剪接等修饰，才能将其运输到细胞质中进行翻译。这一过程的改变会导致基因变异和疾病风险增加。

四、RNA稳定性与衰变

RNA稳定性是指RNA在细胞内存在的稳定程度。RNA衰变则是一种调节形式，是一种高度保守的RNA转换途径。通过监控机制调节RNA的稳定性和衰变对于确保遗传信息流的保真度至关重要。这一过程的中断会导致从神经退行性变到癌症等一系列疾病。

五、RNA转运

多种类别的RNA可以从不同的部位转运，从而对细胞的基因表达进行精确的空间和时间控制。RNA定位在许多重要的细胞功能中至关重要，包括细胞命运决定、定向细胞运动和组织功能。

第二节　m6A RNA调节

如前所述，真核mRNA中存在几种转录后修饰，其中N6甲基腺苷（m6A）是哺乳动物RNA转录组中最为常见的修饰，在mRNA以及某些非编码RNA中非常普遍（图11-1）。其最常见于终止密码子附近和mRNA的3′非翻译区，也存在于表达一致序列RRACH（其中R＝嘌呤，A＝m6A，H＝A，C或U）的mRNA外显子内。m6A修饰调节mRNA代谢的不同阶段，包括折叠、成熟、输出、翻译和衰变。这反过来又推动了许多生物进程，包括昼夜节律、T细胞分化、胚胎干细胞更新和分化、上皮-间质转化、脂肪生成和皮质神经生成。

m6A添加到mRNA中是一种可逆的修饰，由写入器和擦除器催化的循环酶反应调节。写入器通过甲基转移酶进行修改；擦除器则是通过去甲基酶进行移除。复杂的METTL3/ METTL14及METTL16属于写入器的一种。擦除器即去甲基酶则包括脂肪质量和肥胖相关（FTO）蛋白，这是一种肥胖易感因子，也是一种RNA N6甲基腺嘌呤去甲基酶，同时也是AlkB同源物5（ALKBH5）。METTL3/METTL14是一种由多个亚单位组成的核甲基转移酶复合物，包括METTL3、METTL14和肾母细胞瘤1-相关蛋白（WTAP）。METTL3是该复合物中的甲基转移酶。METTL14作为一种接合器，能结合底物并促进甲基转移酶活性。WTAP则负责将复合物导向细胞核中的mRNA靶点，并支持其催化活性。

读取器是通过选择性结合m6A对mRNA代谢发挥调节作用的蛋白质。有多个m6A结合蛋白家族，其中一个家族是含YTH结构域的蛋白质，可分为三大类：YTHDC1、YTHDC2和YTHDF。YTHDC1蛋白存在于细胞核中，指导mRNA剪接，而YTHDC2和YTHDF蛋白主要是在细胞质，介导m6A修饰的mRNA的翻译效率和衰变。三个同源序列（DF1、DF2和DF3）包含YTHDF蛋白。eIF3家族的蛋白聚集在40S亚基上，通过直

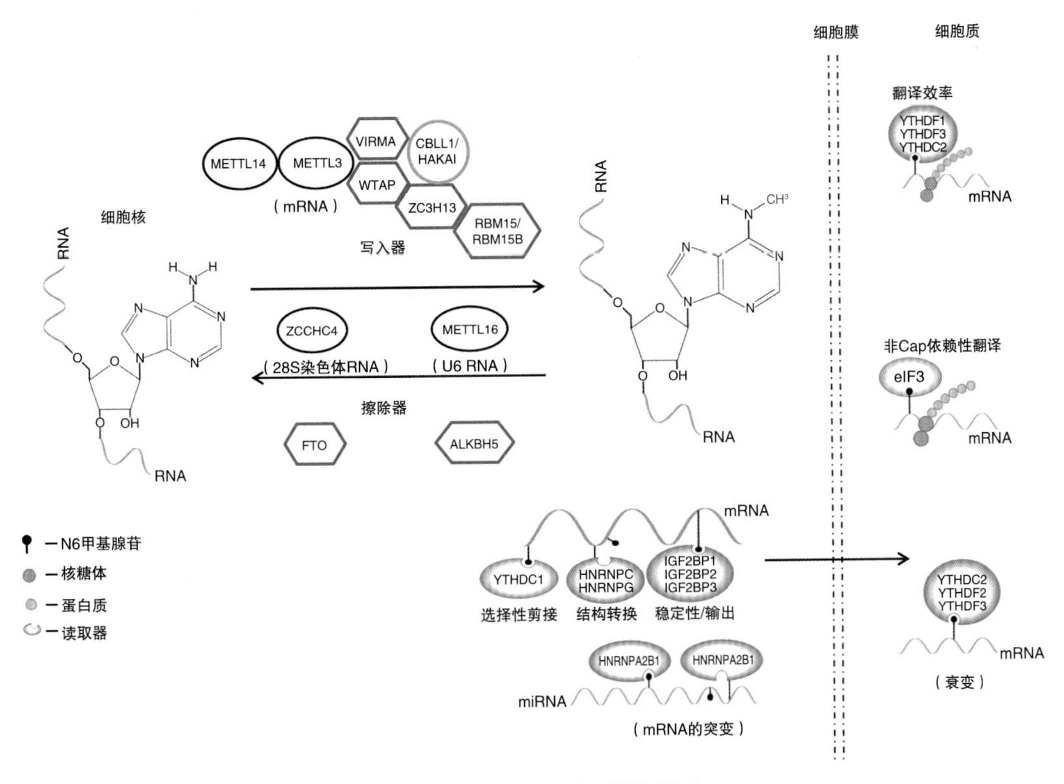

图11-1　m6A RNA调节模式图

METTL. 甲基转移酶样（methyltransferase-like）；VIRMA. Vir 样 m6A 甲基转移酶相关蛋白（Vir like m6A methyltransferase associated）；WTAP. 肾母细胞瘤 1- 相关蛋白（Wilms' tumor 1-associating protein）；ALKBH5. AlkB 同系物 5（AlkB homologue 5）；FTO. 脂肪量和肥胖相关基因（fat mass and obesity associated gene）；ZC3H13. zinc finger CCCH-type containing 13；RBM15/RBM15B. RNA 结合域蛋白 15/15B（RNA binding motif protein 15/15B）；ZCCHC4. zinc finger，CCHC domain containing 4；IGF2BP1-3. 胰岛素样生长因子 2 mRNA 结合蛋白 1-3（insulin-like growth factor 2 mRNA-binding proteins 1-3）；eIF3. 真核起始因子 3（eukaryotic initiation factor 3）；CBLL1/HAKAI. Casitas B 系淋巴瘤转化序列样蛋白 1（Casitas B-lineage lymphoma-transforming sequence-like protein 1）；YTH. YT521-B homology，包括 YTHDF1、YTHDF2、YTHDF3、YTHDC1、YTHDC2；HNRNP. 异质核糖核蛋白（heterogeneous nuclear ribonucleoprotein）

接结合mRNA的5′UTR内的m6A或其他涉及YTHDF1的尚未明确的机制，促进帽非依赖性翻译。

其他读取器包括HNRNPA2B1、HNRNPC、HNRNPG以及胰岛素样生长因子-2 mRNA结合蛋白1、2和3（IGF2BP1/2/3），在细胞核中被发现。对于这些RNA结合蛋白，m6A修饰导致mRNA中的结构转换，从而允许HNRNPC和HNRNPG结合；或IGF2结合蛋白到m6A相邻位点，分别调节mRNA的稳定性和输出。此外，HNRNPA2B1还可通过开关机制结合来调节初级miRNA成熟。这种开关机制可以通过直接结合m6A或结合附近的非甲基化共有序列实现。

多项研究表明，m6A修饰模式的改变与肿瘤发生有关，可以导致多种癌症，包括乳腺癌、肺癌、急性髓系白血病、胶质母细胞瘤等。例如，在乳腺癌干细胞中，ZNF217与METTL3相互作用。而这一作用反过来可能会抑制KLF4和NANOG两种基因转录本的m6A，增加其表达并促进肿瘤进展。另外，在肺细胞中，SUMO1催化METTL3的翻译后修饰，从而减少m6A修饰并促进非小细胞肺癌的发展。还有报道，造血干细胞中FTO水平升高，导致参与造血细胞转化、ASB2和RARA的mRNA转录物m6A下调。上述种种也仅仅是m6A修饰解除监管从而影响肿瘤发生的一小部分实例。因此对该通路的进一步研究可能为全新肿瘤的有效治疗铺平道路。

第三节 RNA的生命周期

信使RNA（mRNA）是一个非常大的分子家族，主要负责将储存在DNA中的遗传信息通过翻译为功能蛋白转移到细胞中。mRNA从转录到翻译再到降解的多阶段“生命周期”受多种RNA结合蛋白（RBP）的调节，这些蛋白可以影响与基因表达正确性和必要性相关的各个方面。

基因表达始于转录，即创建DNA模板的mRNA副本的过程。为了启动这一过程，转录因子和协同刺激因子与DNA基因调控元件——启动子区域和增强子序列结合，意味着RNA聚合酶Ⅱ的募集形成RNA转录复合物。然后，RNA聚合酶分离DNA螺旋链，并以5′→3′的方式互补连接RNA核苷酸来合成模板链的前mRNA副本。

在转录过程中，前mRNA被组装成核糖核蛋白（RNP）复合物进行编辑和加工。这一步骤包括了5′ mRNA封盖、腺苷到肌苷的编辑、m6A修饰、假尿苷化、剪接、3′加工和多聚腺苷酸化，共同确保mRNA转录本的稳定性，调节核输出，并促进核糖体的高效翻译。每个阶段都需要不同的RBP和相应的酶作用并激活，并由核机制监控，以防止加工错误，确保基因的正确表达，最终生产出具有成熟功能的mRNP，在关键RBP（包括NXF1、XPO1和PHAX）相互作用的指导下，通过核孔转移到细胞质。

在细胞质中，成熟的RNP与其他RBP相互作用，称为起始因子。它们与5′帽和5′非翻译区结合，诱导翻译起始复合物的形成。这种多蛋白机制促进单个mRNA与扫描转录本起始密码子的40S核糖体亚单位之间的相互作用，随后招募60S核糖体亚单位并开始氨基酸链的延长。翻译进一步受到在成熟RNP上发现的外显子连接复合体（EJC）的影响。EJC由包括CAS3、MAGOH、RBM8A、EIF4Λ3和PYM1在内的RBP组成，在mRNA加工过程中充当外显子剪接事件的分子标记，并能赋予翻译增强。尽管如此，确切的EJC机制，目前仍未明确。

mRNA在胞质中的命运也可能受到RBP的影响，RBP可以通过RNA干扰（RNAi）直接诱导基因沉默，或通过mRNA监测机制诱导基因衰变。在RNAi中，由Dicer酶处理的小非编码RNA靶向特定的mRNA，并通过RNA诱导沉默复合物（RISC）引导其酶降解。同时，包括无义介导的mRNA衰变（NMD）在内的监控机制确保了mRNA分子的保真度。NMD是一种保守的机制，可以检测并消除含有过早终止密码子的mRNA转录本，从而阻止具有显性负性或有害功能突变的截短蛋白进行翻译。在翻译过程中，NMD可以通过两种方式被激活：一种是依赖于RNP终止密码子下游EJC信号的存在而被激活；另一种是以非EJC依赖方式被激活，部分由mRNA 3′端未翻译部分的长度调节。

作为基因表达的关键中介，mRNA加工和翻译对细胞功能和健康至关重要。因此，

RBP的突变通过导致mRNA 加工和翻译的缺陷，与越来越多的人类疾病有关，包括神经退行性变和癌症，目前被研究作为有希望的治疗干预靶点。

第四节　eIF4E和p70 S6激酶的调控

参见第九章第十三节。

第五节　eIF2的调控

eIF2可以介导起始tRNA与启动密码子处核糖体结合，最终形成43S起始前复合体（PIC）。三聚体eIF2由调节蛋白（α）、tRNA/mRNA相互作用蛋白（β）和GTP/GDP结合蛋白（γ）组成。在外界刺激下或者出现双链DNA的情况下，多种上游激酶（包括PKR、PERK和GCN2）可以使eIF2α磷酸化，最终使得eIF2失活、翻译受到抑制。另外，eIF2活性的控制还可以通过eIF2B催化的鸟嘌呤核苷酸交换的调节来实现。GDP与GTP的交换促进了eIF2复合体与tRNA之间的基本作用。GSK-3β磷酸化及其与eIF5的相互作用可以抑制eIF2B活性。而eIF5则可以通过稳定与GDP结合的eIF2发挥GDP解离抑制剂的作用。

eIF2起始复合物整合了一系列的应激相关信号，以调节整体和特异性mRNA翻译。在适当的条件下，eIF2结合GTP和Met-tRNAi形成三元复合物（TC），然后与40S核糖体亚单位eIF1、eIF1A、eIF5和eIF3作用形成43S起始前复合体（PIC）。43S PIC扫描mRNA UTR，寻找AUG起始密码子。在识别AUG后，eIF2在GTP酶激活蛋白eIF5的帮助下将GTP水解为GDP，并与mRNA分离，从而使得60S核糖体亚单位与之结合，随后多肽链得以延长。当eIF5充当GDI存在的条件下，eIF2保持与GDP挂钩。为了进行新一轮的启动，eIF2B必须同时充当GDI置换因子（GDF）和鸟苷酸交换因子（GEF），才能实现eIF2上的GDP与 GTP之间的交换。而这一过程又受到严格的调控：4种应激激活激酶双链RNA依赖的蛋白激酶（double-stranded RNA-dependent protein kinase，PKR）、蛋白激酶R样内质网激酶（protein kinase R-like endoplasmic reticulum kinase，PERK）、general control nonderepressible 2（GCN2）和亚铁血红素调节抑制素（hemo regulated inhibitor，HRI）组成的多元化家族对eIF2α进行磷酸化，通过使eIF2充当主要负性复合物来隔离eIF2B，从而实现阻止核苷酸交换。与此同时，由此产生的eIF2α-GDP的增加限制了三元复合物的可用性，并导致整体蛋白合成的减少以及特定应激相关mRNA转录物（如转录因子ATF-4和CHOP）翻译的增强。

第六节　翻译控制

翻译控制在基因表达调控中起着至关重要的作用，是维持基本细胞进程中体内平衡的一个重要组成部分。它在定义蛋白质组、维持内环境稳定，以及控制细胞增殖、生长和发育方面尤为关键。它控制着mRNA的效率，在调节许多对内源性或外源性信号（如营养供应、激素或应激）做出反应的基因表达方面起着重要作用。因此，理解翻译控制的分子基础和机制至关重要。

新蛋白的合成是一个受到高度调控的过程，允许细胞在转录后水平上对各种刺激做出快速反应（图11-2）。9个关键的真核翻译起始因子（eIF）通过两步来催化功能核糖

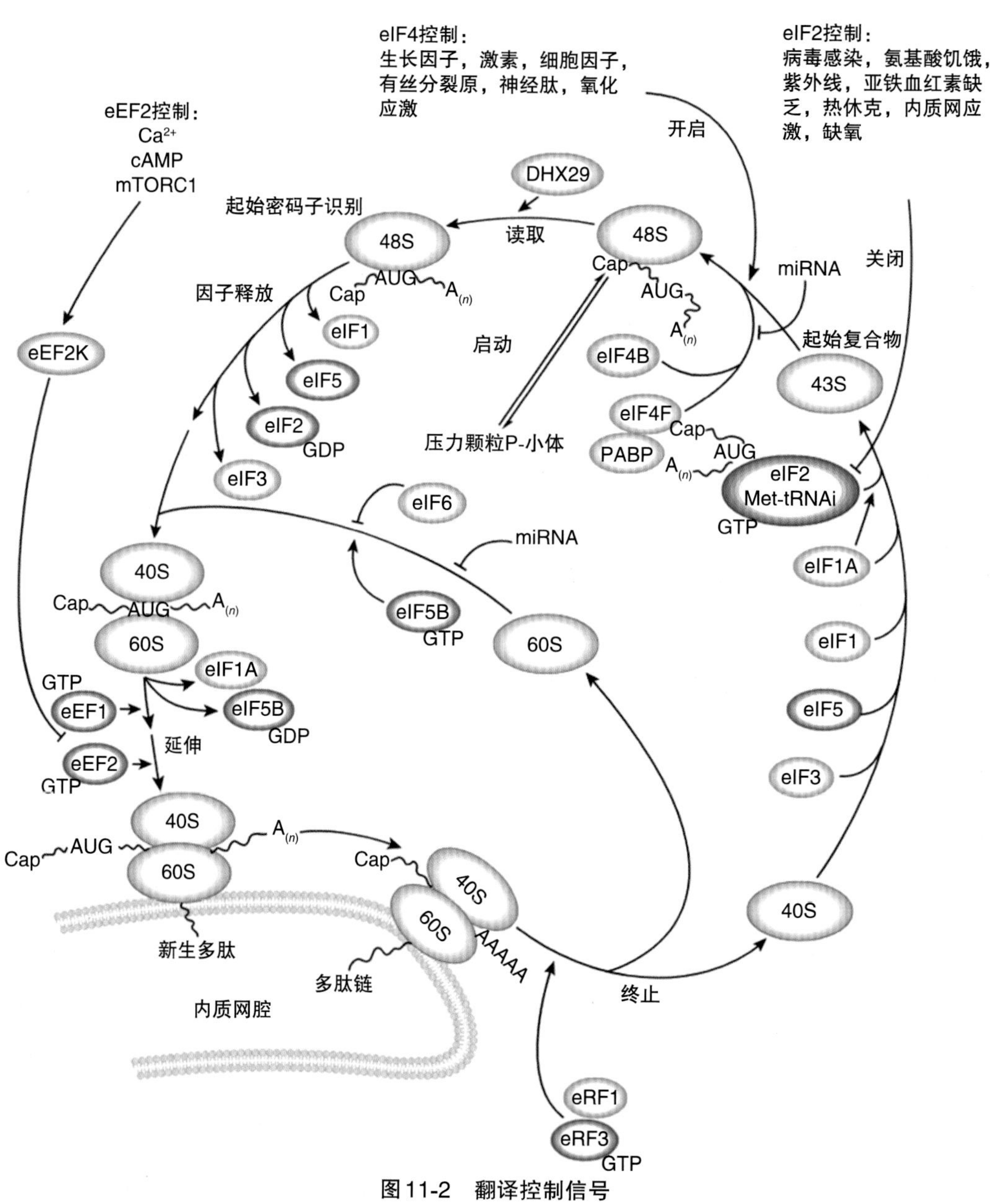

图11-2 翻译控制信号

eEF2K. 真核生物延伸因子2激酶（eukaryotic elongation factor 2 kinase）；eIF1 ～ 5. 真核生物起始因子1 ～ 5（eukaryotic initiation factor 1-5）；DEXH 盒解旋酶29（DEAH box polypeptide 29，DHX29）；eRF1,3. 真核多肽释放因子（eukaryotic polypeptide release factor 1,3）；Met-tRNAi. 甲基转移核糖核酸（Met-transfer ribonucleic acid）；PKR. 双链RNA依赖的蛋白激酶（double-stranded RNA-dependent protein kinase，PKR）；GCN2. 一般性调控阻遏蛋白激酶2（general control nonderepressible 2）；HRI. 亚铁血红素调节抑制素（heme-regulated inhibitor kinase）；PERK. 蛋白激酶R样内质网激酶（protein kinase R-like endoplasmic reticulum kinase）

体复合物的组装。首先，由43S起始复合物和mRNA形成48S复合物，随后与60S亚单位连接，从而形成多肽链。在翻译的众多步骤中，“起始”这一步作为限速步骤，受到最严格的调控。众多刺激物，如生长因子和压力，或刺激或抑制特定的eIF。除了起始以外，在延伸过程中，翻译也会减弱。例如，升高的Ca^{2+}或cAMP水平可以通过AMPK阻断真核细胞延伸因子2（eEF2）的作用。最终，eRF1和eRF3在识别终止密码子后，介导翻译的终止以及核糖体的分解和再循环。

翻译控制的两个关键节点分别是mRNA的5′端与起始前复合体之间作用，以及起始tRNA与启动密码子结合。这两个步骤都是由多个eIF介导的，而eIF本身又受效应激酶和抑制剂的调节。

eIF4F-cap结合复合体的形成先于mRNA和起始前复合体之间的作用。亚基蛋白eIF4A、eIF4G和eIF4E组成eIF4F复合物，该复合物结合5′ mRNA帽结构，分解mRNA二级结构，并促进起始前复合体的形成。eIF4F的组装由调节上游激酶效应物活性的生长和存活因子控制，包括Akt、PI3K、p70 S6激酶、p90 RSK和mTOR。mTOR激酶复合物mTORC1和mTORC2通过激活有利于复合物组装的上游元件并且抑制阻止eIF4F形成的蛋白，从而促进eIF4F帽结合复合物的形成。mTORC1复合物包括由适配器（Raptor）和几种调节蛋白（Gβl、PRAS40和DEPTOR）结合的mTOR激酶，而mTORC2复合物包含Rictor、Gβl、DEPTOR、Sin1和mTOR激酶。mTORC1激活p70 S6激酶以解除pCD4对eIF4A RNA解旋酶的抑制并激活eIF4B。起始因子eIF4B可以与eIF3支架蛋白复合物和eIF4A相互作用，从而刺激eIF4A RNA解旋酶活性。上游激酶途径通过p70 S6激酶和p90 RSK介导eIF4B的磷酸化，以增加eIF4B、eIF3和eIF4A之间的作用。mTORC1可以使eIF4E抑制剂4E-BP1失活导致eIF4E释放，随后将帽结合蛋白eIF4E并入eIF4F。mTORC2可以通过刺激Akt抑制TSC2/TSC1。TSC2/TSC1是一种异二聚体，可以通过小GTP酶Rheb间接抑制mTOR活性。

（吴冀宁）

主要参考文献

Dreyfuss G，Kim VN，Kataoka N，2002．Messenger-RNA-binding proteins and the messages they carry．Nat Rev Mol Cell Biol，3（3）：195-205．

Fenton TR，Gout IT，2011．Functions and regulation of the 70kDa ribosomal S6 kinases．Int J Biochem Cell Biol，43（1）：47-59．

Gerstberger S，Hafner M，Tuschl T，2014．A census of human RNA-binding proteins．Nat Rev Genet，15（12）：829-845．

Lykke-Andersen S，Jensen TH，2015．Nonsense-mediated mRNA decay：an intricate machinery that shapes transcriptomes．Nat Rev Mol Cell Biol，16（11）：665-677．

Magnuson B，Ekim B，Fingar DC，2012．Regulation and function of ribosomal protein S6 kinase（S6K）within mTOR signalling networks．Biochem J，441（1）：1-21．

Parsyan A，Svitkin Y，Shahbazian D，et al，2011．mRNA helicases：the tacticians of translational control．Nat Rev Mol Cell Biol，12（4）：235-245．

Pinello N，Sun S，Wong JJ，2018．Aberrant expression of enzymes regulating m^6A mRNA methylation：

implication in cancer. Cancer Biol Med，15（4）：323-334.

Sonenberg N，Hinnebusch AG，2009. Regulation of translation initiation in eukaryotes：mechanisms and biological targets. Cell，136（4）：731-745.

Stolboushkina EA，Garber MB，2011. Eukaryotic type translation initiation factor 2：structure-functional aspects. Biochemistry（Mosc），76（3）：283-294.

第十二章

干细胞及谱系标志

第一节　干细胞及其调控

一、干细胞概述

胚胎干细胞（embryonic stem cell，ESC）是指衍生自囊胚的内细胞团的细胞群。ESC的特征是其固有的多潜能性及无限自我更新的潜能，前者可使它们分化成机体的任何细胞谱系。这些特征受一系列复杂细胞信号转导网络的严格调控，使ESC成为研究发育生物学的有力工具，并且在个体化再生医学方面具有不容忽视的潜力。

诱导多能干细胞（induced pluripotent stem cell，iPSC）是具有多能性的ESC样细胞，能够通过一组明确的“重新编码”因子，如Oct-4、Sox2、KLF4和c-MYC的强制表达从分化细胞中衍生出来。通过重新编码，iPSC可表现出与ESC相似的基因表达特征及多潜能性和自我更新能力，且iPSC的应用能够避免因使用人类囊胚获得ESC而产生的许多伦理、技术问题。这些特性与优势使得iPSC受到了研究者的广泛关注。

ESC与iPSC均可被诱导发育为原肠胚期外胚层、中胚层和内胚层细胞。胚胎发育过程中，脊索上部的外胚层细胞加厚，形成神经板—神经沟—神经管，最后分化发育为脑、脊髓等，其余细胞及其附属物等。中胚层分化骨骨骼肌、真皮、泌尿系统、生殖系统、消化及呼吸系统管壁和造血干细胞，能够产生血液系统和免疫系统的所有细胞谱系。内胚层除形成消化管的主要部分外，还可分化为肝脏、胰腺以及胸腺、甲状腺等。

二、主要调控信号通路

1. BMP/TGF-β 信号转导通路

（1）TGF-β超家族。转化生长因子β（transform growth factors-β，TGF-β）超家族信号转导在众多生物系统中对细胞生长、分化和发育的调节发挥重要作用。在人体中，TGF-β有TGF-β1、TGF-β2和TGF-β3三种亚型，TGF-β1和TGF-β2在骨中含量最高，TGF-β3主要来源于由间充质干细胞分化而来的细胞。以前体TGF-β结合蛋白形式分泌的TGF-β经蛋白酶水解成为具有多种生物学作用的成熟TGF-β，TGF-β活化后与细胞表面的TGF-β受体结合，通过细胞信号转导发挥其生物学活性，如参与早期胚胎发生的身体构建，控制软骨、骨和性器官的形成，促进组织修复，调节细胞的增殖、凋亡、分化、迁移，以及调节免疫和内分泌功能等。

骨形成蛋白（bone morphogenetic protein，BMP）是转化生长因子超家族中最大的蛋白家族，目前已经确认的成员超过40个，以BMP-2、BMP-4、BMP-6、BMP-7的功能最具有代表性。BMP以活性二聚体的形式参与生物学功能，而其前体羧基末端中的7个半胱氨酸残基表现出高度的保守性，这对其正确结合形成二聚体活性形式尤为重要，且不论是否为同源二聚体，均由上述半胱氨酸残基引导蛋白酶解后通过二硫键聚合而产生并分泌到功能部位。

（2）TGF-β受体与Smad蛋白。TGF-β超家族成员与Ⅰ、Ⅱ型丝氨酸/苏氨酸激酶受体结合而发挥作用，这两种受体是其信号转导所必需的。这两种受体都是单次跨膜蛋白，胞膜外区较短，胞质区较长。胞膜外区富含半胱氨酸。胞质区含有丝氨酸/苏氨酸蛋白激酶结构域，具有丝氨酸/苏氨酸激酶活性。与Ⅱ型受体相比，Ⅰ型受体的胞外区和胞质区均较短。在Ⅰ型受体的胞质区蛋白激酶结构的氨基末端与细胞膜之间存在一个富含丝氨酸和甘氨酸的结构域，称为GS结构域，其中有一段保守的SGSGSGLP基序，为Ⅰ型受体所特有。Ⅰ型受体不能单独与TGF-β自由结合，而是在Ⅱ型受体与TGF-β形成二元复合后再识别该复合物并与之三元复合。在此过程中，Ⅱ型受体在未与配体结合时就已经发生磷酸化，其胞质区的丝氨酸/苏氨酸蛋白激酶结构域可将Ⅰ型受体胞质区GS结构域的丝氨酸/苏氨酸磷酸化而使Ⅰ型受体活化。活化后Ⅰ型受体进一步磷酸化细胞内的Smad蛋白向下传导信号。

Smad家族是BMP/TGF-β信号通路下游主要的传递分子，将信号转运到细胞核内，调控基因的表达。Smad在调节细胞周期、分化、凋亡，以及在胚胎发育和成熟组织中发挥重要功能。目前为止共发现8种Smad蛋白，分别用Smad1 ～ Smad8表示。依据结构和功能的不同，可将Smad分为三类。

第一类：特异型Smad（R-Smad），包括Smad1、Smad2、Smad3、Smad5、Smad8，其中Smad1、Smad5、Smad8能被BMP-Ⅰ型受体（ALK1、ALK2、ALK3、ALK6）磷酸化而激活，而Smad2和Smad3能被激活素或者TGF-β-Ⅰ型受体（ALK4、5）和孤儿Ⅰ型受体（ALK7）激活。

第二类：共有型Smad（Co-Smad），仅有Smad4一种，它能与激活的R-Smad形成异源多聚复合物，这对于R-Smads发挥功能是必需的。

第三类：抑制型Smad（I-Smad），包括Smad6、Smad7，它们能抑制R-Smad和Co-Smad复合物的活性。I-Smad通过4种不同的方式抑制信号通路：①与R-Smad竞争性结合Ⅰ型受体，阻止R-Smad的磷酸化；②调节TGF-β家族受体蛋白的降解，I-Smad与HECT type E3酶Smurf1和Smurf2相互结合后调节受体降解；③招募磷酸酶至激活的Ⅰ型受体，在Smad7与GADD34相互作用后，招募催化亚基PP1使受体去磷酸化，将其转变为未激活状态；④可作为转录抑制因子，沉默目标基因，如Smad6可抑制BMP诱导的ID1转录。

Smad蛋白在氨基末端和羧基末端有2个高度保守的结构域，称为同源域-1（mad homology domain-1，MH1）和同源域-2（mad homology domain-2，MH2）；二者之间有一个氨基酸序列与一个长度可变的连接区域。MH2在所有的Smad蛋白中均高度保守，MH1只有在R-Smad和Co-Smad中才是保守的。未激活时，MH1与MH2相互作用抑制MH2的功能；激活后，MH1负责结合到特异性的DNA序列。MH2的功能包括与TGF-β家族的Ⅰ型受体相互作用，形成Smad多聚复合物，结合其他转录共激活剂或共抑制剂。MH1和MH2连接区的功能尚不清楚。

（3）BMP/TGF-β信号转导通路。经典TGF-β信号转导通路指TGF-β/Smad信号通路（图12-1），TGF-β受体复合物活化后促进Smad蛋白磷酸化是该通路的关键步骤。TGF-β与Ⅰ、Ⅱ型受体成对结合，形成异源四聚体受体复合物，该复合物中，Ⅱ型受体将Ⅰ型受体氨基末端的一个丝氨酸/苏氨酸富含区-GS区磷酸化。Ⅱ型受体在配体诱导的受体复合物中连接到Ⅰ型受体GS区，催化苏氨酸-苏氨酸-丝氨酸-甘氨酸-丝氨酸-甘氨酸-丝氨酸中的苏氨酸（或丝氨酸）残基磷酸化。磷酸化的GS区转变为Smad2/3结合区，再次促使Smad2/3磷酸化传递信号。一个包含R-Smad蛋白MH2 L3环（L3 loop）结构和Ⅰ型受体激酶结构域中L45环（L45 loop）结构的特殊区域决定了R-Smad的底物特异性。L45 loop决定磷酸化的GS区驱动受体特异性，调控与R-Smad的相互作用。

位于R-Smad羧基末端的序列丝氨酸-缬氨酸-丝氨酸（在Smad2蛋白是丝氨酸-蛋氨酸-丝氨酸）发生受体调节的磷酸化反应，TGF-β/Smad信号通路的标志就是这种磷酸化的丝氨酸-X-磷酸化丝氨酸结构，既可以出现在Ⅰ型受体磷酸化的R-Smad蛋白羧基末端，也可以出现在Ⅱ型受体磷酸化的Ⅰ型受体GS区。此外，还可以与羧基末端羧基配对形成双磷酸-丝氨酸结构。此结构可以同Smad4蛋白MH2区"口袋"结构连接，构成R-Smad-Smad4寡聚体进入细胞核，达到调节靶基因转录的目的。

刺激TGF-β/BMP 15～30min后，Smad2/Smad3磷酸化水平达到稳定状态（BMP通路中是Smad1/Smad5/Smad8）。当浓度稳定数小时后，细胞外TGF-β/BMP水平因受体失活或负反馈调节降低，导致Smad2/Smad3逐渐去磷酸化。研究发现其中存在一种快速受体去磷酸化后回到细胞膜的过程，当再次受到TGF-β/BMP等刺激时，受体则再次磷酸化脱离细胞膜，磷酸化Smad蛋白水平逐渐通过循环达到稳定水平。伴随着R-Smad-Smad4复合物的解离回到细胞膜，细胞核内R-Smad蛋白去磷酸化。R-Smad蛋白调节包含受体磷酸化-去磷酸化循环过程。细胞质内磷酸化的受体与Smad4蛋白形成复合物进入细胞核，进而调节靶基因转录，去磷酸化解离复合物，返回细胞质。R-Smad蛋白去磷酸化后与细胞核内结合位点的亲和力降低，由细胞核内向细胞质迁移；与之相反，磷酸化后与胞质锚定点亲和力降低的R-Smad蛋白，解离后转移到细胞核内，由此在细胞核和细胞质之间穿梭往返，确保了受体不断被磷酸化激活。

R-Smad蛋白被受体磷酸化并与Smad4蛋白形成复合物，成为许多靶基因调节的关键因素，Smad蛋白需要与DNA连接辅助因子结合获得与DNA的高度亲和力，然后该复合物才可以通过MH1结构域完成连接到DNA这一过程。

2. FGF相关信号转导通路

成纤维细胞生长因子（fibroblast growth factor，FGF）在许多细胞过程中发挥关键作用。在胚胎发育过程中，FGF通过调节细胞的增殖、分化和迁移，在形态发生中占据关键地位，尤其是肺和四肢的发育高度依赖于FGF信号调节的上皮细胞与间充质细胞的相互作用。在成人，FGF是在组织修复和伤口愈合、控制神经系统和肿瘤血管生成的稳态因子。FGF能与FGF受体的4种可变剪切形式结合（FGFR1～FGFR4），引起细胞内信号转导级联反应，其中包含RAS/RAF/ERK和PI3K/AKT信号通路（图12-2）。

（1）RAS/RAF/ERK通路。RAS/RAF/ERK通路主要由一个三级酶联功能单位构成，丝裂原活化蛋白激酶（MAPK）是该酶联反应传导信号，具有高度保守性，当细胞受到外界刺激后先激活MAPK激酶的激酶，进一步激活MAPK激酶（MAPKK），MAPKK再

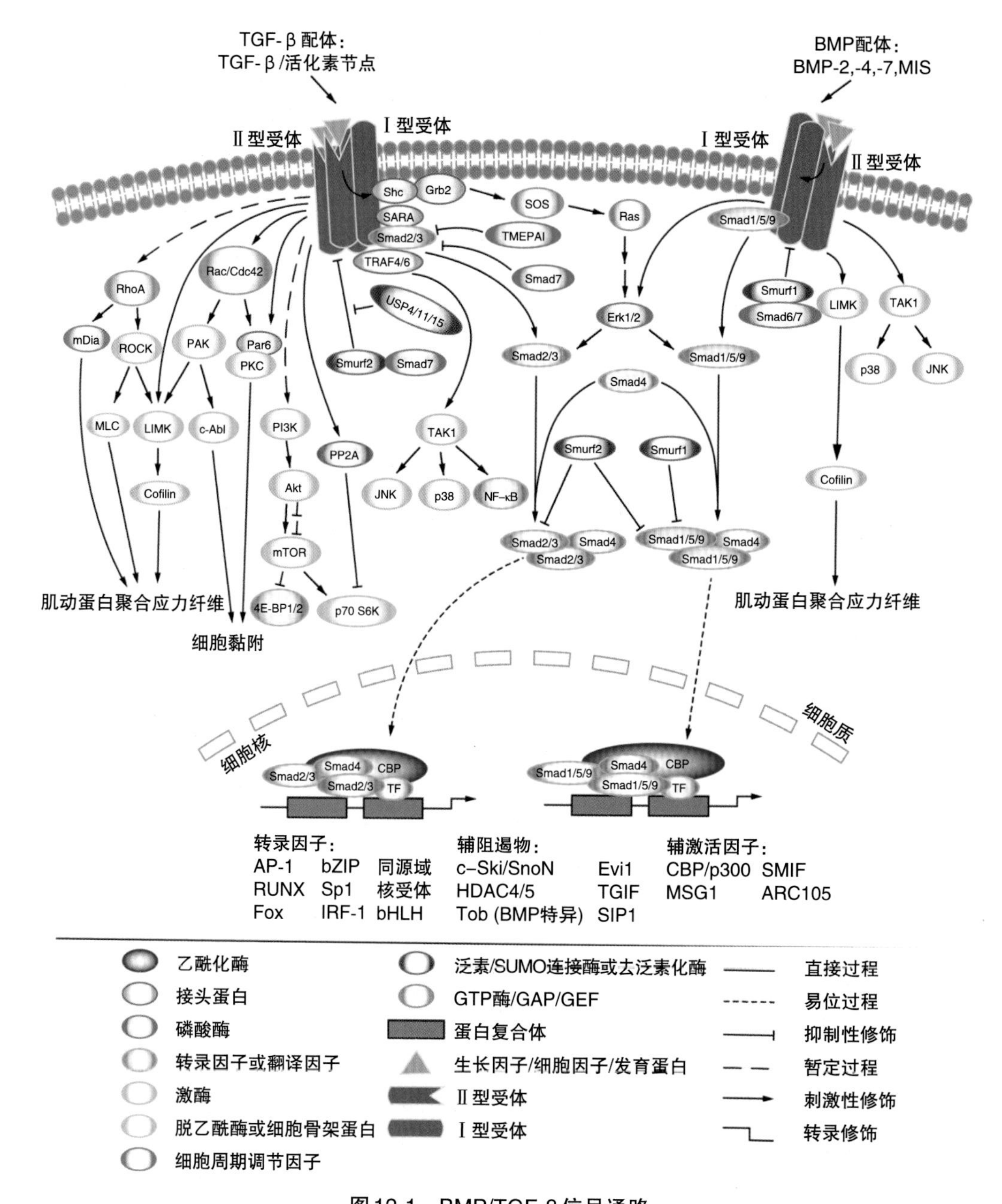

图12-1 BMP/TGF-β信号通路

Shc. 通过cDNA克隆筛选到的编码SH结构域的基因的蛋白产物（generic shell script compiler）; Grb2. 生长因子受体结合蛋白2（growth factor receptor-bound protein-2）; SARA. 受体活化时Smad的锚定点（Smad anchor for receptor activation）; TRAF4/6. 肿瘤坏死因子受体相关因子4/6（tumor necrosis factor receptor-associated factors 4/6）; SOS. 编码鸟苷释放蛋白的基因SOS的产物（son of sevenless）; Erk1/2. 细胞外调节蛋白激酶1/2（extracellular regulated protein kinase 1/2）; RhoA. Ras家族成员A（Ras homolog family member A）; Rac/Cdc42. PKA与PKC的相关激酶/细胞分裂周期蛋白42（related to the A and C kinase/cell division cycle protein 42）; TMEPAI. 前列腺跨膜蛋白（transmembrane prostate androgen-induced protein）; mDia. 哺乳动物透明相关蛋白（mammalian diaphanous related protein）; Par6. 分离缺陷蛋白6（partitioning defective protein 6）; USP4/11/15. 泛素特异性蛋白酶4/11/15（ubiquitin specific protease 4/11/15）; Smurf. E3泛素连接酶的HECT家族成员之一；ROCK. Rho相关卷曲螺旋形成蛋白激酶（Rho-associated coiled-coil kinase）; PAK. P21活化相关激酶（P21-activated kinase）; TAK1. 转化生长因子β激活激酶1（TGF-β-activated kinase-1）; mTOR. 哺乳动物雷帕霉素靶蛋白（mammalian target of rapamycin）; LIMK. LIM激酶（LIM kinase）; c-Abl. 非受体酪氨酸激酶（cellular-abelson gene）; PP2A. 蛋白磷酸酶2A（protein phosphatase 2A）; Coflin. 丝切蛋白；CBP. 初乳碱性蛋白（colostrum basic protein）

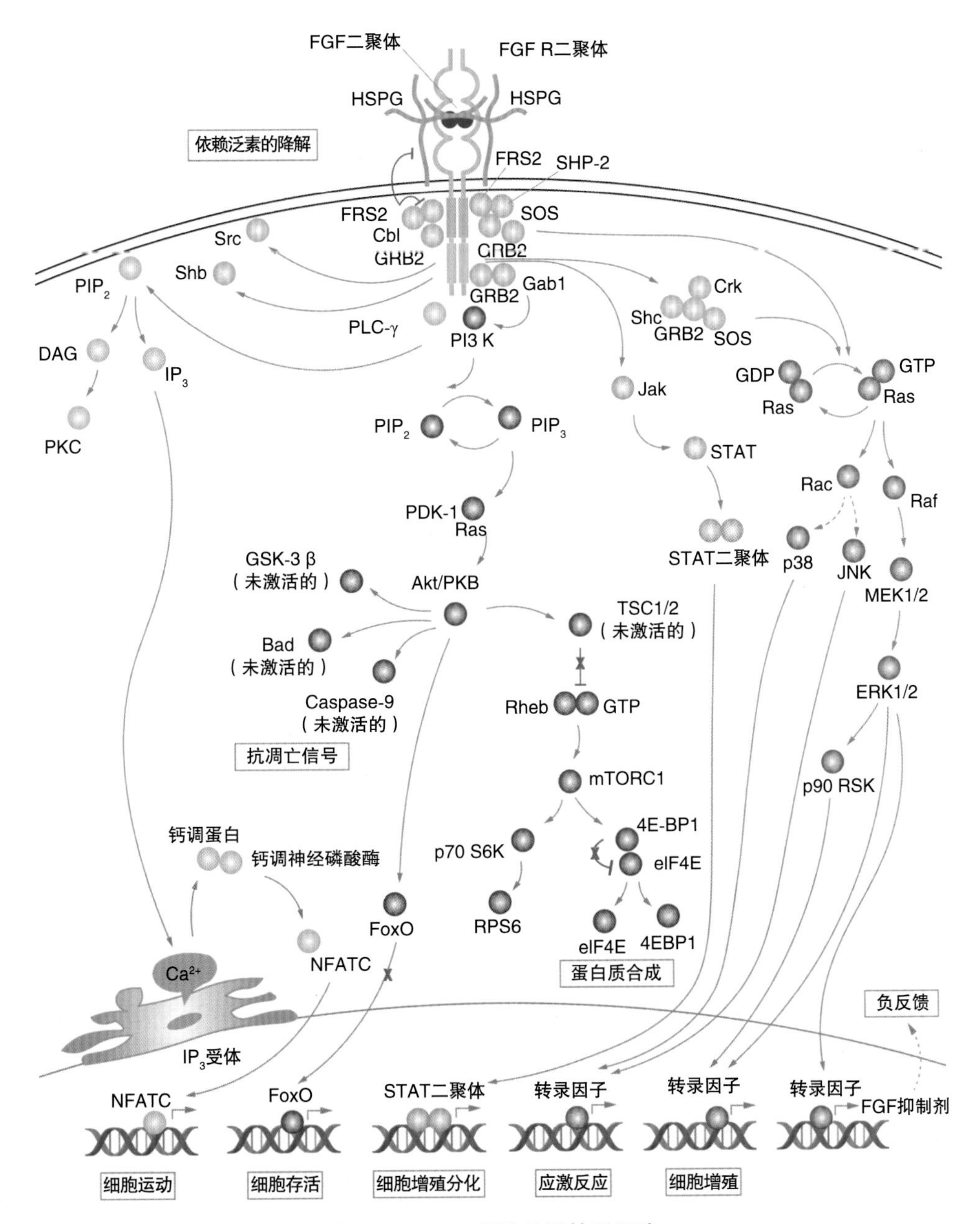

图12-2　FGF相关信号转导通路

HSPG. 硫酸乙酰肝素蛋白聚糖（heparan sulfate proteoglycans）；FRS2. 成纤维生长因子受体底物2（fibroblast growth factor receptor substrate）；SHP-2. 含Src同源2结构域蛋白酪氨酸磷酸酶；Cbl. Casitas B谱系淋巴瘤（Casitas B-lineage lymphoma）；Src. 肉瘤酪氨酸激酶（sarcoma tyrosine kinase）；Shb. 含有接合蛋白B的SH2结构域（SH2 domain containing adaptor protein B）；PLC γ. 磷脂酶Cγ（phospholipase-C gamma）；PIP. 催乳素诱导蛋白（prolactin-induced protein）；IP_3. 三磷酸肌醇（inositol triphosphate）；NFATC. 活化T细胞核因子（nuclear factor of activated T-cells，cytoplasmic）；DAG. 二酰甘油（diacylglycerol）；p90 RSK. p90核糖体S6激酶（p90 ribosomal S6 kinase）；PDK-1. 丙酮酸脱氢酶激酶1（pyruvate dehydrogenase kinase-1）；GSK-3 β. 糖原合成酶激酶3β（glycogen synthase kinase-3β）；Caspase-9. 半胱氨酸蛋白酶9；TSC1/2. TSC complex subunit 1/2，TSC复合亚基1/2；Rheb. 与mTORC1结合的Ras同源物（Ras homolog，mTORC1 binding）；mTORC1. 雷帕霉素复合物靶点1（mechanistic target of rapamycin complex-1）；p70 S6K. p70核糖体蛋白S6激酶（p70 ribosomal S6 kinase）；RPS6. 核糖体蛋白S6（ribosomal protein S6）；4E-BP1. 4E结合蛋白1（4E-binding protein 1）；eIF4E. 真核起始因子4E（eukaryotic translation initiation factor 4E）

磷酸化激活MAPK，其作用位点发生在苏氨酸和酪氨酸残基，激活后直接作用于其相应的底物，将胞质蛋白磷酸化后发挥作用。MAPK代表丝氨酸/苏氨酸激酶家族，控制着细胞的增殖、分化以及细胞的凋亡等多种生物过程。

RAS/RAF/ERK通路是由一个小GTP蛋白连接膜结合配体启动受体酪氨酸激酶和胞质蛋白组成的级联反应。与GTP结合后活化的RAS募集级联反应的第一个蛋白激酶RAF蛋白到细胞膜上，经过一系列复杂的过程将其激活，此过程包括改变蛋白的磷酸化状态、诱导与骨架蛋白及其他激酶结合等。被激活的RAF激酶继续磷酸化并激活MAPKK蛋白激酶MEK1/2，最终磷酸化并激活ERK1/2。

ERK被磷酸化激活的持续时间与细胞命运密切相关。通常持续且强度适宜的激活可通过促进蛋白质合成、促进细胞周期蛋白/细胞周期蛋白依赖性激酶（cyclin/cyclin-dependent kinase，cyclin/CDK）复合体形成及提高蛋白质稳定性等途径促进细胞增殖。例如，RAS/RAF/ERK通路诱导表达的cyclin D1为细胞周期G_1/S期转换的必需蛋白，而cyclin B/CDK1复合体的形成则能促进细胞进入M期。但过度激活RAS/RAF/ERK通路则会阻滞细胞周期的进程，过度激活产生的cyclin D1在细胞内积聚后与细胞周期抑制蛋白p21cip1结合，使其免受降解，导致细胞进入静息状态。RAS/RAF/ERK通路对细胞周期的影响也因细胞而异，对于不同的刺激因素，不同细胞对ERK激活强度和时间的阈值不同。例如，对于大鼠肾上腺髓质嗜铬细胞瘤PC12细胞而言，表皮生长因子可强烈而短暂地激活ERK，细胞表现出增殖趋势；而神经生长因子可以同样强度持续激活ERK，细胞即表现出分化趋势。因此，通过过表达表皮生长因子受体可人为地延长表皮生长因子激活ERK的时间，从而达到促进PC12细胞分化的目的。

（2）PI3K/AKT通路。磷脂酰肌醇3-激酶（PI3K）是脂质激酶家族的成员，是PI3K/AKT通路中的始动因子。根据结构特点与底物特异性分为Ⅰ型、Ⅱ型、Ⅲ型，其中Ⅰ型又分为ⅠA和ⅠB型。PI3K ⅠA是由调控亚基P85和催化亚基P110组成的异二聚体，可被RTK、G蛋白偶联受体（GPCR）及小G蛋白如RAS等原癌基因所激活，而PI3K ⅠB则受GPCR特异性调控。在哺乳动物中，*PIK3R1*、*PIK3R2*及*PIK3R3*基因分别编码p85α、p85β及p55γ，统称P85。在生长因子刺激或RTK激活作用下，PI3K被募集到细胞膜。P85通过其SH2结构域在细胞质中与RTK磷酸化的酪氨酸残基结合，释放出P110。活化的P110催化磷脂酰肌醇4,5-二磷酸转变为磷脂酰肌醇3,4,5-三磷酸（phosphatidylinositol 3,4,5-triphosphate，PIP_3）。PTEN可以通过对PIP_3去磷酸化还原其为PIP_2而对PI3K/AKT通路起到明显抑制作用。

AKT又称为蛋白激酶B（protein kinase B，PKB），是PI3K下游的靶蛋白。AKT被PIP_3募集而转位到细胞膜并与其PH结构域结合，使之发生构象改变，暴露丝氨酸、苏氨酸残基。3-磷酸肌醇依赖性蛋白激酶1（3-phosphoinositide-dependent protein kinase-1，PDK1）介导苏氨酸308位点磷酸化，雷帕霉素靶蛋白复合物2（mTORC2）负责丝氨酸407位点磷酸化。AKT被激活后，即可激活下游靶蛋白，如糖原合酶激酶-3（glycogen synthase kinase 3，GSK-3）、叉头转录因子（FOXO）、Bcl-2家族促凋亡成员（Bcl-2 family members-associated death promoter，BAD）等，发挥促细胞生长、抗凋亡作用。

mTOR是PI3K/AKT通路的下游分子，存在两种明显不同的复合物：mTORC1和mTORC2。mTORC1由mTORC催化亚基，Raptor、PRAS40与mLST8/GbL组成。mTORC2

由mTOR、Rictor、mSIN1与mLST8/GbL组成。TSC1蛋白与TSC2蛋白形成复合物抑制Rheb从而抑制了mTORC1的活化。AKT介导磷酸化TSC2从而解除了复合物对Rheb的抑制，Rheb与GTP结合积累到一定程度完成mTORC1的激活。mTOR激活后可通过调节下游在翻译过程中有重要作用的两种蛋白，真核细胞起始因子4E结合蛋白1（4E-binding protein 1，4E-BP1）与核糖体S6激酶1（ribosome protein subunit 6 kinase 1，S6K1），从而起到监测养分供应、细胞能量水平、氧含量、有丝分裂信号等而达到调控细胞生长与增殖的作用。

3. Wnt信号转导通路

Wnt蛋白家族是一类在进化上高度保守的分泌型糖蛋白，参与细胞增殖、再生、分化、极性和细胞迁移等多种生物学过程。Wnt信号通路包括经典Wnt/β-catenin信号通路和非经典通路。在经典Wnt信号通路中，无Wnt蛋白结合时，一部分β连环蛋白（β-catenin）与细胞膜上的上皮钙黏蛋白（E-cadherin）结合参与细胞间黏附；另一部分与结肠腺瘤样息肉蛋白（adenomatosis polyposis coli，APC）及核心蛋白结合，经酪氨酸激酶Ⅰα（tyrosine kinase Ⅰα，CK Ⅰα）和糖原合酶激酶-3β（glycogen synthase kinase-3β，GSK-3β）使β-catenin磷酸化，从而导致其经泛素化和蛋白酶体降解，进而使胞质中的游离β-catenin浓度处于较低水平。当经典Wnt信号通路被激活时，Wnt蛋白结合细胞表面受体卷曲蛋白（Frizzled protein，Fzd）和低密度脂蛋白受体相关蛋白5/6（low-density lipoprotein receptor-related protein 5/6，LRP5/6）通过酪蛋白激酶使散乱蛋白（dishevelled protein，Dvl）磷酸化，反过来抑制GSK-3β活性。未磷酸化的β-catenin在胞质中是稳定的，并且转移到细胞核中充当Tcf-Lef转录因子的共激活剂。β-catenin/Tcf-Lef转录活化调控许多目的基因，如cyclin D1、c-Jun、c-myc、E-cadherin和基质金属蛋白酶（MMP，包括MMP7、MMP26）基因（图12-3）。非经典Wnt信号通路主要指Wnt/Ca^{2+}信号通路和Wnt/PCP信号通路。非经典Wnt信号通过活化RhoGTP酶控制细胞极性，或者通过β-catenin非依赖机制增加细胞内Ca^{2+}浓度。平面细胞极性（planar cell polarity，PCP）途径调控上皮细胞的正交极性，活化小GTP酶RhoA和c-Jun氨基末端激酶（c-Jun N-terminal kinase，JNK），活化RhoGTP酶引起细胞骨架和微管改变从而调控细胞形状和黏附功能。Wnt/Ca^{2+}信号通路在发育的早期阶段调控细胞的移动，其中Fzd可能激活磷脂酶C和磷酸二酯酶以增加细胞内游离钙和减少细胞内环鸟苷酸（cyclic guanosine monophosphate，cGMP）浓度。经典和非经典信号通路都参与调控胚胎骨骼发育，包括干细胞分化成软骨和软骨细胞肥大成熟。

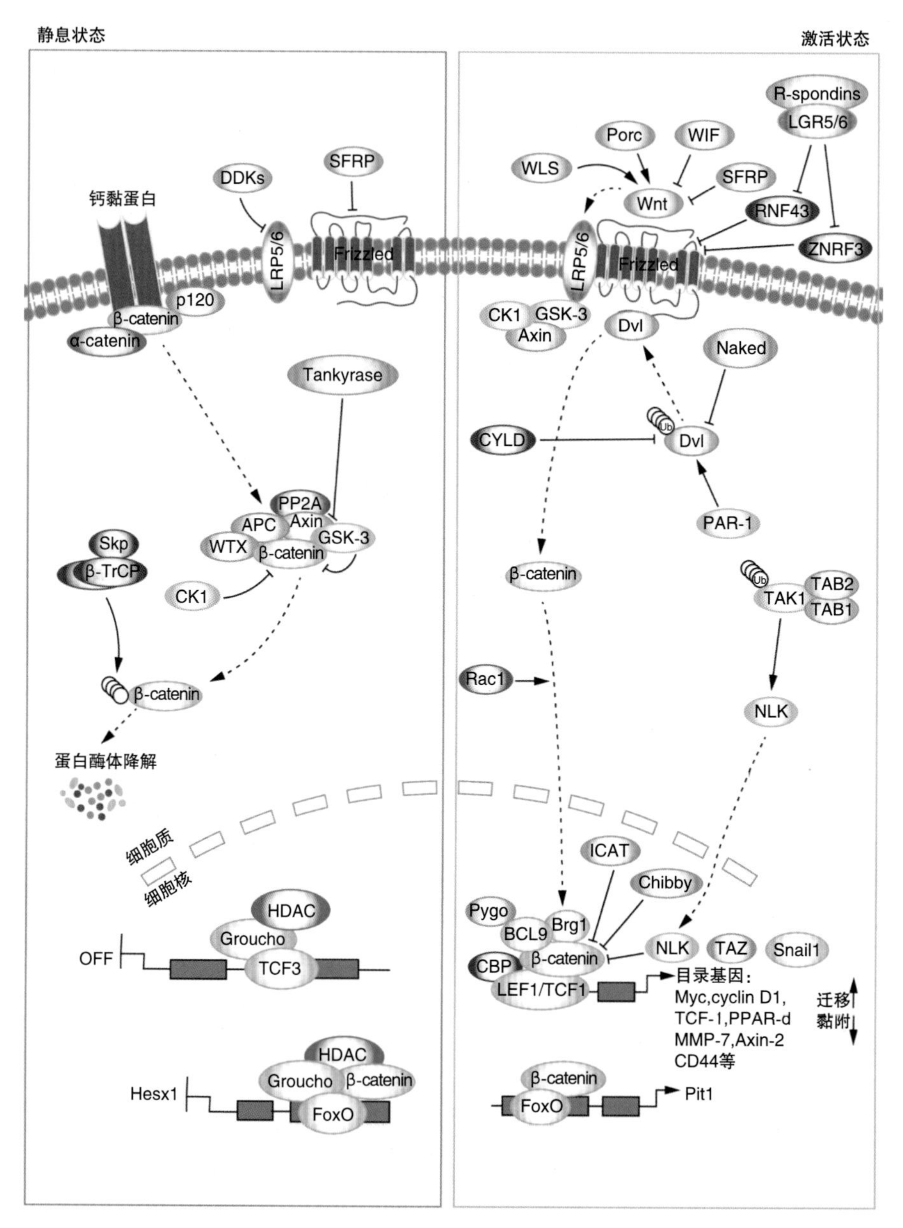

图12-3　Wnt信号转导通路

R-spondins. R-spondins 蛋白家族；LGR5/6. 富含亮氨酸的重复 G 蛋白偶联受体 5/6（leucine rich repeat containing G protein-coupled receptor 5/6）；RNF43. 无名指蛋白 43（ring finger protein 43）；ZNRF3. 锌指蛋白 3（zinc and ring finger 3）；DDKs. Dbf4 蛋白依赖性激酶（Dbf4-dependent kinase）；SFRP. 分泌性卷曲相关蛋白（secreted Frizzled-related protein）；WIF. Wnt 抑制因子（Wnt inhibitory factor）；Porc. 丙酮酸合酶亚基 PorC（pyruvate synthase subunit PorC）；WLS. Wnt 配体分泌介质（Wnt ligand secretion mediator）；PAR-1. 蛋白酶激活受体 -1（protease-activated receptor-1）；TAK1/TAB1/2. TGF-β 活化激酶 1/2（TGF-β activated kinase 1/2）；NLK. 尼莫样激酶（Nemo like kinase）；Axin. Axin 蛋白；Tankyrase. 端锚聚合酶；WTX. 定位于 X 染色体的肾母细胞瘤基因（Wilms tumor gene on the X chromosome）；ICAT. β- 连环蛋白相互作用蛋白 1（catenin-β interacting protein 1）；TAZ. 磷脂 - 溶血磷脂转酰酶（Tafazzin，phospholipid-lysophospholipid transacylase）；CYLD. CYLD 赖氨酸 63 脱泛素酶（CYLD lysine 63 deubiquitinase）；Skp. S 期激酶关联蛋白（S-phase kinase associated protein）；β-TrCP. β- 转导蛋白复合蛋白（β-transducin repeat-containing protein）；HDAC. 组蛋白去乙酰化酶（histone deacetylase）；TCF3. 转录因子 3（transcription factor 3）；BCL9. BCL9 转录共激活剂（BCL9 transcription coactivator）；LEF1. 淋巴增强结合因子 1（lymphoid enhancer binding factor 1）；Snail 1. Snail 家族转录抑制因子 1（Snail family transcriptional repressor 1）

第二节 干细胞谱系标志

一、胚胎干细胞及原始生殖细胞标志物

1. Oct-4

*Oct-4*基因属于POU转录因子家族的一员，定位于人类染色体6p21.3，其编码的蛋白质Oct-4是一种POU转录因子，属于V类POU蛋白。*Oct-4*基因主要表达于胚胎干细胞及原始生殖细胞，是细胞全能性标志，也是维持细胞多能性的重要转录因子，通过调控其下游靶基因而参与正常发育过程，尤其在早期胚胎发育中起重要作用。体外研究发现，人为调控*Oct-4*基因在ESC中的表达水平可使其向不同方向分化。*Oct-4*表达水平上调使ESC分化为原始内胚层和中胚层，如卵黄囊；*Oct-4*表达水平下调使ESC分化为滋养层细胞；只有正常水平的*Oct-4*能保持ESC的未分化状态和多能性，这种双重作用在发育过程中至关重要。*Oct-4*对特异性靶基因具有抑制作用。桑椹胚外周细胞中*Oct-4*表达下调，减弱了对*HCG*基因的抑制，这可能是早期在向滋养层分化时启动的基因表达的方式。

*Oct-4*通过调控下游靶基因而参与正常发育过程，尤其在早期胚胎发育过程中起重要作用。在桑椹胚致密化前，Oct-4蛋白在胚胎所有细胞中高水平均一表达；致密化桑椹胚到早期囊胚的第一次分化中，滋养外胚层细胞中*Oct-4*表达下调，胚胎内细胞团（ICM）中维持高表达；早期囊胚到晚期囊胚的第二次分化后，*Oct-4*只在原始外胚层表达，随后进一步分化成内胚层，*Oct-4*表达消失；原肠胚时期*Oct-4*在外胚层的表达从前端向后端逐渐减弱。生殖祖细胞从外胚层边缘迁徙至生殖嵴，成为原始生殖细胞（promordial germ cell，PGC）。PGC是原肠胚形成后唯一保留*Oct-4*表达的细胞，其独特的脱甲基活性可擦除双亲基因组印记。*Oct-4*基因的甲基化与细胞分化有关。体外诱导实验发现胚胎可能在原肠胚期普遍重新甲基化，导致*Oct-4*表达普遍下调。发育中，丧失*Oct-4*表达的细胞分化为体细胞，而维持*Oct-4*表达的细胞则维持多能性，发育为生殖细胞并增殖，直到第一次减数分裂开始，*Oct-4*下调。卵母细胞减数分裂完成时，*Oct-4*恢复表达，作为母系转录因子调节后代胚胎发育。*Oct-4*在第一次胚胎分化中阻止ICM向滋养外胚层分化，而在第二次分化中促进ICM向内胚层和生殖谱系分化。这些证据表明，*Oct-4*对抑制ICM分化，维持未分化状态是必需的。转录因子*Oct-4*的精确表达是维持胚胎干细胞多能性的重要指标，过表达或低表达都会改变胚胎干细胞自我更新状态。*Oct-4*与其他转录因子如Sox、FoxD3结合，共同作用于许多下游靶基因的启动子或增强子，正/负调控下游靶基因的表达，从而维持胚胎干细胞的自我更新状态。

2. Nanog

ESC既保持着持续均等分裂的自我复制能力，又具有分化成不同类型细胞的潜力。这些特性依赖核心转录因子Oct-4、Sox2和Nanog组成的调控网络。其中，Oct-4和Sox2的表达水平在未分化的干细胞中相对均衡，而Nanog却能独立于Oct-4和Sox2产生自我抑制，这种自我抑制调控导致*Nanog*基因的表达存在较大异质性——*Nanog*表达水平高的细胞拥有较高的自我复制能力，而Nanog表达水平低的细胞群体则具有更高的分化

倾向。

Nanog为同源结构域蛋白，在小鼠体内可简单分为3个结构域：氨基末端结构域、同源结构域、羧基末端结构域。氨基末端结构域富含丝氨酸和苏氨酸，为反式激活结构域。羧基末端结构域可分为CD1、WR和CD2，其反式激活的活性是氨基末端的6倍以上。WR独特且保守，具有10个五肽重复序列，并均起始于色氨酸，功能分析表明，WR是一种强反式激活子，且色氨酸在维持WR区域活性方面起着重要作用；CD2是羧基末端结构域的另一个反式激活因子，WR与CD2在NANOG介导的反式激活中具有重要作用。与小鼠相比，人Nanog只有羧基末端结构域具有反式激活活性，WR区中一个色氨酸被谷氨酸所代替。人基因组中有11个Nanog假基因，分别为Nanog P1 ～ 11，其中Nanog P1为复制假基因，其余均为加工假基因。Nanog在ESC的多能性维持、自我复制以及早期胚胎发育中扮演着重要角色。体内研究发现Nanog缺失导致胚胎着床后不能继续发育，因此Nanog为早期胚胎形成所必需。此外，体外研究也表明敲除Nanog的ESC倾向于向原始内胚层分化。同时，Nanog敲除可激发ESC向多个胚层分化的潜能，主要是滋养外胚层和原始内胚层。另外，Nanog在重编程过程中也发挥着重要的调控作用。在转录因子诱导的重编程过程中，Nanog对于去分化中间体向基态多能性的转变是必不可少的。在ESC与体细胞融合过程中，ESC中的Nanog高表达可以刺激干性基因的激活，提高重编程效率。综上所述，Nanog在早期胚胎发育、干性维持及重编程中均扮演着重要角色。

3. Sox2

*Sox2*基因是经典Wnt信号通路的调控因子，在维持干细胞的多能性、增殖、保持不分化状态、细胞不均等分裂和决定细胞命运方面发挥重要作用。研究表明，Sox2蛋白是Oct-4与POU2F1竞争结合一DNA序列先后顺序的决定因素，这一过程将影响干细胞是否分化。*Sox2*基因在成熟的ICM、外胚层、原始生殖细胞和胚胎发育的不同阶段均有表达，在体外，在ESC、ECC、PGC和NSC等细胞中表达，但会随着这些细胞的分化而下调。

*Sox2*是脊椎动物早期发育中最早表达的神经系统特异性基因之一，同时在干细胞的维持中也起着关键作用，并常被作为一种多能性细胞谱系的分子标记。*Sox2*基因在成人组织细胞中表达并具有广泛的调节作用，特别是在保持组织稳态性方面具有重要功能。因此，*Sox2*可以作为一个共同的干性基因，调节不同类型干细胞和组织的自我更新。缺乏Sox2的胚胎由于不能形成原始外胚层而在附植时发生死亡，敲除*Sox2*基因的小鼠胚胎在着床期因卵圆柱结构缺失而死亡，而且这种囊胚无法在体外获得非分化的细胞，只产生滋养外胚层和原始内胚层样细胞。体外敲除*Sox2*基因可导致ESC分化为滋养外胚层细胞。

4. E-cad

钙黏蛋白是在其胞外结构域中含有约100个残基的钙黏着蛋白重复序列的跨膜糖蛋白超家族。钙黏着蛋白介导钙依赖性细胞–细胞黏附，并在正常组织发育中发挥至关重要的作用。经典的钙黏蛋白亚家族包括N-、P-、R-、B-和E-钙黏着蛋白，以及约10个在黏附连接中存在的其他成员。经典钙黏蛋白的胞质结构域可与β-联蛋白、γ-联蛋白（也称作斑珠蛋白）和p120联蛋白相互作用。β-联蛋白和γ-联蛋白与α-联蛋白结合，并且α-联蛋白将钙黏蛋白–联蛋白复合体连接至肌动蛋白细胞骨架。β-联蛋白和γ-联蛋白在连接复合体中发挥结构性作用，而p120可调节钙黏蛋白黏附活性和转运。

在肝脏等上皮组织发育中，细胞黏附是其组织形成的原始基本机制，而上皮型钙黏蛋白（epithelial-cadherin，E-cad）是介导其细胞黏附的主要因子。E-cad作为一种钙离子依赖性细胞黏附分子，通过其细胞质连接位点（链蛋白）介导上皮细胞黏附和形成细胞连接，在包括肝脏组织在内的上皮组织发育调控中处于核心地位。在ESC分化后期，拟胚体结构变为分散的单层细胞群落并伴随E-cad表达降低。而将E-cad转染ESC后，分化细胞黏附明显增强并呈多层生长。

5. Stat-3

信号转导及转录激活因子3（signal transducers and activators of transcription 3，Stat-3）是Stat家族7个成员之一，其编码基因定位于染色体17q21，蛋白质分子量为84～113kDa，包含750～795个氨基酸，共有6个功能区：氨基末端结构域（amino-terminal domain，NTD）、卷曲螺旋结构域（coiled-coil domain，CCD）、DNA结合域（DNA binding domain，DBD）、连接结构域（linker domain，LD），SH2结构域（srchomology 2/SH2 domain，SH2）和转录激活结构域（transactivation domain，TAD）。其中，NTD参与静止细胞中未磷酸化状态的同型二聚体的形成，CCD与多种调节蛋白质和其他转录因子相互作用，DBD参与Stat-3和基因启动子中相应位点的直接结合，LD在SH2和DBD之间保持适当的构象，SH2是高度保守的结构域，参与活性Stat3二聚体的形成，TAD则是使Stat3在长度和序列上具有高度可变性的结构域，通过与其他转录因子的相互作用来调节靶基因的转录激活。另外，TAD在Stat3第705位含有酪氨酸残基，在第727位含有丝氨酸残基，两者均在激活后被磷酸化，该处丝氨酸残基的磷酸化是达到最大转录活性所必需的。

在静息细胞中，Stat3通常以非活性状态定位于细胞质。特定酪氨酸残基的磷酸化是Stat3激活的重要步骤，Stat3一旦被激活随即转移到细胞核中，继而充当多种靶基因的转录激活剂。经典的Stat3信号转导始于胞外配体与细胞表面受体的结合，导致受体二聚化及Janus激酶（Janus kinase，Jak）酪氨酸残基的反式磷酸化，激活的JAK磷酸化细胞质受体的尾端为Stat3提供结合位点。随后，JAK激活Stat3 羧基末端的酪氨酸705。携带细胞内固有酪氨酸激酶活性的膜受体也可激活酪氨酸705。此外，磷酸化的酪氨酸705还会被细胞质的非受体酪氨酸激酶直接激活。激活后的Stat-3从受体/激酶复合物中解离，并通过SH2结构域相互作用形成同源或异源二聚体，它们与共有9bp的DNA序列（TTCNNNGAA）中的特异反应元件相互作用，从而诱导对生理、病理功能至关重要的靶基因转录，进而调控细胞生长、分化、增殖、凋亡、侵袭及转移。Stat3调控的下游靶基因包括增殖与凋亡、侵袭与转移、血管生成、耐药、免疫逃逸等靶基因。Stat3激活是快速、短暂的，在非病理性环境中最多可持续数小时，Stat3的信号衰减需要3种信号中间产物去磷酸化，包括受体、Jak和Stat3。随后，Stat3单体重新定位到细胞质再次参与信号转导。

二、神经干细胞系

1. nestin

巢蛋白（nestin）是中间纤丝家族的蛋白，在结构上与神经丝蛋白相关。它在发育期的脑细胞中高表达，可帮助调节细胞结构以及神经细胞分裂和迁移所需的胞内过程。脑细胞成熟后，nestin表达迅速下调并被神经丝蛋白表达替代。nestin在成熟和前体神经元及神经胶质细胞中均有表达，在发育期的脑细胞、损伤后脑和脊髓细胞中也有表达。在神经系统发育过程中，nestin的表达是动态变化的：胚胎期，神经前体细胞暂时表达nestin，以后逐渐被GFAP、β-微管蛋白-Ⅲ（β-3-tublin）等所替代。

研究表明，nestin的表达水平影响NSC的增殖及分化方向。当nestin水平降低时，NSC增殖减少，且当处于分化条件时，沉默nestin可以诱导NSC向神经元定向分化增加；当其水平维持高表达时，NSC向神经元分化的比例降低，几乎不再向神经元分化。同时，nestin缺失可导致星形胶质细胞增殖减少。因此，可以通过调控nestin蛋白表达水平诱导NSC向神经元分化，形成新的神经突触，或者减少星形胶质细胞的产生，减少胶质瘢痕。

2. Bmi-1

*Bmi-1*基因是一种泛表达基因，在对全身组织器官*Bmi-1*基因表达水平的检测中发现其在大脑、子宫内膜、前列腺、睾丸、脾脏和肾上腺中均高表达。进一步研究其亚细胞定位时发现，*Bmi-1*基因主要定位于细胞核，在细胞质和细胞骨架中也存在低水平表达。*Bmi-1*可以抑制p16细胞周期蛋白依赖性激酶抑制基因，促进细胞进入细胞周期的S期，从而促进细胞的增殖。同时可以通过抑制p19交替阅读框基因抑制基因的表达，进而导致凋亡的细胞数量减少。*Bmi-1*作为一种蛋白质编码基因，主要编码多梳家族（polycomb group，PcG）蛋白，这种蛋白是PRC1样复合物的组分，是一种在细胞发育过程中维持许多基因转录抑制状态所必需的复合物。含有Bmi-1蛋白的PRC1复合物可以通过染色质重塑和组蛋白修饰起作用，它能够介导组蛋白H2A Lys-119的单泛素化，使染色质结构改变，从而引起表观遗传学改变。含有Bmi-1的PRC1复合物也可以通过影响下游E3泛素蛋白连接酶5识别子基因的E3连接酶活性，诱导损伤处的基因沉默，利于DNA的损伤修复。综上所述，*Bmi-1*基因在人体内广泛表达，并且具有转录抑制及DNA损伤修复功能，这些都为其参与调节神经干细胞的自我更新、增殖、分化进程提供了可能。

研究表明，在侧脑室下区及嗅球区过表达Bmi-1，可增强区域内NSC的自我更新、增殖及向神经元方向分化的能力。相反，敲减Bmi-1会减低这些能力，但可增强神经干细胞向胶质细胞的分化；在小脑区敲减Bmi-1会使区域内神经干细胞数量降低，胶质祖细胞数量减少，分化出的少突胶质细胞数量减少，但分化出的星形胶质细胞数量增加；在皮质区敲减Bmi-1会使区域内的神经干细胞自我更新、增殖能力下降，星形胶质细胞数量增加，过表达Bmi-1对神经元起神经保护作用；在视网膜区过表达Bmi-1可以逆转视网膜祖细胞的增殖和分化潜能，敲减则会延缓感光细胞变性。

三、造血干细胞系

1. Bmi-1

p16INK4a是细胞周期蛋白依赖激酶抑制因子，可阻碍pRb蛋白磷酸化，将细胞周期阻断在G期。而ARF可结合原癌蛋白MDM2，稳定p53，将细胞周期阻断在G_1期、G_2/M转换期或诱导细胞凋亡。在各种类型恶性血液病中经灭活或删除观测，p16INK4a （p16）和p15INK4B（p15）具有肿瘤抑制因子的作用。Bmi-1可抑制INK4a/ARF基因位点，对p16INK4a转录具有显性负调控活性。这些结果证实适当的细胞周期控制，尤其在干/祖细胞早期阶段，是保持正常造血所必需的。

2. GATA-1～3

GATA家族包括GATA-1～6，它们之间有一些相同的生物学特征：识别（A/T）GATA（A/G）序列的调节序列并控制基因的表达；GATA模体及与之结合的GATA结合蛋白是一个具有Ⅳ型锌指结构的转录因子，通过与基因启动子中的（A/T）GATA（A/G）模体结合，从而激活基因转录。

GATA转录因子可分为两个亚家族：GATA-1～3与GATA-4～6。GATA-1～3与正常造血细胞的生长调控和分化关系密切。GATA-1主要调节红系的增殖和分化；GATA-2在造血干/祖细胞的增殖和分化中起重要作用；GATA-3主要调节T细胞的增殖和分化。

*GATA-1*基因的突变常导致红系和巨核系的造血异常。GATA-1和它的辅因子FOG-1的相互作用对红细胞的正常发育是必需的，FOG-1通过与GATA-1的相互作用提高或抑制GATA 1的活性，但FOG-1影响GATA-1的机制尚未明确。有研究报道，在某些遗传性贫血和家族性血小板减少患者中存在*GATA-1*基因的错义突变，并且所有*GATA-1*的突变都集中于*GATA-1*基因的氨基末端，这个末端对于GATA-1和FOG-1之间的作用非常重要。

研究发现，GATA-2的单倍体不足导致了造血干细胞（HSC）数量的减少和凋亡细胞的增加。另外，GATA-2在白血病细胞中的高表达反映了白血病恶性细胞克隆的存在，白血病细胞分化和发育阻滞，幼稚细胞增多亦提示该基因在白血病细胞的增殖和分化过程中可能是必需的，可能与正常髓系祖细胞调控有着相同的模式。

GATA-3主要调节T细胞的增殖和分化，是T祖细胞发育所必需的转录因子，参与调控Th1和Th2细胞的生成。研究还发现，GATA-3与T细胞肿瘤的发生过程有密切关系。

3. c-kit

人类c-kit原癌基因位于染色体4q11—q12，全长约90kb，包括21个外显子，20个内含子。其mRNA长约5084bp，其中2928bp编码蛋白产物，即为c-kit受体，又称干细胞因子受体、肥大细胞因子受体，在进化上高度保守，为经典的Ⅲ型酪氨酸激酶受体，由膜外区、跨膜区和胞内区3部分组成。其中，膜外区包含5个免疫球蛋白区，第2、3个免疫球蛋白区是其与SCF结合的关键部位；第4及第5个免疫球蛋白区是其二聚化所必不可少的区域。每一个c-kit单体通过胞外结构域1～3区分别与一个SCF单体结合，SCF二聚化后便会形成c-kit以半开放形式包绕SCF的配基受体复合物结构，此结构即可诱发c-kit分子的同源二聚化，导致酪氨酸激酶自身磷酸化，从而触发下游更多蛋白质分子的磷酸化，完成细胞内外信号的传导过程。此外，c-kit mRNA外显子9的3′端AG/GTAAC剪切点在剪切过程中可以产生两种同工型的c-kit mRNA，这两种天然的c-kit同工型mRNA共存于正常组织中。近期研究表明，急性髓系白血病（acute myeloid leukemia，AML）患者细胞表面二者表达水平可高达正常人的12倍。体外实验表明：不含该两种c-kit同工型mRNA者激活下游信号转导分子以及促进SCF解聚的能力更强，并且具有非SCF依赖性的酪氨酸磷酸化受体特性。

正常情况下，c-kit存在于某些特定的原始造血祖细胞、成熟细胞中，后者主要包括肥大细胞、生殖细胞、黑色素细胞、胃肠星形胶质细胞、上皮细胞，但不存在于平滑肌细胞及淋巴组织中。近年研究表明，SCF二聚体所诱发的c-kit单体的二聚化不但直接导致了受体构象的改变，而且增加了其激酶区域在局部的浓度。磷酸化过程启动后，主要是非激酶区酪氨酸残基发生磷酸化，并作为下游信号转导分子的锚定位点而最终完成传递信号的目的。c-kit的功能缺失性突变和功能获得性突变均与其本身的基因序列突变有密切关系。功能获得性突变疾病中较为常见的为胃肠道间质瘤、AML及肥大细胞性白血病等。

4. PU.1

PU.1蛋白属于Ets转录因子家族成员，是组织特异性DNA结合蛋白。PU.1的DNA结合区为螺旋-转角-螺旋结构，能识别一个富含嘌呤GGAA/T基序的核心DNA元件并与之结合。PU.1的氨基端含有一个与其他调节蛋白相互作用的反式激活区，包括酸性氨基酸区和富含谷氨酸区，中间为富含脯氨酸、谷氨酸、丝氨酸和苏氨酸的PEST区，该区域对于PU.1蛋白的稳定性是重要的。

PU.1在成熟的髓系和B淋巴细胞中表达，但不在红系和T细胞表达，在多能造血祖细胞中低水平表达。在造血分化过程中，PU.1主要在两个阶段起作用：其一是早期作用，即从多能造血干细胞向淋巴系和髓系定向祖细胞分化时PU.1表达上调；其二是晚期作用，从粒/巨噬系祖细胞向单核细胞分化时，PU.1表达上调，从髓系定向祖细胞向巨核/红系分化时表达下调。PU.1决定红系祖细胞的自我更新能力。研究表明，PU.1不同的细胞内浓度可以导致不同的细胞命运，PU.1高浓度对于单核/巨噬细胞的发育是必需的，较低浓度对于粒细胞和B细胞命运是必需的。PU.1缺陷的胎鼠干细胞不能分化为巨噬细胞，成红细胞丧失了自我更新能力并发生凋亡；PU.1过度表达可导致白血病。

四、间充质干细胞系

GATA-4～6

GATA-4～6表达于多种中、内胚层来源的组织，如心脏、小肠、肺、肝脏、性腺、胃、膀胱等，并且在特定组织基因的表达上具有重要作用，在心脏和肠道发育过程中三者也都有表达。

GATA-4是胚胎期小鼠心脏细胞发育过程中出现最早的转录因子之一，GATA-4敲除小鼠在胚胎第8.5天死亡，并且伴有严重的心脏和前肠形成的缺陷，但是心肌分化正常。在胚胎瘤细胞系P19中过表达GATA-4能够促进其分化形成心肌细胞；相反，抑制GATA-4的表达则会抑制心脏细胞的分化并且引发细胞凋亡。

在斑马鱼中，GATA-5的缺失会导致心脏发育异常，类似于GATA-4缺失小鼠心脏二分叉的表型，并有心肌细胞数量减少的表型，然而在小鼠中GATA-5的缺失却没有造成心脏发育异常，而只是在雌性小鼠中产生泌尿生殖管发育异常，如阴道、子宫和尿道，说明在进化中不同物种的GATA-4和GATA-5可能被赋予了不同的功能。GATA-5在小鼠胚胎发育过程中最先表达于心脏，随后是肺和泌尿生殖系统，并且GATA-4、

GATA-6在心脏发育过程同GATA-5的表达范围相似，说明其他GATA因子可能对GATA-5功能的缺失起到弥补作用。

研究证实，GATA-6能够结合于BMP-4启动子的GATA结合位点来调节BMP-4的表达，而且在斑马鱼中BMP信号的抑制能表现出同GATA-6敲除斑马鱼类似的表型，说明GATA6可能通过调节BMP信号来影响心脏的发育。

（张　涛）

主要参考文献

郑鹏生，曹浩哲，2010. Oct4基因的研究进展. 西安交通大学学报（医学版），31（5）：521-526.

Burch JB，2005. Regulation of GATA gene expression during vertebrate development. Semin Cell Dev Biol，16（1）：71-81.

Cai H，Su S，Li Y，et al，2018. Protective effects of Salvia miltiorrhiza on adenine-induced chronic renal failure by regulating the metabolic profiling and modulating the NADPH oxidase/ROS/ERK and TGF-β/Smad signaling pathways. J Ethnopharmacol，212：153-165.

Fong YW，Inouye C，Yamaguchi T，et al，2011. A DNA repair complex functions as an Oct4/Sox2 co-activator in embryonic stem Cells. Cell，147（1）：120-131.

Joo M，Park GY，Wright JG，et al，2004. Transcriptional regulation of the cyclooxygenase-2 gene in macrophages by PU. 1. J Biol Chem，279（8）：6658-6665.

Zencak D，Lingbeek M，Kostic C，et al，2005. Bmi1 loss produces an increase in astroglial cells and a decrease in neural stem cell population and proliferation. J Neurosci，25（24）：5774-5783.

第十三章

泛素和泛素样蛋白体系

第一节　泛素化概述

一、泛素及泛素化

泛素-蛋白酶体系统（ubiquitinproteasome system，UPS）由泛素（ubiquitin，Ub）、泛素活化酶（ubiquitin activating enzyme，E1）、泛素结合酶（ubiquitin conjugating enzyme，E2）、泛素连接酶（ubiquitin protein ligase，E3）、蛋白酶体及其底物（蛋白质）构成。

泛素是一种高度保守的含76个氨基酸残基的蛋白，广泛存在于真核细胞，通过泛素化过程可与多种细胞蛋白共价连接。泛素分子约87%的肽链通过氢键形成二级结构，二级结构包括3个α螺旋，5个β折叠，7个β转角。整个分子呈紧凑的球形，氨基末端为较紧密的球状结构域，羧基末端是松散的伸展结构域，具有高度的保守性。羧基末端的4个残基从球形结构中伸出，供泛素与靶蛋白形成泛素-蛋白复合物。羧基末端的2个甘氨酸（Gly75和Gly76）不可以替代，否则泛素分子将完全失活。由于泛素分子包含一个显著的疏水核，并富含大量氢键，因而特别稳定，对酸、碱、热有抵抗力，一旦折叠，能很快恢复天然状态。

从不同种类高等生物中得到的泛素的一级结构几乎相同，植物、酵母、动物中的泛素分子也仅有少数氨基酸残基不同，三维构象基本相同。

泛素蛋白的羧基末端含有甘氨酸残基，在泛素蛋白与其他蛋白相连之前，该残基必须被活化。最初，羧基末端被E1酶腺苷酰化，随后E1酶的半胱氨酸侧链攻击泛素蛋白的羧基末端，形成E1-泛素蛋白硫酯中间产物。然后被活化的泛素蛋白被“移交”给E2酶活性位点中的半胱氨酸残基，再在E3酶的共同作用下，催化靶蛋白泛素化反应。E3酶在识别靶蛋白底物的过程中起到了关键性作用［有些泛素样蛋白（ubiquitin-like protein，UBL）途径不需要E3酶的参与］。在泛素化修饰途径中，还有一些不同的E3酶可以催化泛素蛋白与被单泛素化修饰或多泛素化修饰的靶蛋白相连接。这些E3酶有时也被称为E4酶（尤其是在延伸多泛素侧链时）。去泛素化酶（deubiquitinating enzyme，DUB）可以将靶蛋白上的泛素蛋白水解下来，由于DUB酶的存在，泛素化作用只能是暂时的。这种由泛素蛋白和其他UBL蛋白负责的动态修饰过程构成了一个可逆的“开关”来控制底物蛋白的不同功能状态，调控细胞内的多种生理活动过程。

泛素化是ATP依赖的过程，如前所述，由三类酶共同完成。在某些情况下，泛素结合域和底物结合域位于由接头蛋白或Cullins聚集在一起的单独多肽上。所有真核生物编码的E2和E3同工酶种类非常多，其中E2同工酶有几十种，而E3同工酶则多达数百种，如表13-1所示。每个连接酶只能修饰底物蛋白的一个子集，从而提供底物对系统的特异性。这样，细胞就能对多种蛋白进行多种方式、特异性的修饰和调节，而且这些修饰调控作用也都会受到严密的时空调控。然后泛素化的蛋白被靶向到26S蛋白酶体进行降解或经历蛋白质位置或活性的变化。泛素化修饰也有非降解作用，比如介导膜蛋白内吞作用和蛋白质胞内运输作用、参与染色质介导的转录调节作用、DNA修复作用及信号复合体合成等。

泛素化可以被认为是另一种共价翻译后修饰和信号，类似于乙酰化、糖基化、甲基化和磷酸化。泛素蛋白的羧基末端通常经由酰胺键（amide linkage）与靶蛋白的氨基团连接在一起。最常见的连接是与靶蛋白赖氨酸的ε氨基团相连，不过也可以与靶蛋白的氨基末端相连。此外，最近还发现泛素蛋白可以与靶蛋白上的半胱氨酸、丝氨酸和苏氨酸相连。泛素可以作为单一单位与底物连接，称为单泛素化，也可以作为支链连接，称为多泛素化。底物蛋白通过7个不同的泛素赖氨酸残基（Lys6、Lys11、Lys27、Lys29、Lys33、Lys48和Lys63）与泛素连接。当泛素的赖氨酸残基与另一个泛素的羧基末端甘氨酸连接时，就会形成多泛素链。多泛素化蛋白有不同的命运，取决于其结合的泛素连接的性质；赖氨酸48位点（K48）连接的多泛素链主要针对蛋白质进行蛋白酶体降解，而赖氨酸63位点（K63）连接的多泛素通常调控蛋白质功能、亚细胞定位和蛋白-蛋白相互作用，尽管这种连接有时也会导致蛋白酶体降解。单泛素化的效应包括内吞作用和DNA损伤，以及亚细胞蛋白定位和运输的变化。然而，需要多个泛素化循环产生多泛素链，才能将蛋白质靶向到蛋白酶体进行降解。

二、泛素样蛋白及类泛素化

对泛素样蛋白（UBL）及其相关蛋白结构域的研究缘起于20世纪80年代末。当时发现了一种干扰素诱导的、分子量为15kDa的蛋白产物——ISG15。该蛋白在序列上与泛素蛋白有高度的相似性——可以通过共价结合的方式修饰其他蛋白。目前已经发现5种不同于泛素化的蛋白质偶联系统：Apg12p、Apg8p、ISG15/UCRP、Nedd8和小类泛素修饰因子（small ubiquitin like modifier，SUMO）系统。在所有情况下，底物的修饰都是通过类似于泛素化的单独途径进行的。这5种修饰分子在结构上都与泛素相关，因此被称为泛素样分子，虽然它们的主要序列与泛素的同源性非常低。Apg12p和Apg8p分别与已知的唯一底物蛋白质和脂质共价结合，参与自噬调控，是将细胞质隔离到溶酶体小室的主要途径。ISG15/UCRP-修饰因子是脊椎动物特有的，被认为在干扰素信号通路中起作用。

与泛素蛋白一样，9种UBL蛋白都是通过共价连接的方式连接到靶生物大分子（大部分是蛋白质）上从而对其进行修饰的。泛素系统可以对酵母细胞中1000多种蛋白质进行修饰，有一些UBL修饰途径，比如SUMO修饰途径的靶蛋白非常多，而且靶蛋白之间的差异非常大。

如前所述，大部分UBL修饰途径使用的酶都是类似的。UBL蛋白连接的主要途径似乎源自一个古老的生物合成途径。该途径中的酶和蛋白质修饰因子经过好几轮扩增和多样化改变才成为了今天丰富多彩的UBL修饰途径。不过在几条特殊的UBL修饰途径中还是存在几种例外的UBL连接机制。例如，有一种泛素蛋白水解酶，它不仅能够将泛素蛋白从底物蛋白上裂解下来，也能起到完全相反的作用，将泛素蛋白连接到靶蛋白上。还有一些UBL连接酶来自纤毛虫。通过序列分析在纤毛虫中发现了一类具有自我剪接功能的多聚蛋白，它们形成了一系列种类各不相同的UBL结构域以及具有自我剪接功能的细菌内蛋白样（bacterial internal protein like，BIL）结构域。这些多聚蛋白的编码基因可能起源于一个编码多聚蛋白的基因，然后在进化过程中又获得了编码BIL结构域的基因。

BIL结构域的氨基末端具有一个丝氨酸或半胱氨酸残基，这些氨基酸残基可以激活肽键重排机制，通过该机制将BIL结构域上游末端氨基酸肽酰基链的N转变成O（在氨基末端是丝氨酸时）或转变成S（在氨基末端是半胱氨酸时）。这种重排机制起始于裂解和自我剪接反应。在BIL-泛素蛋白样蛋白（bilin-ubiquitin protein-like protein，BUBL）中的BIL结构域内开始N→S酰基转换，该转换过程可能促进了自身催化进程中对底物硫酯的亲核攻击作用，从而将上游UBL蛋白连接到被修饰靶分子上。如果攻击基团是靶蛋白的赖氨酸侧链，就会按照如前所述的标准方式进行连接进而修饰产物，不过反应过程中没有E1、E2或ATP的参与。值得注意的是，在BUBL前体蛋白BIL结构域上游的序列不是UBL蛋白必需的。因此，可能会有很多蛋白修饰因子，它们并不与泛素蛋白相关，但是可能在结构域的上游起到与BIL结构域相类似的作用。

还有很多其他相关的泛素蛋白，这些蛋白中的泛素样结构域（ubiquitin-like domain，ULD）属于多肽的一部分，但通常它们既不参与任何反应，也不会与靶蛋白发生共价结合。这种ULD结构域赋予所属蛋白（与可转移UBL类似的蛋白）与某些特殊靶蛋白相结合的能力。有一些ULD结构域可以在特定条件下从所属蛋白中被裂解下来，裂解之后甚至还可以与其他蛋白相连接。比如在细胞经历紫外线伤害后发生的去泛素化酶泛素特异性蛋白酶家族（ubiquitin specific protease family，USP）内部ULD结构域的自我裂解作用。这种裂解作用发生后酶就会被灭活，导致细胞内单泛素化修饰的PCNA蛋白大量积聚，而这些PCNA蛋白正是细胞进行DNA修复所需要的。

小泛素相关修饰因子1、2、3（SUMO-1、-2、-3）和Nedd8是泛素样蛋白家族成员。SUMO和Nedd可以通过E1、E2、E3偶联系统以类似泛素化的方式共价连接到蛋白上（分别称为苏素化和类泛素化）。然而，与泛素化不同，底物蛋白的苏素化和类泛素化通常不会导致降解。相反，SUMO和Nedd修饰可影响亚细胞定位、蛋白质功能或蛋白-蛋白相互作用。苏素化有许多细胞效应，包括核运输，调节转录活性和蛋白质的稳定性。苏素化和其他翻译后修饰如泛素化、磷酸化和乙酰化之间的交互作用是一个活跃的研究领域。

迄今为止，研究最多的UBL可能是SUMO。虽然SUMO已知底物比泛素少，但它的几个靶点是重要的细胞调控因子，因此，SUMO修饰将在多个过程中发挥作用。在所谓的早幼粒细胞白血病（promyelocytic leukemia，PML）核小体和其他核结构中发现了许多SUMO化蛋白，这表明SUMO可能作为蛋白质靶向的地址标签。此外，SUMO还可调节多种转录因子（如p53、NF-κB、c-Jun、c-Myb和雄激素受体）的活性。有趣的是，SUMO也可能作为泛素化的抑制剂或拮抗剂，因为SUMO可能与泛素竞争相同的赖氨酸残基，并通过抑制降解来稳定底物。例如，NF-κB转录因子，它与抑制剂IκBα结合时保持不活跃。在受到刺激后，IκBα发生磷酸化、泛素化，被蛋白酶体降解，释放NF-κB进入细胞核。SUMO可以与IκBα上的泛素竞争，通过与相同的赖氨酸结合，使SUMO修饰的IκBα不被降解，从而使NF-κB处于非活性状态。然而，所有可同时被泛素化和苏素化的底物都不在同一赖氨酸残基上修饰（如p53）。小泛素样修饰因子的翻译后修饰正在成为调节重要生物过程的一种额外方式。

三、去泛素化

泛素化酶催化蛋白质的泛素化，这是一个可逆的过程，能够被去泛素化酶（DUB）作用抵消。DUB通过从底物蛋白中去除泛素来逆转泛素化过程。DUB水解靶蛋白上的泛素，使已经泛素化的蛋白质脱泛素化，泛素链被解离为单个泛素分子，可以再次参与泛素化过程，从而维持了泛素的循环，并确保了细胞中泛素分子库的稳定。人类基因可编码约100个去泛素化酶。DUB分为5个亚家族：泛素特异性蛋白酶家族（USP）、泛素羧基末端水解酶家族（ubiquitin C-terminal hydrolase family，UCH）、卵巢肿瘤相关蛋白酶家族（ovarian tumor-associated protease family，OTU）、Josephin结构域蛋白家族（MJD）和JAB1/MPN/Mov34蛋白酶家族（JAMM），前4种去泛素化蛋白酶家族是半胱氨酸蛋白酶，而JAMM家族是锌金属蛋白酶。每个亚家族都有其特定的组织和底物特异性。在人体内，有3种蛋白酶体DUBs：蛋白酶体26s亚单位，非ATP酸14（proteasome 26s subunit，non-ATP ase14）、泛素羧基末端水解酶37（ubiquitren c-terminal hydrolase 37）和泛素特异性蛋白酶14［也称为tRNA-鸟嘌呤转糖基酶的60 kDa亚基（USP14/TGT60 kDa）］。去泛素化过程是非常精密有序的，它参与多种重要的生命活动，包括细胞周期调控、基因转录、激酶活化、蛋白质降解、DNA修复等，去泛素化酶的异常表达可引发癌症以及神经退行性疾病等多种疾病。

第二节　泛素/蛋白酶体

泛素-蛋白酶体系统（ubiquitinproteasome system，UPS）是细胞蛋白质降解的主要手段，从酵母到哺乳动物都是保守的，是真核细胞中大多数短寿命蛋白靶向降解所必需的，用于消除错误折叠或损坏的蛋白质，以及受信号通路强烈调控的蛋白质。该系统在细胞增殖、转录调控、凋亡、免疫和发育中起着核心作用。2004年，以色列科学家Aaron Ciechanover、Avram Hershko和美国科学家Irwin Rose就因发现泛素调节的蛋白质降解而被授予2004年诺贝尔化学奖。

如前所述，泛素-蛋白酶体系统对蛋白质的降解首先需要经历泛素化的过程，进而通过蛋白酶体的作用发生蛋白质的水解。完整的泛素蛋白酶体途径如图13-1所示。泛素化主要是由E1、E2、E3酶介导。水解作用是由蛋白酶体介导。26S蛋白酶体是一个高度丰富的复合体，是泛素-蛋白酶体系统的蛋白水解臂。它主要由两个亚复合物组成，19S调节粒子（RP）和20S催化核心粒子（CP）。两个亚单位组成桶状结构，19S为调节亚单位，位于桶状结构的两端，识别多聚泛素化蛋白并使其去折叠。RP包括一个底座和一个盖子。底座的作用是去折叠底物并打开栅门，从而使去折叠的底物进入催化室。盖子主要参与泛素信号的特异性识别。19S亚单位上还具有一种去泛素化的同工肽酶，使底物去泛素化。20S为催化亚单位，CP形成一个圆柱形的催化室，位于两个19S

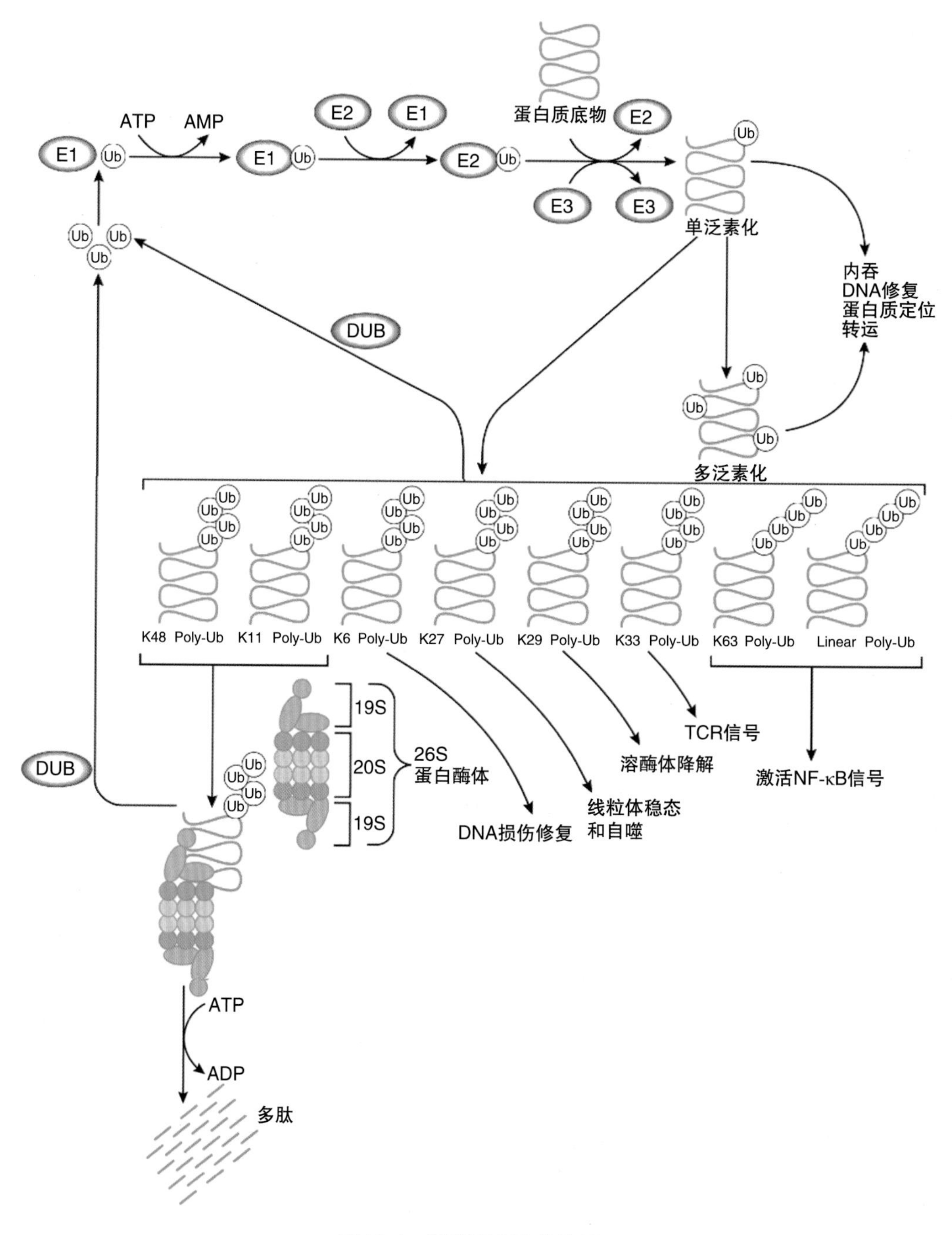

图13-1　泛素蛋白酶体途径

E1. 泛素活化酶；E2. 泛素结合酶；E3. 泛素连接酶；Ub. 泛素；ATP. 三磷酸腺苷；AMP. 一磷酸腺苷；DUB. 去泛素化酶

亚单位的中间，其活性部位处于桶状结构的内表面，可避免细胞环境的影响。除了19S帽外，其他蛋白质和复合物结合在20S圆柱体末端，并通过促进大门打开来激活它。此外，蛋白酶体相关的DUB和E3可以重塑底物锚定的多泛素链，这可能会调节它们的降解敏感性。

蛋白酶体途径具有重要的生物学意义，包括生化功能和生理学功能。生化功能包括：①介导细胞内多余的、暂时不需要的或异常蛋白质的降解，以调控细胞代谢，消除它们对细胞的危害；②参与某些重要蛋白质翻译后的修饰和改造，调节其功能；③参与离子通道、分泌的调控及神经网络、细胞器的形成。生理学功能包括抗原呈递和调节细胞周期。抗原分子泛素化后被26S蛋白酶体降解成多肽，然后由组织相容性复合体Ⅰ类分子呈递到细胞表面，被细胞毒性T细胞识别。而细胞周期因子可以被泛素化，然后由26S蛋白酶体降解，导致细胞周期因子依赖的激酶失活，从而使细胞有丝分裂期中止。细胞周期因子-周期因子依赖的激酶复合物可由它们特定的抑制因子使其失活，这些抑制因子也由泛素蛋白酶体途径降解。因此，泛素蛋白酶体途径与人类许多疾病有关，分为两种：一种是泛素体系酶的突变导致的功能丧失或目标底物蛋白识别基序的改变而导致某种蛋白的稳定；另一种是目标蛋白功能不正常或加速降解的结果。

泛素蛋白酶体途径是调节细胞内蛋白水平与功能的重要机制，涉及许多重要的生理过程和许多疾病及肿瘤的发病机制。尽管泛素蛋白酶体途径与人类疾病机制的关系还有待进一步的研究，但此类途径为人类克服许多难以治疗的疾病提供了一个新思路。

表13-1 泛素连接酶及其底物和功能

连接酶	底物	功能
AMFR	KAI1	AMFR也被称为gp78。AMFR是一个完整的ER膜蛋白，在ER相关降解（ERAD）中起作用。已被发现通过转移抑制因子KAI1的泛素化促进肿瘤转移
APC/Cdc20	Cyclin B	后期促进复合体/环体（APC/C）是一种具有E3连接酶活性的多蛋白复合体，通过降解细胞周期蛋白和其他有丝分裂蛋白来调节细胞周期进程。APC与Cdc20、Cdc27、SPATC1和TUBG1存在复合物
APC/Cdh1	Cdc20，Cyclin B，Cyclin A，Aurora A，Securin，Skp2，Claspin	后期促进复合体/环体（APC/C）是一种具有E3连接酶活性的多蛋白复合体，通过降解细胞周期蛋白和其他有丝分裂蛋白来调节细胞周期进程。APC/C-Cdh1二聚体复合物在后期和末期被激活，并一直保持活性直到下一个S期开始
C6orf157	Cyclin B	C6orf157也被称为H10BH。C6orf157是E3泛素连接酶，已被证明可泛素化细胞周期蛋白B
Cbl		Cbl-b和c-Cbl是Cbl家族的适配器蛋白，在造血细胞中高度表达。Cbl蛋白具有E3泛素连接酶活性，可下调EGFR、T细胞和B细胞受体、整合素受体等多种信号通路中的许多信号蛋白和RTK。Cbl蛋白在T细胞受体信号通路中发挥重要作用
CBLL1	CDH1	CBLL1也被称为Hakai。CBLL1是一种E3泛素连接酶，可将磷酸化的E-Cadherin泛素化，导致其降解并失去细胞黏附
CHFR	PLK1，Aurora A	CHFR是一种E3泛素连接酶，作为有丝分裂应激检查站蛋白，在应激时延迟进入有丝分裂。CHFR已被证明能泛素化并降解PLK1和Aurora A激酶

续表

连接酶	底物	功能
CHIP	HSP70/90，iNOS，Runx1，LRRK2	CHIP是E3泛素连接酶，作为一种共伴侣蛋白，与包括HSP70和HSP90在内的热激蛋白以及非热激蛋白iNOS、Runx1和LRRK2相互作用
DTL（Cdt2）	P21	DTL是E3泛素连接酶，与Cullin4和DDB1结合，促进UV损伤后p21的降解
E6-AP	P53，DLG	E6-AP也被称为UBE3A。E6-AP是一个HECT结构域E3泛素连接酶，与丙型肝炎病毒（HCV）核心蛋白相互作用并靶向其降解。HCV核心蛋白是包裹病毒DNA和其他细胞过程的核心。E6-AP也与人乳头瘤病毒16型和18型的E6蛋白相互作用，并靶向肿瘤抑制蛋白p53降解
HACE1		HACE1是E3泛素连接酶和肿瘤抑制因子。HACE1异常甲基化常出现在肾母细胞瘤和结直肠癌中
HECTD1		HECTD1是神经管闭合和间充质正常发育所需的E3泛素连接酶
HECTD2		HECTD2可能是E3泛素连接酶，可能是神经退行性变和朊病毒疾病的易感基因
HECTD3		HECTD3可能是E3泛素连接酶，可能在细胞骨架调控、肌动蛋白重构和囊泡运输中发挥作用
HECW1	DVL1，突变SOD1，p53	HECW1也被称为NEDL1。HECW1与p53及Wnt信号蛋白DVL1相互作用，可能在神经元中p53介导的细胞死亡中发挥作用
HECW2	p73	HECW2也被称为NEDL2。HECW2泛素化p53家族成员p73。p73的泛素化增加了蛋白质的稳定性
HERC4		HERC4属于E3泛素连接酶家族，参与膜转运事件。HERC4在睾丸高表达，可能在精子发生中发挥作用
HERC5		HERC5属于E3泛素连接酶家族，参与膜运输事件。HERC5是由干扰素和其他促炎细胞因子诱导的，在先天免疫反应中，HERC5在干扰素诱导的ISG15结合中发挥作用
HUWE1	N-Myc，C-Myc，p53，Mcl1，TopBP1	HUWE1也被称为Mule。HUWE1是HECT结构域E3泛素连接酶，可调控Mcl-1的降解，从而调控DNA损伤诱导的凋亡。HUWE1还通过破坏N-Myc的稳定性来控制神经元分化，并通过ARF调控p53依赖和独立的肿瘤抑制
HYD	CHK2	HYD也被称为EDD或UBR5。HYD是DNA损伤反应的调节器，在多种癌症中过度表达
ITCH	MKK4，RIP2，Foxp3	通过泛素化包括MKK4、RIP2和Foxp3在内的多种蛋白，ITCH在T细胞受体激活和信号转导中发挥作用。ITCH功能的丧失导致异常的免疫反应和辅助T细胞分化
LNX1	NUMB	LNX1是E3泛素连接酶，通过调控Notch信号负调控因子NUMB在胚胎发生过程中起决定细胞命运的作用
Mahogunin		Mahogunin是一种E3泛素连接酶，参与黑素皮质素信号转导。Mahogenin功能的丧失导致神经变性和色素沉着的丧失，这可能是朊病毒疾病的作用机制

续表

连接酶	底物	功能
MARCH-1	HLA-DRβ	MARCH1是一种在抗原呈递细胞（APC）上发现的E3泛素连接酶。MARCH1泛素化MHC Ⅱ类蛋白并下调其细胞表面表达
MARCH-Ⅱ		MARCH-Ⅱ是E3泛素连接酶MARCH家族的一员。它与核内体中的syntax6结合，帮助调节囊泡的运输
MARCH-Ⅲ		MARCH-Ⅲ是E3泛素连接酶MARCH家族的一员。它与核内体中的syntaxin6结合，帮助调节囊泡的运输
MARCH-Ⅳ	MHC Ⅰ类分子	MARCH-Ⅳ是E3泛素连接酶MARCH家族的一员。MARCH-Ⅳ泛素化MHC Ⅰ类蛋白并下调其细胞表面的表达
MARCH-Ⅵ		MARCH-Ⅵ也被称为TEB4，是E3泛素连接酶MARCH家族的成员。它定位于内质网，并参与ER相关蛋白的降解
MARCH-Ⅶ	Gp190	MARCH-Ⅶ也被称为axotrophin。MARCH-Ⅶ最初被认为是一种神经干细胞基因，但后来被证明通过降解LIF受体亚基gp190，在T淋巴细胞的LIF信号转导中发挥作用
MARCH-Ⅷ	B7-2，MHC Ⅱ类分子	MARCH-Ⅷ也被称为c-MIR，可引起B7-2泛素化/降解，B7-2是抗原呈递的共刺激分子。MARCH-Ⅷ也被证明能泛素化MHC Ⅱ类蛋白
MARCH-Ⅹ		MARCH-Ⅹ也被称为RNF190，是E3泛素连接酶MARCH家族的一员。“MARCH-Ⅹ”的假定角色目前尚不清楚
MDM2	p53	MDM2是p53的E3泛素连接酶，在p53的稳定性调控中起核心作用。AKT介导的MDM2的丝氨酸166和186位点磷酸化增加了其与p300的相互作用，允许MDM2介导的泛素化和p53的降解
MEKK1	c-Jun，Erk	MEKK1是STE11家族的蛋白激酶。MEKK1磷酸化并激活MKK4/7，MKK4/7又激活JNK1/2/3。MEKK1含有一个RING指结构域，对c-Jun和Erk具有E3泛素连接酶活性
MIB1	Delta，Jagged	MIB1是一个E3连接酶，可促进Notch配体Delta和Jagged的泛素化和随后的内吞
MIB2	Delta，Jagged	MIB2是一种E3连接酶，可以积极调节Notch信号。已被证明在肌管分化和肌肉稳定中发挥作用。MIB2泛素化NMDAR亚基，帮助调节神经元的突触可塑性
MycBP2	Fbxo45，TSC2	MycBP2是E3泛素连接酶，也被称为PAM。MycBP2与Fbxo45共同在神经元发育中发挥作用。MycBP2也通过泛素化TSC2调控mTOR通路
NEDD4		NEDD4是在小鼠早期胚胎中枢神经系统中高度表达的E3泛素连接酶。当细胞内Na^+浓度增加时，NEDD4下调神经元电压门控钠通道（NaV）和上皮钠通道（ENaC）
NEDD4L	Smad2	NEDD4L是在小鼠早期胚胎中枢神经系统中高度表达的E3泛素连接酶。已被证明通过靶向Smad2降解负调控TGF-β信号

续表

连接酶	底物	功能
Parkin		Parkin是E3泛素连接酶，已被证明是自噬途径的关键调控因子。Parkin的突变可能导致帕金森病
PELT1	TRIP，IRAK	PELI1是E3泛素连接酶，通过TRIP接头蛋白在Toll样受体（TLR3和TLR4）信号转导到NF-κB中发挥作用。PELI1也被证明能泛素化IRAK
Pirh2	TP53	Pirh2也被称为RCHY1。Pirh2是一个RING指结构域E3泛素连接酶。Pirh2与p53结合，促进不依赖于MDM2的p53蛋白体降解。*Pirh2*基因的表达是由p53控制的，使这种相互作用成为自抑制反馈回路的一部分
PJA1	ELF	PJA1也被称为PRAJA。PJA1通过SMAD4接头蛋白ELF泛素化下调胃癌TGF-β信号
PJA2		PJA2是在神经元突触中发现的E3泛素连接酶。其确切作用和底物尚不清楚
RFFL	p53	RFFL也被称为CARP2，是E3泛素连接酶，抑制核内体循环。RFFL还通过稳定MDM2降解p53
RFWD2	MTA1，p53，FoxO1	RFWD2也被称为COP1。RFWD2是E3泛素连接酶，可泛素化参与DNA损伤反应和凋亡的多种蛋白，包括MTA1、p53和FoxO1
Rictor	SGK1	Rictor与Cullin1-Rbx1相互作用形成E3泛素连接酶复合体，促进SGK1的泛素化和降解
RNF5	JAMP，paxillin	RNF5也称为RMA5。RNF5通过对JAMP的泛素化，在内质网相关的错误折叠蛋白的降解和内质网应激反应中发挥作用。RNF5也在细胞运动中发挥作用，并已被证明能泛素化paxillin
RNF8	H2A，H2AX	RNF8是一个RING结构域E3泛素连接酶，在受损染色体的修复中发挥作用。RNF8泛素化组蛋白H2A和H2AX，在双链断裂（DSB）后招募53BP1和BRCA1修复蛋白
RNF19	SOD1	RNF19也被称为Dorfin。突变体SOD1的积累和聚集导致肌萎缩侧索硬化（ALS）。RNF19泛素化突变SOD1蛋白，导致神经毒性降低
RNF190		见MARCH-Ⅹ
RNF20	组蛋白H2B	RNF20也被称为BRE1。RNF20是E3泛素连接酶，单泛素化组蛋白H2B。H2B泛素化与活性转录区域相关
RNF34	Caspase-8，Caspase-10	RNF34也被称为RFI。RNF34通过泛素化/降解Caspase-8和Caspase-10抑制死亡受体介导的凋亡
RNF40	组蛋白H2B	RNF40也被称为BRE1-B。RNF40与RNF20形成蛋白复合体，导致组蛋白H2B泛素化。H2B泛素化与活性转录区域相关
RNF125		RNF125也被称为TRAC-1。RNF125已被证明能积极调节T细胞活化

续表

连接酶	底物	功能
RNF128		RNF128也被称为GRAIL。RNF128促进T细胞的无能，并可能在T细胞/APC相互作用中的肌动蛋白细胞骨架组织中发挥作用
RNF138	TCF/LEF	RNF138也被称为NARF。RNF138与Nemo样激酶（NLK）相关，并通过泛素化/降解TCF/LEF抑制Wnt/β-catenin信号通路
RNF168	H2A，H2A.X	RNF168是E3泛素连接酶，通过与RNF8一起在DNA双链断裂（DSB）处泛素化组蛋白H2A和H2A.X，帮助保护基因组完整性
SCF/β-TrCP	IκBα，Wee1，Cdc25A，β-catenin	SCF/β-TrCP是一个E3泛素连接酶复合体，由SCF（SKP1-CUL1-F-box蛋白）和底物识别成分β-TrCP（也被称为BTRC）组成。SCF/β-TrCP介导参与细胞周期进程、信号转导和转录的蛋白的泛素化。SCF/β-TrCP还调节β-catenin的稳定性，参与Wnt信号转导
SCF/FBW7	Cyclin E，c-Myc，c-Jun	SCF/FBW7是E3泛素连接酶复合体，由SCF（SKP1-CUL1-F-box蛋白）和底物识别组分FBW7组成。SCF/FBW7介导参与细胞周期进程、信号转导和转录的蛋白的泛素化。SCF/FBW7的靶蛋白包括磷酸化形式的c-Myc、Cyclin E、Notch胞内结构域（NICD）和c-Jun。FBXW7的缺陷可能是导致乳腺癌的原因之一
SCF/Skp2	p27，p21，Fox01	SCF/Skp2是E3泛素连接酶复合体，由SCF（SKP1-CUL1-F-box蛋白）和底物识别组分Skp2组成。SCF/Skp2介导参与细胞周期进程（特别是G_1/S转变）、信号转导和转录的蛋白的泛素化。SCF/Skp2的靶蛋白包括磷酸化的p27Kip1、p21Waf1/Cip1和FoxO1
SHPRH	PCNA	SHPRH是E3泛素连接酶，通过泛素化PCNA在DNA复制中发挥作用。PCNA泛素化可防止DNA损伤后由于复制叉停滞导致的基因组稳定性下降
SIAH1	β-catenin，Bim，TRB3	SIAH1是E3泛素连接酶，通过β-catenin泛素化抑制Wnt信号。SIAH1也被证明可以通过上调Bim的表达促进细胞凋亡，并泛素化信号转导蛋白TRB3
SIAH2	HIPK2，PHD1/3	SIAH2是E3泛素连接酶，通过泛素化和降解HIPK2在缺氧中发挥作用。SIAH2还能泛素化PHD1/3，从而调节缺氧反应中HIF-1α的水平
SMURF1	Smad	SMURF1是E3泛素连接酶，与BMP通路Smad效应物相互作用，导致Smad蛋白泛素化和降解。SMURF1在体内负向调节成骨细胞分化和骨形成
SMURF2	Smad，Mad2	SMURF2是E3泛素连接酶，与BMP和TGF-β通路中的Smad相互作用。SMURF2也通过泛素化Mad2调控有丝分裂纺锤体检查点
TOPORS	p53，NKX3.1	TOPORS是E3泛素连接酶和SUMO连接酶。TOPORS泛素化和磺化p53，调节p53的稳定性。TOPORS也被证明能泛素化肿瘤抑制因子NKX3.1

续表

连接酶	底物	功能
TRAF6	NEMO，Akt1	TRAF6是E3泛素连接酶，在IL-1R、CD40和TLR信号通路中作为接头蛋白发挥作用。TRAF6通过K63多泛素化IKK促进NF-κB信号转导，导致IKK活化。TRAF6也被证明可以泛素化Akt1，导致其转位到细胞膜上
TRAF7		TRAF7是E3泛素连接酶和SUMO连接酶，在TNF受体和TLR信号通路中作为接头蛋白发挥作用。TRAF7已被证明具有自我泛素化的能力，并通过MEKK3介导的NF-κB活化在细胞凋亡中发挥作用
TRIM63	Troponin Ⅰ，MyBP-C，MyLC1/2	TRIM63也被称为Murf-1。TRIM63是一种肌肉特异性E3泛素连接酶，其表达在肌肉萎缩时上调。TRIM63已被证明能泛素化一些重要的肌肉蛋白，包括肌钙蛋白Ⅰ、MyBP-C和MyLC1/2
UBE3B		UBE3B是通过序列分析鉴定的E3泛素连接酶。UBE3B的具体底物和细胞功能目前尚不清楚
UBE3C		UBE3C是E3泛素连接酶，也被称为KIAA10。UBE3C在肌肉中高表达，可能与转录调控因子TIP120B相互作用
UBR1		UBR1是E3泛素连接酶，负责错折叠细胞质蛋白的蛋白酶体降解。UBR1也被证明是氨基末端规则蛋白水解途径的泛素连接酶，调节短寿命蛋白的降解
UBR2	组蛋白H2A	UBR2是E3泛素连接酶，已被证明能泛素化组蛋白H2A，导致转录沉默。UBR2也是氨基末端规则蛋白水解途径的一部分
UHRF2	PCNP	UHRF2也被称为NIRF。UHRF2是一种核蛋白，可能通过与Chk2的结合调控细胞周期进程。UHRF2也能泛素化PCNP，并已被证明在含有多谷氨酰胺重复序列的核聚集物的降解中发挥作用
VHL	HIF-1α	VHL是ECV（Elongin B/C，Cullen-2，VHL）E3泛素连接酶复合体的底物识别组分，负责转录因子HIF-1α的降解。HIF-1α的泛素化和降解仅在常氧时发生，在缺氧时不发生，因此在氧调控基因表达方面起着核心作用
WWP1	ErbB4	WWP1是E3泛素连接酶，通常在乳腺癌中过度表达。WWP1已被证明能泛素化并降解ErbB4。有趣的是，研究发现线虫的WWP1同源基因在饮食限制下可以延长寿命
WWP2	Oct-4	WWP2是E3泛素连接酶，已被证明可以泛素化/降解干细胞多能因子。WWP2还可泛素化转录因子EGR2，从而抑制活化诱导的T细胞死亡
ZNRF1		ZNRF1是一种在神经元中高度表达的E3泛素连接酶。ZNRF1存在于突触囊泡膜中，可能调节神经元的传递和可塑性

（闻　萍）

主要参考文献

Amm I, Sommer T, Wolf DH, 2014. Protein quality control and elimination of protein waste: the role of the ubiquitin-proteasome system. Biochim Biophys Acta, 1843 (1): 182-196.

Burrows JF, Johnston JA, 2012. Regulation of cellular responses by deubiquitinating enzymes: an update. Front Biosci (Landmark Ed), 17 (3): 1184-1200.

Clague MJ, Urbé S, 2010. Ubiquitin: same molecule, different degradation pathways. Cell, 143 (5): 682-685.

Denuc A, Marfany G, 2010. SUMO and ubiquitin paths converge. Biochem Soc Trans, 38 (Pt 1): 34-39.

Geiss-Friedlander R, Melchior F, 2007. Concepts in sumoylation: a decade on. Nat Rev Mol Cell Biol, 8(12): 947-956.

Hammond-Martel I, Yu H, Affar EB, 2012. Roles of ubiquitin signaling in transcription regulation. Cell Signal, 24 (2): 410-421.

Komander D, Clague MJ, Urbé S, 2009. Breaking the chains: structure and function of the deubiquitinases. Nat Rev Mol Cell Biol, 10 (8): 550-563.

Murata S, Yashiroda H, Tanaka K, 2009. Molecular mechanisms of proteasome assembly. Nat Rev Mol Cell Biol, 10 (2): 104-115.